制造业高端技术系列

石墨烯梯度纳米复合硬质刀具材料

孙加林 赵军 赵乐 李晓 著

机械工业出版社

本书系统地介绍了石墨烯梯度纳米复合硬质刀具材料的研究现状、设计原则与方法、制备工艺与性能评价，重点突出了硬质刀具材料强韧化设计与实践。本书的主要内容包括绪论、先进硬质复合刀具材料高致密高强韧设计、石墨烯/陶瓷黏结相梯度纳米复合硬质合金刀具材料、热压烧结石墨烯－碳化硅晶须/陶瓷黏结相硬质合金刀具材料、放电等离子烧结石墨烯－碳化硅晶须/无黏结相硬质合金刀具材料、多维强韧化无黏结相梯度纳米复合硬质合金刀具材料、多维强韧化超细晶高熵碳化物陶瓷刀具材料。本书对于丰富刀具设计理论、提高切削加工效率及加工质量具有重要的理论和实际意义。

本书适合从事硬质刀具材料研制与生产的技术人员使用，也可供无机非金属材料工程、粉末冶金工程、机械制造工程等相关专业的在校师生参考。

图书在版编目（CIP）数据

石墨烯梯度纳米复合硬质刀具材料/孙加林等著．—北京：机械工业出版社，2023.3

（制造业高端技术系列）

ISBN 978-7-111-72641-8

Ⅰ．①石…　Ⅱ．①孙…　Ⅲ．①石墨－纳米材料－硬质合金车刀－材料研究　Ⅳ．①TTB383②G711

中国国家版本馆 CIP 数据核字（2023）第 028674 号

机械工业出版社（北京市百万庄大街 22 号　邮政编码 100037）

策划编辑：陈保华　　责任编辑：陈保华　贺　怡

责任校对：贾海霞　李　婷　封面设计：马精明

责任印制：常天培

北京机工印刷厂有限公司印刷

2023 年 3 月第 1 版第 1 次印刷

169mm×239mm · 12.75 印张 · 262 千字

标准书号：ISBN 978-7-111-72641-8

定价：89.00 元

电话服务	网络服务
客服电话：010－88361066	机　工　官　网：www.cmpbook.com
010－88379833	机　工　官　博：weibo.com/cmp1952
010－68326294	金　　书　　网：www.golden－book.com
封底无防伪标均为盗版	机工教育服务网：www.cmpedu.com

英国科学家 K. P. Oakley 在 *Man the tool - maker*（《人——工具的制造者》）一书中指出：人类是随着新切削刀具材料的发明而逐渐进步的。金属切削加工发展的历史就是刀具材料不断发展和进步的历史。纵观刀具材料发展史，从碳素钢、高速钢到硬质合金，再到陶瓷、金刚石等，新型刀具材料的每一次出现都带来了切削效率和刀具寿命的显著提升。制造强国必然是刀具强国，例如欧洲的德国和瑞典、亚洲的日本和韩国、北美洲的美国等。高性能刀具的发展对于推动我国从制造大国向制造强国迈进，解决高性能刀具严重依赖进口的被动局面具有重要作用。

孙加林教授一直致力于先进硬质刀具材料的研究，先后在犹他大学、阿拉巴马大学、西安交通大学、山东大学从事相关研究工作。近 3 年，他主持和参与国家自然科学基金、国家重点研发计划课题等 10 余项科研项目；以第一作者发表高水平 SCI 论文 20 余篇，作为第一发明人申请和授权国家发明专利 7 项；多次参加学术会议进行交流，了解和掌握国际先进硬质刀具材料的发展动态和趋势。

本书全面系统地介绍了石墨烯梯度纳米复合硬质刀具材料的设计、制造与性能评价，并介绍了最新硬质刀具材料的强韧化方法，特别是基于石墨烯、碳纳米管、梯度纳米复合等的新型强韧化技术。石墨烯硬质刀具材料是作者的主要科研方向，书中相关内容代表着石墨烯硬质刀具材料方面的前沿研究领域，高熵硬质刀具材料的设计与制备反映了当今世界刀具技术的发展前沿。

本书对于我国从事硬质刀具材料科研和生产的相关人员具有重要的参考价值，有助于我国硬质刀具材料的创新发展和制造水平的持续提高。

中国刀协切削先进技术研究会理事长
教育部长江学者特聘教授
国家杰出青年科学基金获得者

纵观人类发展史，生产生活中的主导元素都曾经被用来命名人类发展的时代，例如石器时代、青铜时代、铁器时代、钢铁时代等。当今社会制造生产工具的主导元素是钨，从某种意义上说，当今社会正处于钨时代，或者说是硬质合金时代。硬质刀具材料主要包括硬质合金、结构陶瓷、金属陶瓷、超硬刀具材料等，其中硬质合金占据切削加工的主导地位。然而，传统 WC－Co 硬质合金刀具的组织结构均质性、力学性能矛盾性（硬度与韧性、耐磨性与强度）及高温性能表现不足，决定了其难以适应高速切削过程的非均匀热－力－化学多场耦合与交互作用。此外，W 和 Co 均属国家稀缺战略资源，其价格持续上升，如何节约 W 资源和 Co 资源已成为我国乃至全球不可回避的一个重大课题，发展新型硬质刀具材料可推动硬质刀具材料的研究从工艺到理论、从性能到应用都提高到一个崭新的阶段。

本书系统地介绍了石墨烯梯度纳米复合硬质刀具材料的研究现状、设计原则与方法、制备工艺与性能评价，重点突出了硬质刀具材料强韧化设计与实践。本书的主要内容有硬质合金刀具材料替 Co 黏结相设计、纳米复合硬质刀具材料、梯度复合硬质刀具材料、梯度纳米复合硬质刀具材料、石墨烯强韧化硬质刀具材料、碳化硅纳米线强韧化硬质刀具材料、多维强韧化硬质刀具材料、高熵硬质刀具材料等。本书对于丰富刀具设计理论、提高切削加工效率及加工质量，具有重要的理论意义和实际意义。

本书的出版得到了国家自然科学基金项目（52005396）及山东大学齐鲁青年学者项目的资助。在课题研究和书稿撰写过程中得到了燕山大学黄传真教授，山东大学邓建新教授、翟鹏教授、周咏辉副教授，西安交通大学皇志富教授、邢建东教授、高义民教授等的热情指导和帮助，在此表示衷心感谢。我的研究生赵文龙参与了本书第 2 章中石墨烯硬质复合刀具材料结构建模与力学性能预报的相关研究工作。在编写中，作者参考了国内外一些专著与文献，特向作者致谢，并向在本书编写、出版过程中给予帮助和支持的同志们表示谢意。

由于作者理论和实践水平有限，书中难免存在不妥之处，敬请读者给予批评指正。

孙加林

目录

第1章

绪　论

《中国制造2025》明确指出要着力解决影响核心基础零部件（元器件）产品性能和稳定性的关键共性技术，高速切削加工技术作为先进制造技术中最重要的共性技术之一，是提高零部件质量和加工效率的重要保障。其中，高速切削刀具技术是高速切削中最为关键的核心要素，研发适于高速、高效、高质量加工的高性能刀具是充分发挥高速切削加工效用的最基本前提之一[1,2]。从全球视角来看，制造强国必然是刀具强国，比如欧洲的德国和瑞典、亚洲的日本和韩国、北美洲的美国等。我国从制造大国向制造强国迈进，就需要解决数控刀具严重依赖进口的“卡脖子”难题，加快高端刀具国产化。因此，研发高性能、高可靠、长寿命刀具进行高质、高效、绿色切削，对于推动我国具备自主知识产权高端刀具和先进切削技术发展具有十分重要的意义。

高速切削的优势在于提高生产率、降低切削力、提高加工精度和表面质量、降低生产成本，以及可加工高硬材料等，已在航空航天、汽车、模具等制造业中广泛应用，取得了很高的经济效益。高速切削最基础的科学问题是具有“非线性、多尺度、多物理场耦合与交互”特性的“高速切削变形”和“高速切削摩擦学”行为，对于刀具材料品种、质量，尤其是性能提出了越来越高的要求：具有高熔点、高耐热性/耐磨性/抗氧化性/抗热冲击性能等，同时还要具有足够的强韧性与优异的高温力学性能。目前用于高速切削的刀具材料主要有：金刚石、立方氮化硼、陶瓷、超细晶硬质合金、涂层硬质合金等，它们各有特点，适合加工的工件材料范围、切削方式、刀具几何参数、切削用量，以及刀具失效模式和机理也各不相同。

硬质合金的硬度稍低于金刚石、立方氮化硼和陶瓷，但显著高于高速钢；其断裂韧度稍低于高速钢，但明显高于金刚石、立方氮化硼和陶瓷，使得硬质合金刀具在切削加工领域具有不可替代的地位。自诞生以来，硬质合金刀具始终占据刀具主导地位，占比高达70%，特别是发达国家90%以上的车刀和55%以上的铣刀均采用硬质合金材料制造。黄伯云院士及《2025欧洲粉末冶金发展战略路线图》均指出：硬质合金是现代制造工业的脊梁[3]。

金属切削的发展史，从某种意义上说，可归结为刀具材料的发展史。纵观刀具材料发展史，从碳素钢、高速钢到硬质合金，再到陶瓷、金刚石等，新型刀具材料的每一次出现都带来了切削效率和刀具寿命的显著提升。例如高速钢出现的第一年，美国机械制造业通过使用 2000 万美元的高速钢刀具就增加了 80 亿美元的产值，高速钢刀具的出现被喻为机器代替马及旋转运动代替往复运动，此后硬质合金刀具的出现是切削加工的又一里程碑。从历史纪年的角度，生产生活中的主导元素也都曾经被用来命名人类发展的时代，例如石器时代、青铜时代、铁器时代、钢铁时代等。毫无疑问，当今社会制造生产工具的主导元素是钨，从某种意义上说，当今社会正处于钨时代，或者说是硬质合金时代。在 2021 中国（上海）钨原料产业发展高端论坛上，众多领域顶级专家达成一致意见：只有彼此协调配合、凝聚行业合力、开展深度合作，才能在百年未有之大变局的今天，走向硬质合金的时代，而这也将是属于中国的时代[4]。

然而，传统硬质合金刀具的“宏观均质”结构及黏结相金属特性（主要为 Co），决定了其存在硬度和断裂韧度的矛盾，以及高温性能和化学稳定性表现不足，从而难以适应高速切削过程中的非均匀热 - 力 - 化学多场耦合与交互作用。此外，金属 Co 作为稀缺战略资源，其价格持续上升，如何节约 Co 资源已成为我国乃至全球制造业发展不可回避的一个重大课题。发展新型替 Co 黏结相是实现高性能硬质合金刀具可持续发展与硬质合金刀具高质、高效、绿色切削的最基本前提之一。无论是基于“十四五”规划纲要提出的推动制造业产品“增品种、提品质、创品牌”，提升硬质合金性能，拓展硬质合金应用领域，还是基于“十四五”规划纲要提出的制造业高端化、智能化、绿色化发展理念，发展替 Co 黏结相硬质合金刀具均具有极其重要的理论意义和实用价值。新型黏结相硬质合金刀具，尤其陶瓷黏结相硬质合金刀具有可能引起继高速钢刀具、硬质合金刀具后的切削加工的第三次革命，促使硬质合金刀具的研究从工艺到理论、从性能到应用都提高到一个崭新的阶段。

1.1 硬质合金刀具材料替 Co 黏结相研究概述

传统硬质合金以金属 Co 为黏结相在一定程度上提高了刀具材料致密度和强韧性，但却带来了一系列弊端：Co 的引入导致材料硬度、高温性能、抗氧化性、耐蚀性等性能退化，使得传统硬质合金刀具往往只能适于中低速切削，且需要使用切削液[5]；WC 和 Co 之间的热失配导致硬质合金制备过程中极易产生热应力[6]；低熔点 Co 导致 WC - Co 硬质合金刀具在加工高塑性材料（例如纯铁）时极易产生黏着磨损，加速刀具失效[7]；Co 是国家稀缺战略资源，其价格持续上升导致硬质合金制造成本不断提高，在一定程度上限制了硬质合金的广泛应用；WC - Co 复合粉末具有较强毒性，不符合绿色制造理念[8,9]。基于以上原因，无论是工业界还是学术界，都迫切寻找新型替 Co 黏结相，制备资源友好、环境友好的高性能新型无 Co 硬质合金。

理想的替 Co 黏结相应具备以下条件：具有与硬质合金高强韧、高耐磨等相匹配的热－物理化学－力学性能；对硬质相 WC 具有良好的润湿性；在合适的温度对 W 和 C 具有一定的溶解度；烧结过程中不会产生脆性碳化物及金属间化合物[10]。自无 Co 硬质合金刀具诞生以来，替 Co 黏结相始终是高性能硬质合金刀具研究的一个核心问题，其种类及可能的复合替 Co 黏结相如图 1-1 所示，主要经历了金属替 Co 黏结相、金属间化合物替 Co 黏结相、高熵合金替 Co 黏结相及陶瓷替 Co 黏结相四个阶段。

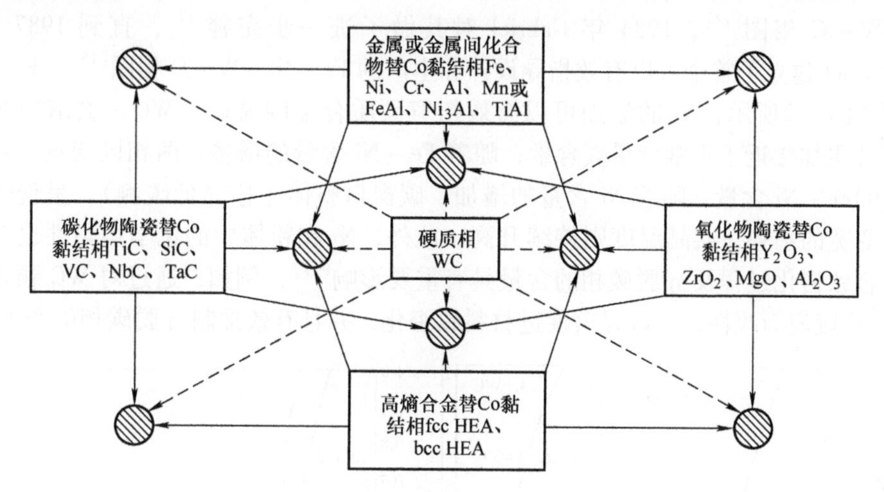

图 1-1 硬质合金刀具替 Co 黏结相种类及可能的复合替 Co 黏结相

1.2 硬质合金刀具材料金属替 Co 黏结相

1.2.1 Fe 黏结相硬质合金刀具材料

Fe 是地壳中含量第四的金属元素，储量丰富，价格低廉且无毒性；Fe 对 C 具有很高的亲和性，与 C 可形成较为稳定的结合键（同时存在于液相之中），提升 WC 形核和长大所需的激活能，从而有效抑制硬质相 WC 晶粒增长；此外，Fe 合金可以通过热处理被硬化，是一种潜在的替 Co 黏结相。然而，相对 Co，Fe 对 WC 的润湿性偏低，相同黏结相含量时，WC－Fe 硬质合金强度只为 WC－Co 硬质合金的 40%～60%；W 在 Fe 中的溶解度较小，使得 W 对于黏结相的固溶强化效果较差；Fe 对 C 具有较高亲和力，烧结过程中极易生成脆性复杂脱碳组织，弱化硬质相 WC 与黏结性 Fe 间界面结合强度，降低材料力学性能；室温时，Fe 可以铁素体和马氏体两种结构存在，导致 Fe 黏结相硬质合金性能存在不确定性；此外，Fe 在空气中的耐蚀性较差。这些因素都不利于 Fe 单独作为硬质合金黏结相，相关研究往往以 Fe 基复合黏结相（Fe－Ni、Fe－Mn、Fe－Cu、Fe－Mo 等）为主，其核心内容聚焦硬质合金的致密化机理、碳窗口调控与相变增韧，其中最具代表性的为Fe－Ni 及 Fe－Mn 黏结相硬质合金。

1. 铁－镍（Fe－Ni）黏结相

（1）碳窗口　1957 年，Agte 首次成功制备了 WC－Fe－Ni 硬质合金刀具，发现 WC－Fe－Ni［奥氏体，$w(Fe):w(Ni)=50:50$］是 WC－Co 的理想替代刀具[11]。1971 年，Moskowitz 等提出抑制 η 脱碳相及石墨相的产生，对于 WC－Fe－Ni 刀具性能具有重要影响[12]。1957 年，Kohlerman 和 Wehner 首次构建了 Fe－Ni－W－C 相图[13]，1984 年 Gabriel 对其做了进一步完善[14]，直到 1987 年，Guillermet 建立了首个可以有效指导设计和生产的 Fe－Ni－W－C 相图[15]。Fe－W 相图如图 1-2所示，Ni 的添加可以有效拓宽硬质合金碳窗口（WC－黏结相两相区）并更加接近于正常计量碳含量；随着 Fe－Ni 含量的增多，两相区变宽；对于特定的Fe－Ni 含量，随着 Ni 含量的增加，碳窗口整体左移（低碳侧），呈现先变窄后变宽的趋势，共晶温度则持续升高。此外，Ni 在粉体中的化学均匀性也对硬质合金致密化过程及 η 脱碳相的含量具有重要影响[17]，例如，通过对 WC 颗粒进行 Ni 喷镀表面改性，可以显著促进材料致密化，并且有效抑制 η 脱碳相的产生。

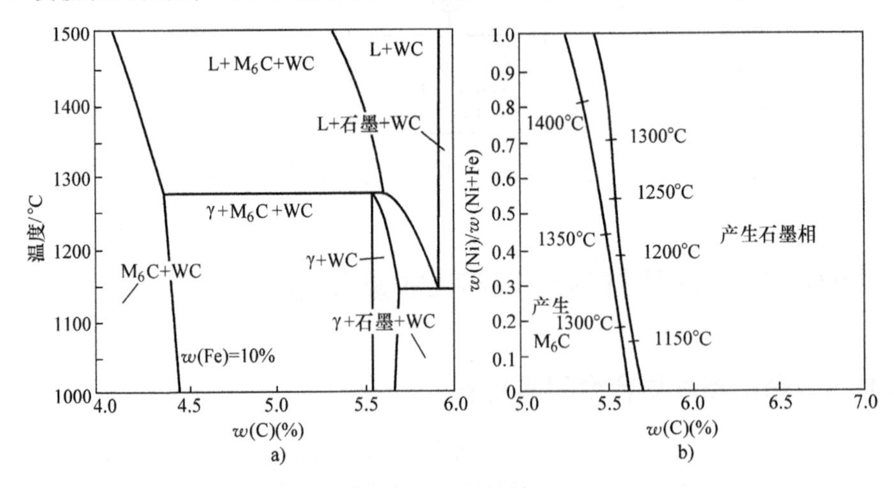

图 1-2　Fe－W 相图

a）Fe－W－C 三元相图－垂直截图［$w(Fe)=10\%$］　b）Fe－Ni－W－C 四元相图－截面温度投影图［$w(Fe)+w(Ni)=10\%$］

注：图 a 取自参考文献［16］，图 b 取自参考文献［15］。

（2）相变增韧　Moskovitz 首次提出 WC－Fe－Ni 硬质合金马氏体相变增韧概念[18]。相变增韧产生的必要条件是 *Ms* 温度（马氏体开始出现温度）低于室温且

Md 温度（应力诱导马氏体开始出现温度）高于室温[19]。通过改变 Ni 和 C 含量可以有效调控 *Ms* 温度[20]，此外 Ni 及 C 含量亦对于奥氏体的稳定性具有重要影响。例如，对于 WC－20% FeNi（质量分数）本书中无特别说明的均为质量分数硬质合金，当 $w(\mathrm{Ni})/w(\mathrm{Fe+Ni})$ 为 0%～6% 时，Fe 以铁素体结构存在；当 $w(\mathrm{Ni})/w(\mathrm{Fe+Ni})$ 为 10%～26% 时，Fe 以马氏体结构存在；当 $w(\mathrm{Ni})/w(\mathrm{Fe+Ni})$ 大于 26% 时，Fe 以马氏体和奥氏体的混合体结构存在[21,22]。由于 Ni 是一种强奥氏体稳定相，较高的 $w(\mathrm{Ni})/w(\mathrm{Fe+Ni})$ 比例（例如 30%）会大幅度提高奥氏体稳定性，从而导致在裂纹应力区很难发生马氏体相变。不同 C 含量的 WC－20% FeNiCo（质量比为 7∶2∶1）XRD（X 射线衍射）图谱如图 1-3 所示。对于 Fe－Ni－Co 黏结相硬质合金，随着 C 含量的增加，黏结相由马氏体结构转变为马氏体和奥氏体共存，进一步提升 C 含量，黏结相则全部转变为奥氏体结构[23,24]。因此，对于 C 含量低的硬质合金，黏结相几乎全部为马氏体，没有奥氏体存在，也就没有奥氏体到马氏体的相变发生；而对于 C 含量较高的硬质合金，因为奥氏体的稳定性较强，也不会发生马氏体相变。除了黏结相的化学组分，Viswanadham 等[19]提出硬质相和黏结相热膨胀系数不匹配导致的残余热应力及黏结相形变对于改善马氏体相变亦至关重要。此外，通过对烧结后材料进行后续处理诱导相变也可以用来进一步提升 WC－FeNi 硬质合金材料性能[25]。González 等报道了经过特定的热处理，WC－FeNi硬质合金在不降低硬度的前提下大幅度提升了材料断裂韧度[26]。Schubert 和 Gao 等报道了经过超冷处理，WC－FeNi 合金的硬度和抗弯强度都得到显著提高[23,27]。

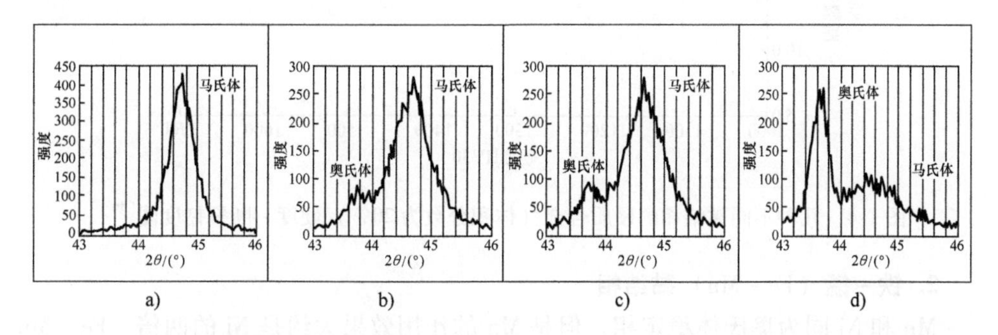

图 1-3　不同 C 含量的 WC－20% FeNiCo（质量比为 7∶2∶1）XRD（X 射线衍射）图谱[23]

a) $w_C=4.98\%$　b) $w_C=5.03\%$　c) $w_C=5.05\%$　d) $w_C=5.10\%$

（3）硬度与断裂韧度　$w(\mathrm{Ni}):w(\mathrm{Fe})$ 比例是影响 WC－FeNi 合金断裂韧度的重要参数。Schubert 等[23]提出对于 WC－10% FeNi 硬质合金，当 $w(\mathrm{Ni}):w(\mathrm{Fe})=15:85$ 时，材料具有最优断裂韧度；当 $w(\mathrm{Ni}):w(\mathrm{Fe})=15:85$ 时，黏结相全部以亚稳态奥氏体存在，在进行压痕试验时，发生应力诱导马氏体相变增韧。Chang 等[28]比较了 WC－FeNi($w(\mathrm{Ni}):w(\mathrm{Fe})=50:50$) 和传统 WC－Co 硬质合金

的性能，研究发现烧结温度为1400℃时，WC－FeNi硬质合金具有最佳综合力学性能，无晶粒增长出现，而WC－Co硬质合金的最优烧结温度为1350℃，说明Fe－Ni黏结相具有优异的抑制晶粒增长作用。

Liu等[29]研究了不同黏结相Co、15Fe85Ni、72Fe28Ni、82Fe18Ni、70Fe12Co18Ni、50Fe25Co25Ni对于硬质合金硬度及断裂韧度的影响。几种不同黏结相的硬质合金（体积分数为20%）硬度－断裂韧度图如图1-4所示，WC－20%（72Fe28Ni）及WC－20%（15Fe85Ni）硬质合金分布在图1-4的左上区域，和WC－20%Co相比，具有较高的断裂韧度但硬度较差。WC－20%（15Fe85Ni）和WC－20%（72Fe28Ni）硬质合金具有相当硬度，但WC－20%（72Fe28Ni）具有较高断裂韧度，说明提高Fe含量可以有效改善硬质合金断裂韧度而对硬度无显著影响。WC－20%（50Fe25Co25Ni）硬质合金处于图1-4的左下区域，硬度及断裂韧度均不及WC－20%Co合金。WC－20%（70Fe12Co18Ni）硬质合金具有最高的硬度，但其断裂韧度却差强人意。WC－20%（82Fe18Ni）硬质合金具有最优综合性能，硬度及断裂韧度均优于传统WC－20%Co硬质合金。

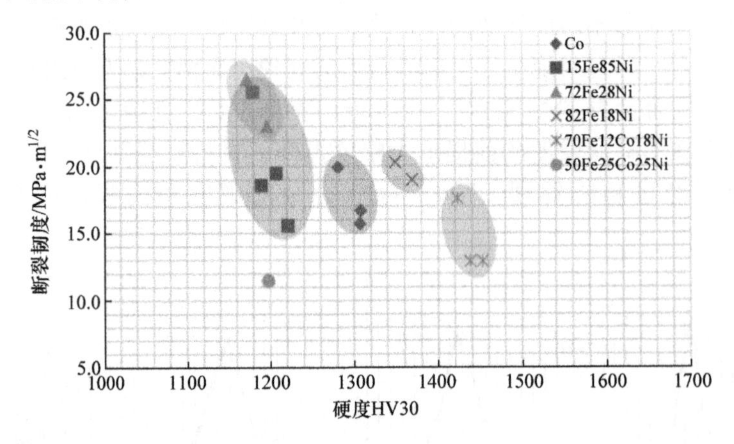

图1-4　几种不同黏结相的硬质合金（体积分数为20%）硬度－断裂韧度图[29]

2. 铁－锰（Fe－Mn）黏结相

Mn和Ni同为奥氏体稳定相，但是Mn的作用效果大约是Ni的两倍。Fe－Mn和Co具有相似的晶型结构及熔点，冷却过程中均会发生γ（fcc）→ε（hcp）相变，但是Fe－Mn无毒性，价格低廉，并且具有更高的强度、耐磨性及吸振能力，因此Fe－Mn诚然为一种非常优质的替Co黏结相[30－32]。早在1983年，Prakash就制备了WC－20%FeMn－2.4%［w(Fe)∶w(Mn)＝94∶6、90∶10、84∶16］硬质合金，然而其致密性及断裂韧度均较差，并且有Fe_3C产生[33]。1997年，Castro等研究发现WC－FeMn硬质合金非常适用于制造高耐磨材料[34]。1998年，Sevostianova等[35]发现通过诱导马氏体相变可以显著提升WC－FeMn硬质合金的强度。2001年，Hanyaloglu[30]课题组通过精确控制C含量成功制备了WC－（Fe13.5Mn）硬质合金，其硬度与断裂韧度均优于传统 WC - Co 硬质合金。2010 年，Siemiasko[36] 采用放电等离子烧结技术成功制备了纳米 WC -（Fe13.5Mn）合金，但由于大量η脱碳相的产生，导致材料强韧性较差。

（1）碳窗口 Hanyaloglu 等[30] 采用试错法发现对于 WC - 15% FeMn 和WC - 25% FeMn 硬质合金，C 含量分别为0.75%和0.85%可以有效避免η脱碳相及石墨相的产生，同时还发现烧结过程中较强的渗碳气氛对于抑制η脱碳相产生具有重要作用。2012 年，Maccio 和 Berns 首次建立 W - Fe - Mn - C 相图[31]，如图1-5所示，WC + γ 两相区几乎完全被三相区遮盖，使得无法根据 W - Fe - Mn - C 相图获得碳窗口宽度。然而，基于图1-5依然可以获得以下结论：①对于正常计量碳含量硬质合金例如 WC - 20% FeMn - 4.9% C、WC - 50% FeMn - 3.07% C，处于烧结温度时含有三相 WC + γ + η，但在较低温度时，非常靠近两相区；②随着 Fe - Mn 含量的增加，碳窗口变宽并左移；③随着 Fe - Mn 含量增加，含渗碳体区变宽；④烧结过程中4% ~6%原始碳发生丢失。除此之外，Siemiaszko 发现混合粉体的球磨参数及球磨均匀度对于η脱碳相的控制亦具有重要影响[36]。Schubert 等研究表明，合适的烧结温度及冷却速率可以有效抑制η脱碳相产生[23]。

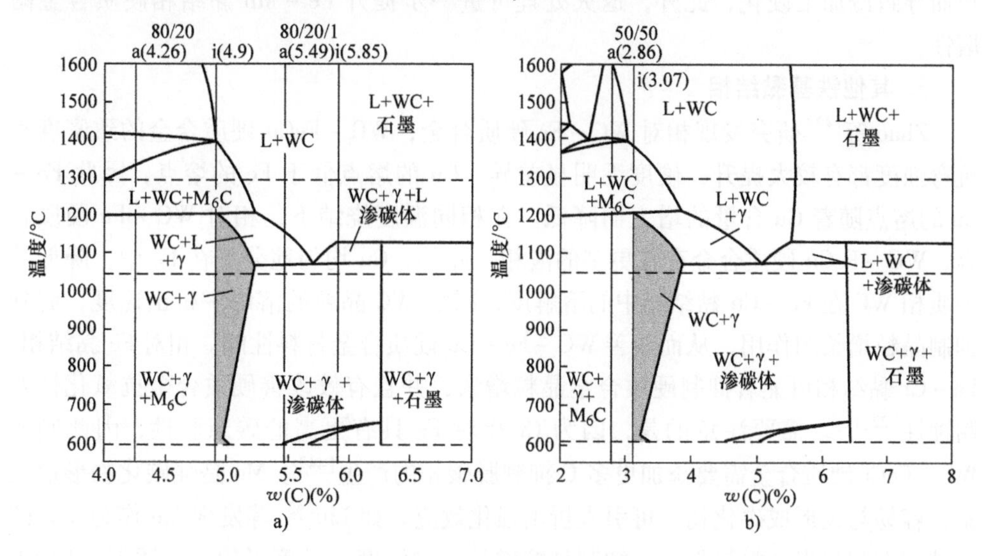

图1-5 W - Fe - Mn - C 相图

a）75.1% W - 15.6% Fe - 4.4% Mn - C 相图 b）46.9% W - 39% Fe - 11% Mn - C 相图

（a：实际含碳量；i：初始含碳量）

注：该图取自参考文献［31］。

（2）马氏体相变 对于 Fe - Mn - C 系统，存在两种马氏体相变：γ（fcc）→ε（hcp）及γ（fcc）→ε（hcp）→α′（bcc）[37]。研究发现γ（fcc）→ε（hcp）相变有利于提升材料的强度，而γ（fcc）→ε（hcp）→α′（bcc）相变有利于提高合

金材料的延展性[38]。Schumann[39]研究发现 Mn 与（Fe + Mn）的质量比是影响马氏体相变的关键因素，当其位于 10% ~14% 时，两种相变同时发生；当其位于 14% ~27% 时，只有 γ（fcc）→ε（hcp）相变发生。除了 Mn 含量，C 含量也是影响马氏体相变的一个关键因素。Seol[38]发现随着合金中 C 含量的增加，热诱导 γ（fcc）→ε（hcp）相变减慢，形变诱导 γ（fcc）→ε（hcp）相变加快，此外 ε（hcp）→α′（bcc）相变减慢。

（3）硬度与断裂韧度及耐磨性　Hanyaloglu[30] 等成功制备了 WC - 15%（Fe13.5Mn）及 WC - 25%（Fe13.5Mn）硬质合金，硬度分别为 1529.57kgf/mm^2、1427.60kgf/mm^2（1kgf = 9.80665N），均高于相同黏结相含量 WC - Co 硬质合金[40]，此外 Fe - Mn 黏结相硬质合金具有优于 WC - Co 硬质合金的 Niihara[41] 断裂韧度。Schubert 等[23]成功制备了 WC - 10%（Fe2 ~16Mn）硬质合金，断裂韧度为 7.5 ~7.8MPa · $m^{1/2}$，略低于相同硬度的 WC - Co 硬质合金（断裂韧度为 8.5 ~ 10MPa · $m^{1/2}$）。Maccio 等[21,31]研究发现相对传统 WC - Co 硬质合金，WC - Fe22Mn 硬质合金具有较高耐磨性，其重要原因是磨损表面马氏体相变诱导塑性变形而导致冷加工硬化，此外，退火处理可进一步提升 Fe - Mn 黏结相硬质合金耐磨性。

3. 其他铁基黏结相

Zhao 等[42]研究发现相对 WC - Fe 硬质合金，WC - FeCu 硬质合金的致密度和抗弯强度都有较大提升，硬度无明显差异。Cu 的熔点低于 Fe 的熔点，因此 Fe - Cu 的熔点随着 Cu 含量的增大而降低。在相同温度烧结下，相对 WC - Fe 硬质合金，WC - FeCu 硬质合金存在更多的液相。此外，Cu 均匀地分布在 Fe 中，降低了硬质相 WC 在 Fe - Cu 黏结相中的溶解度，减缓 WC 晶粒的溶解 - 析出速度，起到抑制晶粒增长的作用，从而改善 WC - Fe - Cu 硬质合金材料性能。相对 Fe 黏结相，Fe - Cr 黏结相可显著抑制硬质合金晶粒增大，并且有效改善硬质合金抗氧化性及耐蚀性[22,43]。需要注意的是，因为 Cr 相对 Fe 具有更高的碳亲和性，因此制备 WC - FeCr 硬质合金需要添加更多 C 抑制脱碳相的产生[44]。Mo 是强碳化物形成元素，容易与碳形成碳化物，可引入析出强化效应。如 Liu[45]等发现 Mo 作为 WC 的黏结相有利于提高材料强度，抑制晶粒增长，对硬度无显著影响。不锈钢例如 AISI 304[46-49]、AISI 316[50]也被一些学者作为替 Co 黏结相，研究发现此类硬质合金具有较好的硬度及断裂韧度，相对 WC - Co 硬质合金具有更强的抗氧化性，此外此类合金还具有较好的热处理性及退火加工性能[51]。对于特定断裂韧度，WC - AISI 304 均具有高于 WC - Co 的硬度。文献还提出 $(M, W)_6C$ 硬质相的产生可以显著提高材料硬度，而只有当 $(M, W)_6C$ 含量达到 12% 时才会对断裂韧度有所影响，否则对断裂韧度无显著影响。此外，WC - AISI 304 硬质合金具有明显优于 WC - Co 的抗氧化性[47]。

1.2.2 Ni 黏结相硬质合金刀具材料

Ni 对 WC 具有较好的润湿性，并且相对于 Co，价格低廉，对环境污染低。相对于 WC－Co 硬质合金，WC－Ni 硬质合金具有更高的抗氧化性、耐蚀性。此外，由于 Ni 与 WC 的热膨胀系数差异相对 Co 与 WC 小，因此制备过程中热裂纹较少。还有研究表明，Ni 可以有效阻止球磨过程中磨球的磨损及硬质相的团聚[52－56]。以上特点使得 Ni 成为一种较具应用前景的替 Co 黏结相。

然而，文献［20］首次报道采用 Ni 作为黏结相成功制备了 WC－Ni 硬质合金，其强度仅为 WC－Co 硬质合金的 40%～60%。19 世纪 50 年代，Agte[57]等研究发现，通过调整合金中的 C 含量可以有效改善 WC－Ni 硬质合金性能。1966 年，Suzuki[58]通过控制 C 含量成功研制了无脱碳相及石墨相的 WC－Ni 硬质合金，其性能有所改善，硬度和强度分别达到同等级 WC－Co 硬质合金的 75% 和 80%。19 世纪 70—80 年代，大量学者[59－61]报道的 WC－Ni 硬质合金硬度及强度依然不及传统 WC－Co 硬质合金，严重制约了 WC－Ni 硬质合金的发展和应用。金属 Ni 和 Co 含有相似的晶格系数，但 Ni 不会发生 fcc→hcp 相变，整个烧结过程均保持 fcc 晶型，而面心立方 Co 为亚稳定结构，可以发生 fcc→hcp 相变[24, 44]；固溶于 Ni 中的 WC 强化作用较弱，且 Ni 基固溶体无时效能力；较高的层错能使得 Ni 的加工硬化程度较低；Ni 中较低的层错密度无法诱导位错堆积而有效抑制裂纹扩展。

1. 烧结特性

相对于密排六方结构的 Co，面心立方结构的 Ni 在球磨过程中吸收的能量少，从而导致在烧结过程中 WC－Ni 硬质合金具有较低的烧结驱动力，因此很难实现 WC－Ni 硬质合金的完全致密[43]。Ni 的熔点为 1455℃，低于 Co 的熔点 1495℃，然而相对于 WC－Co 硬质合金，WC－Ni 硬质合金的致密化却需要更高烧结温度及更长保温时间。Ekemar[62]等发现 WC－Ni 的三元共晶温度为 1342℃，高于 WC－Co 的三元共晶温度 1275℃。WC－10% Ni 的烧结温度高于共晶温度 100～120℃，WC－20% Ni 的烧结温度较 WC－10% Ni 低大约 80℃，WC－6% Ni 的烧结温度较 WC－10% Ni 高 60～80℃[44,59]。较高的烧结温度及烧结时间导致烧结过程中石墨烧结炉及石墨模具中石墨更易渗入 WC－Ni 硬质合金，从而出现石墨相的析出。在烧结温度时，Ni 的蒸气压力是 Co 的十倍，因此还应严格控制烧结压力避免黏结相 Ni 的大量丢失[24,44,59,63]。

2. 碳窗口

Ni－W－C 系统和 Co－W－C 系统基本相似，但也有不同之处，例如 W 和 C 的固溶度、共晶温度及二相区域的位置及宽度[44]。Barlow[64]等研究发现，在室温时，W 在液相 Ni 中的固溶度为 5.4% 高于在 Co 中的固溶度 3.5%。Co 对 C 的固溶度和对 W 的固溶度呈现负相关的变化，而 Ni 对 C 的固溶度和对 W 的固溶度呈现无相关变化[65]。如图 1-6 所示，相对于 Co－W－C，Ni－W－C 的二相区域较宽并左移。此外，正常计量的硬质合金在烧结温度时处于二相区域内，但冷却过程中会有石墨相的析出，因此对于 WC－Ni 合金，应控制 C 含量低于正常计量从而保证材料的优异性能。

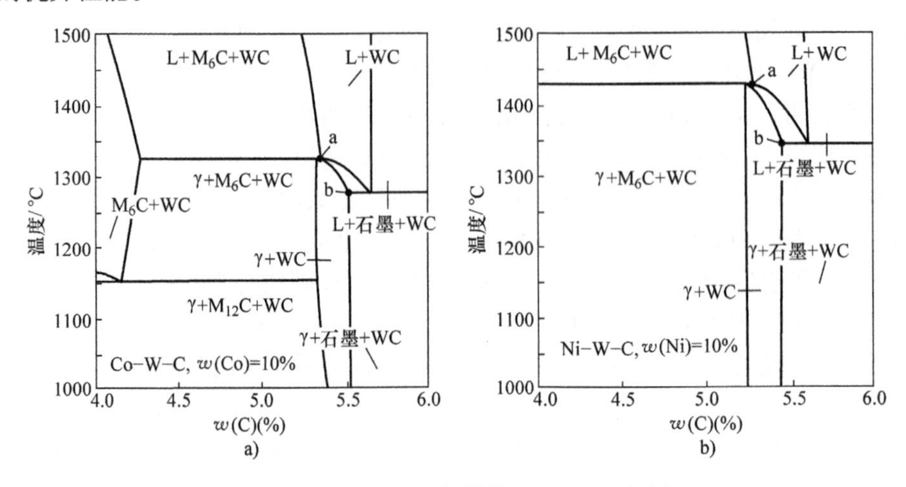

图 1-6　Co－W－C 相图及 Ni－W－C 相图

a）Co－W－C 相图［w(Co)＝10%］[66]　b）Ni－W－C 相图［w(Ni)＝10%］[16]

3. 力学性能及合金化元素

研究发现，有两种方法可以有效提升 WC－Ni 硬质合金的力学性能，从而使得 WC－Ni 硬质合金具有和 WC－Co 相当甚至更为优异的性能。一种途径是采用先进烧结技术制备纳米 WC－Ni 硬质合金，例如放电等离子烧结（SPS）[67,68]、高频感应加热烧结（HFIHS）[69,70]，或/和添加晶粒增长抑制剂，例如 VC、TaC、Cr_3C_2、TiC、ZrC、Mo_2C[53,54,71－73]。Rong[73] 等利用放电等离子烧结技术，以 VC 和 TaC 作为晶粒增长抑制剂，成功制备了超细 WC－Ni 硬质合金，其性能显著优于采用相同烧结方法获得的 WC－Co 硬质合金。Kim[74] 等比较了采用 HFIHS 烧结方法获得的 WC－8Ni 和 WC－8Co 硬质合金，研究表明，WC－Ni 具有显著优于 WC－Co 的耐蚀性[75]。

另一种途径是通过添加微量合金元素（Si、Al、Cr、Mo 等），实现微合金化诱导 Ni 固溶强化。WC－Ni－Si 硬质合金的力学性能优于 WC－Co 及 WC－Ni 硬质合金，Si 的添加有效提高了硬质合金的抗弯强度及硬度。目前较为认可的 Si 诱导 Ni 强化机制为：由于 Si 与 Ni 存在较严重的原子半径失配，从而诱导 Si 应变场与位错应变场之间发生弹性干涉作用[76]。由于（W，Mo）C 固溶体的产生，Mo 或者 Mo_2C 的添加极大地提高了 WC－Ni 硬质合金的硬度及抗弯强度。此外，Mo 或 Mo_2C 可以有效抑制晶粒增大，改善 Ni 对 WC 的润湿性，并且显著提高 WC－Ni 硬质合金的耐磨性及耐蚀性[54,77]。通过诱导 γ′相析出，添加 Al 元素可以有效提高 WC－Ni 硬质合金的抗弯强度及抗蠕变性，并且实现了硬度及断裂韧度的同步提升[78]。加入 Cr 可以显著提高 WC－Ni 硬质合金的硬度及耐蚀性[79]，其原因是 Cr 固溶于 Ni 使得合金化的黏结相具有更高耐蚀性/抗氧化性及晶粒细化作用。Worauaychai 等[80]研究发现，掺杂非金属 P 可以显著降低 WC－Ni 硬质合金液相出现温度，显著促进材料致密化。

1.2.3 其他金属替 Co 黏结相

Shon 等制备了 WC－Al 硬质合金，发现 Al 不仅有效促进了材料致密化，而且可显著抑制 WC 晶粒增长[81,82]。Malin 尝试采用金属玻璃作为替 Co 黏结相制备 WC 基硬质合金，但目前该研究处于初级阶段，此类合金的可行性尚待评估[83]。Ghasali[84]等采用放电等离子烧结技术成功制备了 WC－10% Mo 硬质合金，表现出较为优异的硬度，但由于 Mo_2C 相及多孔结构的出现，材料的强度及断裂韧度较差。

1.3 硬质合金刀具材料金属间化合物替 Co 黏结相

金属间化合物是指包含两个或两个以上金属或半金属元素的化合物，这些元素具有有序结构，通常具有固定的化学计量比[85]。金属间化合物替 Co 黏结相以铝基化合物为主，主要包括铁铝化合物（FeAl）、镍铝化合物（Ni_3Al）及钛铝化合物（$TiAl_3$或 TiAl）等，其核心研究聚焦硬质合金的致密化机理与力学性能，其中最具代表性的为 FeAl 及 Ni_3Al 黏结相硬质合金。相对 WC－Co 硬质合金，WC－FeAl 硬质合金的耐磨性较高而强韧性不足，其原因是 FeAl 塑性低且对于硬质相 WC 的润湿性差。WC－Ni_3Al 硬质合金则须通过掺杂合金元素（B、Cr、Mo 等）诱导固溶强化，从而提升材料力学性能。

1.3.1 铁铝化合物黏结相硬质合金刀具材料

和金属（例如 Co、Ni）对比，铁铝化合物价格低廉、对环境无污染、密度小，具有更好的耐蚀性、抗氧化性及高温性能[86－89]。此外，如图 1-7 所示，铁铝化合物对 WC 具有一定固溶度，例如，在 1450℃时，Fe－40% Al（原子分数）对 WC 的固溶度为 2%，说明 WC－FeAl 硬质合金适于液相烧结[90,91]。因此，铁铝化合物作为替 Co 黏结相具有非常大的潜力。

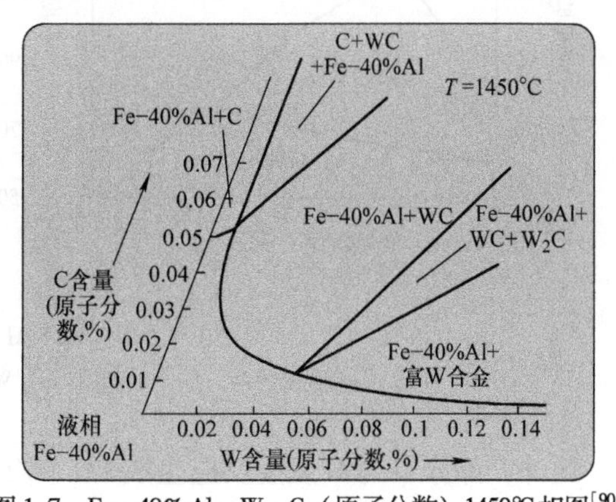

图 1-7 Fe－40% Al－W－C（原子分数）1450℃相图[90]

1. O 含量

通常来说，在合金粉末的准备过程（例如湿磨及干燥）中，粉体中往往会渗入O。文献［92－97］研究发现，对于WC－FeAl硬质合金，粉体的O含量对于材料的物相组成、微观结构及材料性能均具有重要影响。Furushima[94]等发现在真空烧结过程中，WC－FeAl粉体中的O具有三种作用形式：①吸附在粉末表面的O在低温阶段发生脱附；②吸附在粉末表面或者渗入粉末内部的O在高温阶段与C发生反应生成CO_2；③渗入粉末内部的O在高温阶段与FeAl作用生成Al_2O_3、$FeAl_2O_4$和Fe_2O_3。

O含量对于Fe在FeAl中的分子比以及烧结过程中粉体的C含量均有重要影响，而Fe在FeAl中的分子比对于W的析出形式具有重要影响。对于O含量高的粉体，伴随着Al_2O_3的产生，Fe在FeAl中的分子比增大。例如，W－Fe－Al相图如图1-8所示，对于$Fe_{0.85}Al_{0.15}$（O含量高的试样），γ－FeAl→α－Fe相变温度为500℃，而对于$Fe_{0.7}Al_{0.3}$（O含量低的试样），相变温度为1132℃。对于$Fe_{0.85}Al_{0.15}$，α－Fe对于W的最大固溶度在1514℃取得为10.0%（原子分数），而对于$Fe_{0.7}Al_{0.3}$，其出现在1444℃为6.7%（原子分数）。在室温时，溶解W的α－Fe会发生分解，对于$Fe_{0.85}Al_{0.15}$生成FeAl和WFe_2，对于$Fe_{0.7}Al_{0.3}$生成W及FeAl。在硬质合金的烧结过程中，W的溶解－析出过程往往伴随C的溶解－析出过程，因此对于$Fe_{0.85}Al_{0.15}$试样，W以Fe_3W_3C形式析出，而对于$Fe_{0.7}Al_{0.3}$试样，W以WC形式析出[94]。此外，由于α－Al_2O_3生成导致Fe在FeAl中的分子比增加，黏结相对于WC的润湿能力得到改善。

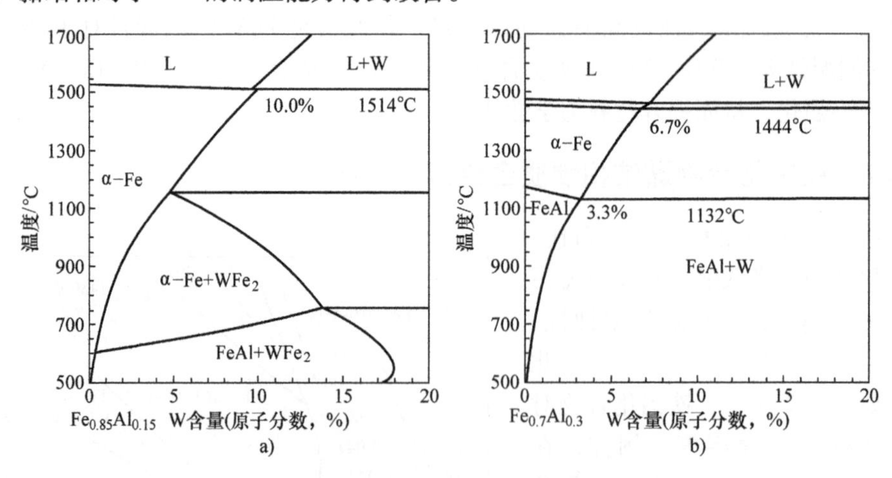

图1-8　W－Fe－Al相图[94]

a）W－$Fe_{0.85}Al_{0.15}$合金的W－Fe－Al相图　b）W－$Fe_{0.7}Al_{0.3}$合金的W－Fe－Al相图

此外，部分O与C发生反应生成CO和/或CO_2导致材料缺C，从而产生脱碳相。通常来说，对于硬质合金，C含量越高，烧结过程中晶粒越易粗化，O含量高的导致材料 C 含量的降低，从而有效抑制晶粒增长，因此，材料 O 含量也可作为一种 WC 晶粒大小的控制相[94]。

2. 硬度与断裂韧度

大量研究表明，WC－FeAl 硬质合金具有优于 WC－Co 硬质合金的耐磨性，然而由于 FeAl 对于 WC 的润湿性较差，以及 FeAl 的塑性较低，WC－FeAl 硬质合金的断裂韧度及强度差强人意[93,98,99]，采用先进烧结技术、控制烧结气氛、增加合金化合元素可以有效解决 WC－FeAl 硬质合金断裂韧度及强度差的问题。Furushima 等采用脉冲电流烧结技术成功制备了 WC－FeAl 合金，发现其具有相当或者优于 WC－Co 合金的力学性能[92]。Huang[100] 等采用脉冲电流烧结技术成功制备 WC－$5Fe_3Al$ 硬质合金，其弹性模量为 693GPa，硬度为 25.65GPa，断裂韧度为 7.6MPa·$m^{1/2}$，均优于同等级 WC－5Co 硬质合金（弹性模量为 585GPa，硬度为 21.79GPa，断裂韧度为 7.6MPa·$m^{1/2}$）。Ahmadian 等研究发现，通过掺杂适量 B 元素诱导晶界强化可以显著提高 WC－FeAl 硬质合金的断裂韧度及高温耐磨性[101,102]。

1.3.2 镍铝化合物黏结相硬质合金刀具材料

镍铝化合物（NiAl）具有优异的物理力学性能，其弹性模量、硬度及熔点高，密度低，耐蚀性及抗氧化性强，同时 Ni_3Al 对于硬质相 WC 具有较好润湿性[103－105]。此外，镍铝化合物具有显著的加工硬化，Ni_3Al 的屈服强度随着温度升高而升高，在700～800℃时达到最大值[106,107]。在高温氧化下，Ni_3Al 表面会生成稳定完整的柱状 Al_2O_3 保护层，可有效阻止材料被进一步氧化[108,109]。

1. 碳窗口

$AlNi_3$－C－W（23% $AlNi_3$）相图的垂直截面图如图 1-9 所示，WC－Ni_3Al 的相变温度为 1400～1380℃，高于 Co 黏结相硬质合金的相变温度 1368～1298℃，但是低于 Ni 黏结相硬质合金的相变温度 1449～1353℃。p 和 q 之间的区域为二相区域，仅含有液相 Ni_3Al 和 WC。q 和 q' 之间的区域除了含有液相 Ni_3Al 和 WC，还有 Ni 的出现，但 Ni 的出现不会对材料性能产生不利影响，使得 q 和 q' 之间的区域在实际生产中也是可取的。因此，对于 WC－Ni_3Al 合金，其碳窗口可以广义地定义为 p 和 q' 之间的区域[110]。

2. 力学性能

Li[111] 等采用等离子烧结技术，在烧结温度为 1300～1400℃ 区间制备了 WC－$10Ni_3Al$ 硬质合金，发现 1350℃ 有利于板状 WC 的出现，材料硬度为 17.76GPa（1812HV10），抗弯强度为 2092MPa，断裂韧度为 21.56MPa·$m^{1/2}$。Liu 等研究发现 WC－$8Ni_3Al$ 硬质合金具有优于 WC－8Co 硬质合金的硬度及耐磨性[112]。类似于 WC－Ni 硬质合金，WC－Ni_3Al 硬质合金也可以通过掺杂适量合金元素（B、

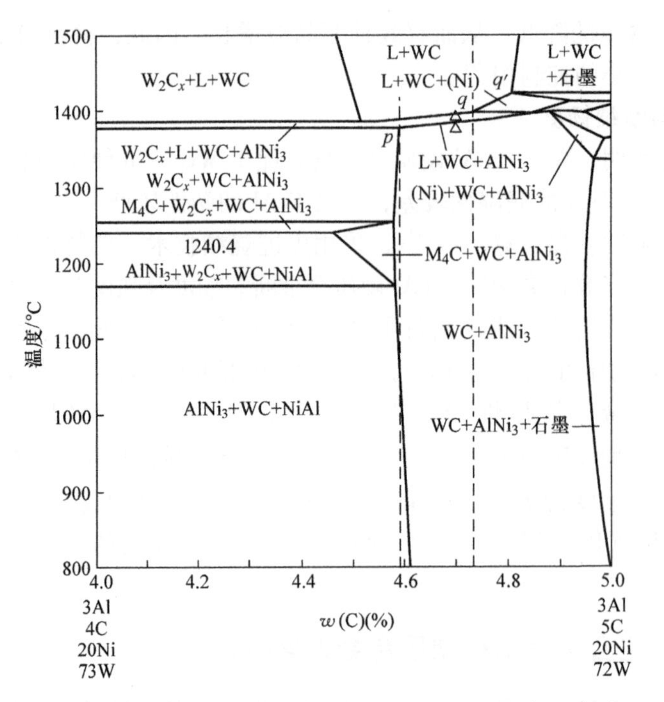

图 1-9 $AlNi_3$ - C - W（23% $AlNi_3$）相图垂直截面图[110]

注："p""q"及"q'"指示平衡凝固后最小及最大 w（C）。

Zr、Cr、Mo 等）诱导固溶强化来进一步改善材料力学性能。合金元素的添加可以提高 WC 在 Ni_3Al 中的溶解度，降低 WC 聚集度，从而增强 WC 相与 Ni_3Al 相的结合强度，改善 Ni_3Al 对 WC 的润湿性[113,114]。

1.3.3 其他铝基化合物黏结相硬质合金刀具材料

除了铁铝化合物及镍铝化合物，一些学者尝试采用钛铝化合物及氮铝化合物作为替 Co 黏结相用于 WC 基硬质合金的制备。$TiAl_3$ 或 TiAl 可有效抑制晶粒增长，诱导裂纹偏转，从而可以在保持或者提高材料硬度的前提下显著提升材料断裂韧度[115,116]。AlN 不仅可以促进固溶强化、抑制晶粒增长，还可有效抑制 W_2C 的产生，从而大幅度提高材料力学性能[117,118]。

1.4 硬质合金刀具材料高熵合金替 Co 黏结相

高熵合金（high - entropy alloy，HEA）是由多个组元以等比例或近等比例的方式相互固溶而形成的。基于高熵效应、迟缓扩散效应、晶格畸变效应及"鸡尾酒"效应协同作用，高熵材料这种"超级固溶体"呈现出显著优于传统合金的结构稳定性及热 - 力 - 化学综合性能，在航空航天、复合材料、高速切削刀具等领域具有重大的学术研究价值和工业应用前景。相对金属 Co 黏结相，高熵合金具有高软化温度及较为优异的常/高温力学性能与抗氧化性能，可实现宽温域服役与基于性能需求调控元素组成，将其作为硬质合金刀具替 Co 黏结相，可引入常/高温强韧化、减摩润滑、高温抗氧化等多种性能增效机制，从而显著提升硬质合金刀具热 - 力 - 化学综合性能及高速切削服役可靠性，其相关研究尚属起步阶段。

Zhou 等[119]采用高熵合金作为 WC 基硬质合金黏结相，对比了 WC - HEA (Fe, Ni, Al, Cr, Ti, Co) 与 WC - Co 的微观结构及材料性能，研究发现 WC - HEA 硬质合金晶粒细化，具有更高的断裂韧度、硬度及抗弯强度。此外，WC - HEA 硬质合金具有优于 WC - Co 硬质合金的抗氧化性、耐蚀性及高温硬度。尤其引人注意的是，在一定含量区间，随着黏结相 HEA 的含量增加，WC - HEA 硬质合金的断裂韧度、硬度及强度均显著提高，实现了高断裂韧度，高硬度的双增强效应，打破了增加黏结相含量导致断裂韧度提高、硬度降低的传统理论。程继贵等[120]和原一高、陈蒂[121]发现高熵合金在抑制硬质相晶粒增长方面具有延缓扩散效应，从而使得高熵合金黏结相硬质合金力学性能显著优于传统 WC - Co 硬质合金。刘允中等[122]通过调控 Al 含量，实现了 AlCoCrCuFeNi 高熵合金对于硬质相 WC 的高效润湿。Solodkyi 等[123]发现高熵合金可以诱导脆性相 W_2C 形成板状 WC，进而显著提高材料的强韧性。Qian 等[124]通过调控粉体 C 含量，进一步提升了高熵合金黏结相硬质合金的断裂韧度。国际刀具巨头山特维克 Holmström 等[125]研制成功了 CoCrFeNi 黏结相硬质合金刀具，其高速切削性能显著优于传统 WC - Co 硬质合金刀具。

高熵合金具有四个核心效应：热力学上的高熵效应、动力学上的缓慢扩散效应、结构上的晶格畸变效应、性能上的“鸡尾酒”效应。与传统界面调控相比，高熵合金可通过原子尺度的元素种类调控及元素浓度调控实现材料结构及性能的精细调控。例如 Cu 元素可调控高熵合金的耐蚀性，Cr 元素可调控高熵合金的抗氧化性，Nb 元素可调控高熵合金的强度及耐磨性，Mo 元素可调控高熵合金的耐热性。高熵合金打破了传统材料的设计瓶颈，大幅度提升了材料设计自由度，在显微组织控制方面具有较高的稳定性和灵活性，在性能方面可实现多种优异性能的组合，为高性能刀具材料创制开辟了新策略和新途径，而高熵合金的组元调控也为基于性能驱动的刀具材料逆向设计提供了新原理和新方法。

1.5 硬质合金刀具材料陶瓷替 Co 黏结相

1.5.1 陶瓷替 Co 黏结相硬质合金刀具材料概述

陶瓷替 Co 黏结相是将特定碳化物陶瓷（TiC、SiC、TaC 等）和/或氧化物陶瓷（Al_2O_3、MgO、ZrO_2等）作为替 Co 黏结相用于硬质合金刀具材料的制备[126]。陶瓷黏结相硬质合金本质为 WC 基陶瓷。陶瓷黏结相硬质合金刀具具有传统硬质合金刀具无可比拟的耐磨性、抗氧化性、耐蚀性与高温性能，以及高于传统陶瓷刀具（Al_2O_3基、Si_3N_4基陶瓷刀具等）的断裂韧度，尤其适于高速加工钛合金、铝合金等发热量大、塑性高的难加工材料，符合绿色加工理念。例如，Al_2O_3作为氧化物陶瓷替 Co 黏结相不但可有效促进合金的致密度，同时可显著提高材料力学性能[127]。SiC 作为碳化物陶瓷替 Co 黏结相大幅度提升了材料的致密度并且诱导烧结过程中出现少量板状 WC，同时改善了材料的硬度和断裂韧度[128]。朱世根等[129]发现 VC 和/或 CeO_2掺杂均可有效抑制 W_2C 生成，大幅度提升硬质合金致密度，实现材料硬度和断裂韧度的同步提升。孙加林等[130]采用 Al_2O_3与 ZrO_2作为氧化物复合陶瓷替 Co 黏结相，显著促进了刀具材料的致密化，同时大幅度提升了其力学性能。进一步地，孙加林等[131,132]基于缺陷强化烧结理论及液相强化烧结理论，以纳米 TiC 作为碳化物替 Co 黏结相，以纳米 Al_2O_3作为氧化物替 Co 黏结相，研制成功新型无 Co 硬质合金 WC－TiC－Al_2O_3，其相对密度超过 99%，力学性能显著优于 WC－Co 合金，此外还发现 Al_2O_3可以有效抑制 WC 晶粒增长及 W_2C 的产生。

1.5.2 陶瓷替 Co 黏结相硬质合金刀具材料强韧化

WC 基陶瓷刀具材料的强韧化主要涉及两个方面：缺陷敏感性和裂纹敏感性。基于降低材料缺陷敏感性的设计，要求采用缺陷尺寸更小的增韧相复合，即降低强韧相尺度，会显著降低陶瓷材料的缺陷敏感性；基于降低裂纹敏感性设计，要求强韧相具有一定的长径比，且基体与增韧相之间为弱界面结合，这样不仅起到缓解裂纹尖端应力集中程度的作用，而且促使裂纹沿晶界扩展，从而降低材料裂纹敏感性，起到强韧化作用。此外除了组分设计上选择不同的材料体系外，更重要的一点就是可以从材料的宏观结构角度来设计新型材料，通过结构增韧与组分增韧相结合，形成多尺度多组分多级协同增韧，立足于简单成分多重结构复合，从本质上突破复杂成分简单复合的旧思路，为 WC 基陶瓷刀具材料强韧化提供新途径，新思路。自从 WC 基陶瓷刀具材料诞生以来，“强韧化”始终是其研究的一个核心问题，从本质上可分为本征强韧化和外部强韧化（见图 1-10）[133]，研究经历了以下两个阶段。

1. 传统强韧化机理

传统的 WC 基陶瓷刀具材料强韧化方法主要包括：颗粒弥散强韧化、相变强韧化、晶须与纤维强韧化及协同强韧化等[134,135]。颗粒弥散强韧化是指通过陶瓷黏结相 MgO[136]、Al_2O_3[137]、TiC[137]、SiC[138]、ZrC[138]及 Mo_2C[139]等的均匀分布，使得裂纹被阻断或者扩展方向发生改变，形成了材料断裂时新的能量吸收机制，起到强韧化作用，是其他强韧化方法的基础。相变强韧化是指以 ZrO_2颗粒作为硬质合金黏结相，利用应力诱导马氏体相变起到增韧作用，即通过添加 Y_2O_3、

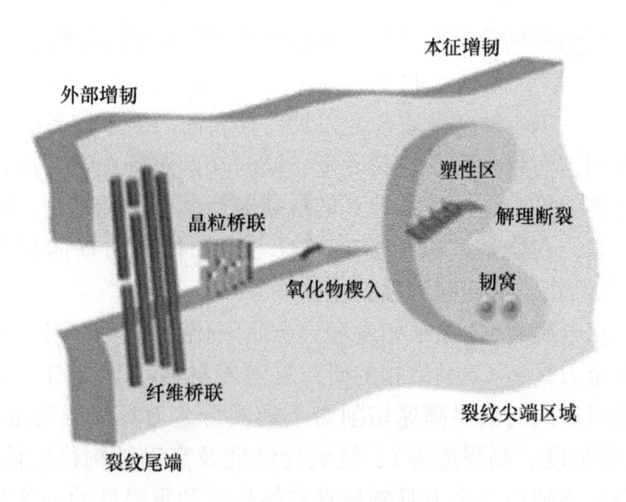

图 1-10 强韧化方式示意图[133]

CaO 等稳定剂，使得高温组织四方晶系（t - ZrO_2）保留到室温，在外应力作用下，裂纹尖端产生应力集中，诱导发生四方晶系（t - ZrO_2）到单斜晶系（m - ZrO_2）的相变，使得裂纹尖端应力松弛，阻碍裂纹扩展。此外，相变引起的体积膨胀使得周围基体受压，促使其他裂纹闭合，起到强韧化作用。晶须与纤维强韧化是指将高模量、高强度的晶须［SiC 晶须（SiC_w）[140]、Si_3N_4晶须（Si_3N_{4w}）[141]及 Al_2O_3晶须（Al_2O_{3w}）[142]］或者纤维与陶瓷黏结相硬质合金基体复合，通过晶须或纤维的拔出与桥联以及裂纹偏转与钝化等机制起到强韧化作用，其强韧化效果主要取决于纤维或晶须本身的性能（强度、弹性模量等）、纤维或晶须与基体之间的匹配性（物理及化学相容性）以及其与基体相之间的结合情况。协同强韧化是指采用两种或者两种以上强韧化方法进行强韧化。Xia 等[143]以 Al_2O_3及 ZrO_2为陶瓷黏结相，协同发挥 Al_2O_3颗粒弥散强韧化与 ZrO_2相变强韧化，制备了高强度、高断裂韧度 WC - Al_2O_3 - ZrO_2复合材料。

2. 新型强韧化机理

新型的 WC 基陶瓷刀具材料强韧化方法主要包括：纳米复合强韧化、碳纳米管强韧化、梯度结构强韧化及原位强韧化等。纳米复合强韧化是指以纳米尺度陶瓷为黏结相引入的强韧化，其强韧化机理主要包括晶内型结构的形成、残余应力的作用、微米基体相潜在纳米化诱发穿晶断裂、纳米相对基体颗粒形状的影响、纳米相对耐高温性能的改善等。孙加林等[132, 137]成功研制了 WC - Al_2O_3 - TiC（WC 为亚微米尺度，Al_2O_3与 TiC 均为纳米尺度）陶瓷刀具，其力学性能显著优于传统WC - Co 硬质合金刀具，此外，在连续干车削纯铁材料时，刀具寿命提高近 3 倍。碳纳米管强韧化是指将碳纳米管（CNT）加入到 WC 基陶瓷刀具材料中以提高其强度和断裂韧度，其强韧化机理包括 CNT 的脱黏、拔出与桥联，以及 CNT 引入的裂纹偏转与钝化等[144]。梯度结构强韧化是指通过合理设计梯度结构，在材料表层产生残余压应力，从而起到强韧化作用[145]。孙加林等[131]基于材料组分与性能的“可裁剪性”及“可设计性”，采用“自上而下”与“自下而上”相结合的办法，成功研制了 WC - Al_2O_3 - TiC 梯度硬质合金刀具，其表面产生了较高的残余压应力，不仅起到强韧化作用，而且提升了材料硬度，同时切削过程中可对由切削力产生的拉应力进行一定程度的抵消，提高了刀具的抗疲劳性能和使用寿命。原位强韧化是指通过设计制备工艺，在烧结过程中形成均有一定长径比的基体相 WC（例如板状 WC）或者陶瓷黏结相，从而起到强韧化作用。

综上所述，从金属替 Co 黏结相发展到金属间化合物、陶瓷以及高熵合金替 Co 黏结相，硬质合金刀具替 Co 黏结相的研究是随着材料科学及相关学科的进步而不断发展的。发展可以同时满足高速切削对于硬质合金刀具优异的常/高温力学性能（高硬度、高断裂韧度、高强度等）、抗氧化性能及高温结构稳定性等要求的替 Co 黏结相已成为高性能硬质合金刀具领域具有挑战性和重要性的一项前沿课题。

1.6　功能梯度刀具材料

功能梯度材料（functionally graded materials，FGM），又称为倾斜功能材料，是指两种或者两种以上材料复合成的结构和组分呈连续性梯度变化的一种新型复合材料，一般具有三个主要特征：①材料的成分和结构呈连续性梯度变化；②材料内部没有明显的界面；③材料的性质也相应地呈连续性梯度变化。FGM 正式作为一个材料设计概念，是在 20 世纪 80 年代为满足高速航天器材料性能需求而被提出的。最初的 FGM 材料一侧为纯金属（如 Ni），另一侧为纯陶瓷（如 ZrO_2），中间采用组分渐变的多个过渡的梯度层，可显著缓解热应力。FGM 的概念后来逐渐应用于金属切削刀具等各个领域。

1.6.1　功能梯度硬质合金刀具材料

根据材料组分和显微组织的不同，可将功能梯度硬质合金（FGCC）分成三类（见表 1-1）[146-148]：①双相梯度硬质合金；②表面富黏结相梯度硬质合金；③表面富立方相梯度硬质合金。

表 1-1　功能梯度硬质合金刀具材料分类

分类	性能特征	应用领域
双相梯度硬质合金	表面耐磨，芯部强韧	凿岩工具
表面富黏结相梯度硬质合金	表面层高断裂韧度	涂层硬质合金刀具基体
表层富立方相梯度硬质合金	硬度较高，耐磨损	精加工刀具

根据合金梯度结构形成的机理不同，梯度结构硬质合金的制备方法主要有以下两类：一类是基于构造的方法，即构造法；另一类是基于传输的方法，即传输法。

构造法预先在宏观上将某一成分按期望的梯度结构进行精确地堆叠而构成。这种方法为设计者获得性能优异的梯度结构硬质合金材料提供了很好的灵活性。但是，采用构造法制备梯度结构材料有其缺陷：由于在合金中存在比较明显的界面，并且不同层材料的热物理性能可能有较大的差异，因而可能会在合金的界面处产生较大的应力，冷却过程中会产生变形。为了尽可能消除界面处的应力集中，应该对不同层材料的热膨胀性能有很好的了解，并且尽量调整好不同层的成分和颗粒尺寸，以便使不同层之间具有相同或相近的烧结速率。这类方法有固相烧结 + 后续 HIP（热等静压）处理法[149]、液相烧结法[150]、热压法[151]、微波烧结法[152]、电火花烧结法[153]等。

传输法制备梯度结构硬质合金时合金的原料成分均匀，梯度结构是利用自然传输现象在构件内部形成的。它以传输为基础，利用流体的流动、原子的扩散或热传导在局部的微观结构中或在有用的成分中制造梯度。通过这种途径制备梯度合金的方法有气氛处理法和熔浸法[154]等。目前已发展了两大主要预制备成分体系：非平衡碳硬质合金和含氮硬质合金[155]。前者通过渗碳工艺可制备用于凿岩工具的双相（DP）硬质合金[156]，而后者依据体内氮平衡分压与环境氮分压之差，可实现氮化和脱氮，分别形成两类性质截然不同的表层。氮化工艺可形成表面富立方相的硬化层，而脱氮则形成表面无立方相（cubic carbide free layer，CCFL）的韧性层[157,158]。具有梯度功能结构的硬质合金涂层刀片已成功地应用于金属切削，切削性能较普通硬质合金涂层刀片有明显改善[159,160]。

程继贵等[151]采用分层铺叠装粉，压制出 Co 相呈层状非连续分布的 WC - Co 系多层复合压坯，经热压后得到了 Co 沿截面呈连续梯度分布的梯度硬质合金，与平均 Co 含量相同的均一组织合金相比，梯度合金中高 Co 区具有较高的强度，低 Co 区呈现较高的硬度，因而能够实现高强度与高硬度的合理结合，更好地满足特殊的使用要求。羊建高等[161]通过分层铺叠装粉成功制备了梯度结构硬质合金顶锤，顶锤内部具有梯度化组织结构，硬度呈梯度变化，使用周期较均质合金明显延长。Tsuda 等[162]采用微波烧结法成功制备了表面富立方相对梯度硬质合金刀具，并进行了切削试验，结果表明其耐磨性大约是均质金属陶瓷的两倍。Lisovsky[163]成功地制备出了呈梯度结构分布的硬质合金，分析认为致密硬质合金熔渗的驱动力是 WC 颗粒为了达到平衡状态以降低体系自由能而产生的驱动力。此外，也有学者采用电泳沉积法、电火花烧结法、微波烧结法成功制备了梯度硬质合金材料。

现有的方法中，为获得具有较好组织和性能的合金材料，工艺过程都较为复杂，如固相烧结法为消除烧结体中的残余孔隙，一般都要进行后续的热等静压处理；熔渗法则需先制备出含有一定数量、尺寸孔隙的多孔坯块；而控制气氛烧结法则必须先制备偏离正常 C 含量的硬质合金坯块。无压烧结需将粉末与成型剂混合、压制成压块后才可进行烧结。由于要加入成形剂，在脱除成形剂时，高温下的真空环境使有机成形剂分解产生游离 C，渗入材料内部会造成 WC 及 Co 渗碳；同时真空还会引起黏结金属 Co 的蒸发。

1.6.2 功能梯度金属陶瓷刀具材料

1995 年，日本学者通过控制材料自表及里，逐渐减少面心立方相 Ti（C，N）首次成功制备梯度功能金属陶瓷。金属陶瓷刀具应具有耐磨损的表面和适当韧性的基体。硬而耐磨的近表面区域和韧性基体具有不同的功能，如果两部分的过渡是梯度的，则此类金属陶瓷称为功能梯度金属陶瓷（FGC）。

功能梯度金属陶瓷刀具可以采用粉末叠层填充 - 高温高压（4GPa）烧结制备，如 Jaworska 等[164]研制的 TiC -（Ni，Mo）系梯度功能金属陶瓷刀具，也可以采用与梯度硬质合金相似的原位反应烧结工艺（N_2气氛），如 Khademian 等[165]研制的 WC - 13% Co - xTiC - yTiN 系梯度功能金属陶瓷刀具，由于其微观结构、硬度等均沿材料厚度方向合理变化，因此切削性能得到明显改善。郑立允等[166]采用熔渗氮化法成功制备了 TiC - TiN 基梯度金属陶瓷，其表面层为富含 Ti 和 N 的硬化层；次表面层为黏结相 Fe 及 Ni 含量较高，硬质相含量较低的过渡层。自表及里，材料硬度呈现高 - 低 - 高的变化。

1.6.3 功能梯度陶瓷刀具材料

与普通陶瓷刀具相似，功能梯度陶瓷刀具也分为 Al_2O_3基、Si_3N_4基和 Sialon 基三大类。Maurice 等[167]是较早开展功能梯度陶瓷刀具研究的（但当时未被命名为功能梯度陶瓷，而是“叠层结构陶瓷”），他们采用“流延法”制备不同组分含量的梯度层，通过热压烧结制备了适于加工镍基合金和高强度钢的多种 Al_2O_3基叠层结构陶瓷刀具。Scuor 等[168]研制了两个表层为 Al_2O_3，中间层为 ZrO_2的三层陶瓷刀具，虽然性能优于 Al_2O_3陶瓷刀具，但由于表层为 Al_2O_3（无增韧相），其应用受到很大限制。艾兴、赵军等[169,170]通过多目标优化来合理地控制材料的“宏观”组成分布规律，从而实现其优异的宏观力学性能，采用粉末叠层填充 - 热压烧结工艺，研制成功 Al_2O_3 - TiC 和 Al_2O_3 -（W，Ti）C 两种体系的功能梯度陶瓷刀具，表面形成了残余压应力。Vanmeensel 等[171]采用电泳沉积 - 热压烧结工艺，研制了 Al_2O_3 - ZrO_2 - Ti（C，N）功能梯度陶瓷刀具。赵军、郑光明等[172-175]采用“宏微观性能裁剪拼接”的概念，成功研制了适于加工镍基合金的 Sialon - Si_3N_4梯度纳米复合陶瓷刀具和适于加工高强度钢的 Al_2O_3/TiCN 梯度纳米复合陶瓷刀具，刀具寿命显著高于普通刀具且具有较强的自砺性。Acikbas 等[176]采用流延法制备梯度层、冷等静压成形以及气氛（N_2）烧结工艺，研制了功能梯度 Sialon 材料，形成了由表面富 α - Sialon（高硬度）到内部富 β - Sialon（高断裂韧度）的渐变结构。

1.6.4 功能梯度材料热–力学性能

通过组成分布的优化设计，功能梯度材料（FGM）可以降低沿梯度方向的面内和横向应力，改善残余应力分布状态，提高各项静态、动态热–力学性能，相对于具有近似成分的均质材料，FGM 具有更加广阔的应用前景[177,178]。

静态力学性能。Ramirez 等[179]给出了由功能梯度材料组成的三维各向异性弹性板静态分析的近似解，通过实例分析得出，对于石墨–环氧树脂简支板，控制材料梯度组成，可以减小 25% 的变形量以及 20% 的正应力。Tohgo 等[180]研究了材料微观结构对陶瓷–金属功能梯度材料断裂韧度的影响，发现 FGM 的断裂韧度高于非 FGM 材料，其原因是陶瓷一侧形成了残余压应力，而且细晶粒 FGM 的断裂韧度高于粗晶粒 FGM。Scuor 等[168]通过研究 Al_2O_3–ZrO_2 功能梯度陶瓷刀具的残余应力和磨损机理，得出结论：刀具材料表面形成的残余压应力有利于提高材料的断裂韧度，进而有效地避免了刀具后刀面的微崩刃。赵军、郑光明等[172,175]研制的 Sialon–Si_3N_4 梯度纳米复合陶瓷刀具表面形成了残余压应力，提高了强度和刀具表面的硬度。

抗机械冲击–疲劳性能。功能梯度材料的一个重要特征是抑制裂纹扩展的能力[181]。Apetre 等[182]研究了一维三明治结构梁在低速冲击下的响应，结果表明：FGM 层有利于减轻甚至避免冲击损伤。Kirugulige 等[183]应用光学干涉法和高速摄影法，得到了三明治结构材料在低速（5.8m/s）冲击载荷下 Ⅰ 型动态裂纹的裂尖干涉图，并研究了其断裂行为，结果表明 FGM 可以显著缓解应力集中，提高材料的抗断裂性能。Bruck[184]提出了功能梯度材料一维应力波传导模型，发现 FGM 对反射应力峰值的到来有延迟作用。Samadhiya 等[185]应用光谱方法研究了一维梯度功能材料中应力波的入射和反射，发现 FGM 对应力波有明显的衰减和延迟作用，这有利于提高材料的抗冲击能力。Zhang 等[186]对陶瓷/FGM/金属三明治结构材料的抗冲击性能进行了数值模拟，发现 FGM 对应力传导和损伤演变有显著的延缓作用。Bhattacharya 等[187]采用扩展有限元法（XFEM），模拟了陶瓷–金属 FGM 的机械疲劳裂纹扩展，结果表明：材料微观结构及性能的梯度变化均对疲劳寿命有显著影响。

抗热冲击–疲劳性能。Jin 等[188]应用断裂力学推导了含单边裂纹的功能梯度材料热冲击残余强度的解析解表达式，Al_2O_3/Si_3N_4（表层为 Al_2O_3）和 TiC/SiC（表层为 TiC）两种体系 FGM 的计算结果表明：合理控制沿材料厚度方向的组分变化规律可提高抗热冲击性能。Wang 等[189]采用最大局部拉应力和最大应力强度因子两种判据，研究了 TiC–Ni 系 FGM（表层为 TiC）的抗热冲击性能，结果表明由表及里增大 Ni 的含量可提高抗热冲击性能。Elperin 等[190]研究了梯度功能涂层的激光热冲击，结果表明 WC–高速钢功能梯度涂层的瞬态热应力大大低于纯 WC 涂层。赵军、艾兴等[191-193]采用摄动法推导了对称型功能梯度材料非定常温度场及非定常热应力场的解析表达式，分析了 FGM 的热 - 物理性能分布规律对瞬态热应力的影响，建立了表面断裂的临界温差表达式，提出了高抗热冲击性能 FGM 的设计原则（由表及里增大热膨胀系数），并进行了验证。赵军、郑光明等[194]采用压痕 - 淬火方法，研究了 Sialon - Si_3N_4梯度纳米复合刀具材料的热疲劳性能，结果表明：相同热疲劳次数下，梯度材料压痕裂纹的扩展长度显著低于均质陶瓷材料。Fazarinc 等[195]进行了 H13 模具钢表面激光熔覆 FGM 涂层的热疲劳试验研究，结果表明：涂层中 Si 含量降低会导致热疲劳寿命提高。

参考文献

[1] 艾兴．高速切削加工技术［M］．北京：国防工业出版社，2003.

[2] SCHULZ H，ABELE E，何宁．高速加工理论与应用［M］．北京：科学出版社，2010.

[3] 黄伯云，韦伟峰，李松林，等．现代粉末冶金材料与技术进展［J］．中国有色金属学报，2019，29（9）：1917 - 1933.

[4] 张小红．迎接硬质合金时代［J］．中国有色金属，2021，22：35.

[5] STEPHENSON D A，AGAPIOU J S. Metal cutting theory and practice［M］．3rd ed. New York：CRC Press，2016.

[6] Tsai K M. The effect of consolidation parameters on the mechanical properties of binderless tungsten carbide［J］．International Journal of Refractory Metals and Hard Materials，2011，29（2）：188 - 201.

[7] HUANG B，CHEN L D，BAI S Q. Bulk ultrafine binderless WC prepared by spark plasma sintering［J］．Scripta Materialia，2006，54（3）：441 - 445.

[8] BASTIAN S，BUSCH W，KÜHNEL D，et al. Toxicity of tungsten carbide and cobalt - doped tungsten carbide nanoparticles in mammalian cells in vitro［J］．Environmental Health Perspectives，2009，117（4），530.

[9] SIEMIASZKO D，ROSINSKI M，MICHALSKI A. Nanocrystalline WC with non - toxic Fe - Mn binder［J］．Physica status solidi（c），2010，7（5）：1376 - 1379.

[10] SUN J，ZHAO J，GONG F，et al. Development and application of WC - based alloys bonded with alternative binder phase［J］．Critical Reviews in Solid State and Materials Sciences，2019，44（3）：211 - 238.

[11] AGTE C. Entwicklung der hartmetalltechnik während der letzten jahre in der deutschen demokratischen republic［J］．Neue Hütte，1957，9：537 - 544.

[12] MOSKOWITZ D，FORD M J，HUMENIK M. High - strength tungsten carbides［J］．Modern Developments in Powder Metallurgy，1971，5：225 - 234.

[13] UPADHYAYA G S. Cemented tungsten carbides：production，properties and testing［M］．1st ed. Westwood：Noyes Publications，1998.

[14] GABRIEL A. Remplacement du cobalt dans les carbures cémentés［D］．Rhone - Alpes：L' Institute National Polytechnique de Grenoble，1984.

[15] GUILLERMET A F. An assessment of the Fe - Ni - WC phase diagram［J］．International Journal of Materials Research，1987，78（3）：165 - 171.

[16] GUILLERMET A F. The Co – Fe – Ni – WC phase diagram: a thermodynamic description and calculated sections for (Co – Fe – Ni) bonded cemented WC tools [J]. International Journal of Materials Research, 1989, 80 (2): 83 – 94.

[17] FERNANDES C M, SENOS A M R, CASTANHO J M, et al. Effect of the Ni chemical distribution on the reactivity and densification of WC – (Fe/Ni/Cr) composite powders [J]. Materials Science Forum, 2006, 514: 633 – 637.

[18] MOSKOWITZ D, FORD M J, HUMENIK M, High – strength tungsten carbides [J]. International Journal of Powder Metallurgy, 1970, 6 (4): 55 – 64.

[19] VISWANADHAM R K, LINDQUIST P G. Transformation – toughening in cemented carbides: Part I. Binder composition control [J]. Metallurgical Transactions A, 1987, 18 (12): 2163 – 2173.

[20] UPADHYAYA G S, BHAUMIK S K. Sintering of submicron WC – 10wt. % Co hard metals containing nickel and iron [J]. Materials Science and Engineering: A, 1988, 105: 249 – 256.

[21] COLMENARES M M. Investigation of WC – FeMn (Si) sintered hardmetal [D]. Bochum: Ruhr – Universität Bochum, 2011.

[22] FERNANDES C M, POPOVICH V, MATOS M, et al. Carbide phases formed in WC – M (M = Fe/Ni/Cr) systems [J]. Ceramics International, 2009, 35 (1): 369 – 372.

[23] SCHUBERT W D, FUGGER M, WITTMANN B, et al. Aspects of sintering of cemented carbides with Fe – based binders [J]. International Journal of Refractory Metals and Hard Materials, 2015, 49: 110 – 123.

[24] FERNANDES C M, SENOS A M R. Cemented carbide phase diagrams: A review [J]. International Journal of Refractory Metals and Hard Materials, 2011, 29 (4): 405 – 418.

[25] KAKESHITA T, WAYMAN C M. Martensitic transformations in cermets with a metastable austenitic binder I: WC (Fe Ni C) [J]. Materials Science and Engineering: A, 1991, 141 (2): 209 – 219.

[26] GONZÁLEZ R, ECHEBERRÍA J, SÁNCHEZ J M, et al. WC – (Fe, Ni, C) hardmetals with improved toughness through isothermal heat treatments [J]. Journal of Materials Science, 1995, 30 (13): 3435 – 3439.

[27] GAO Y, LUO B H, BAI Z, et al. Effects of deep cryogenic treatment on the microstructure and properties of WCFeNi cemented carbides [J]. International Journal of Refractory Metals and Hard Materials, 2016, 58: 42 – 50.

[28] CHANG S H, CHEN S L. Characterization and properties of sintered WC – Co and WC – Ni – Fe hard metal alloys [J]. Journal of Alloys and Compounds, 2014, 585: 407 – 413.

[29] LIU C. Alternative binder phases for WC cemented carbides [D]. Stockholm: KTH Royal Institute of Technology, 2014.

[30] HANYALOGLU C, AKSAKAL B, BOLTON J D. Production and indentation analysis of WC/Fe – Mn as an alternative to cobalt – bonded hardmetals [J]. Materials Characterization, 2001, 47 (3 – 4): 315 – 322.

[31] MACCIO M R, BERNS H. Sintered hardmetals with iron – manganese binder [J]. Powder Metallurgy, 2012, 55 (2): 101 – 109.

[32] HANYALOGLU S C, AKSAKAL B, SEN S. An indentation and stress analysis of WC/Fe – Mn hardmetals [J]. Indian Journal of Engineering and Materials Sciences, 2003, 10: 229 – 235
[33] Kernforschungszentrum Karlsruhe. Aufbau, herstellung und eigenschaften hochschmelzender verbindungen und systeme (hartstoffe und hartmetalle): Berichtüber Arbeiten in den Jahren [R/OL]. (1983 – 02 – 07) [2018 – 05 – 26]. https://publikationen.bibliothek.kit.edu/270018480.
[34] CASTRO F R. Consolidation of tungsten carbide cemented carbides with iron – manganese binders [J]. Metal Powder Report, 1997, 6 (52): 40.
[35] SEVOSTIANOVA I N, GNYUSOV S F, GARMS A P, et al. Heat treatment and matrix composition effect on the formation of physical and mechanical properties of solid alloys WC – (Fe – Mn – C) [J]. Perspekt Material, 1998, 4: 37 – 41.
[36] SIEMIASZKO D, ROSINSKI M, MICHALSKI A. Nanocrystalline WC with non – toxic Fe – Mn binder [J]. Physica Status Solidi C, 2010, 7 (5): 1376 – 1379.
[37] SHIMIZU K, TANAKA Y. The $\gamma \to \varepsilon \to \alpha'$ martensitic transformations in an Fe – Mn – C alloy [J]. Transactions of the Japan Institute of Metals, 1978, 19 (12): 685 – 693.
[38] SEOL J B, JUNG J E, JANG Y W, et al. Influence of carbon content on the microstructure, martensitic transformation and mechanical properties in austenite/ε – martensite dual – phase Fe – Mn – C steels [J]. Acta Materialia, 2013, 61 (2): 558 – 578.
[39] SCHUMANN H. Influence of the stacking fault energy on the crystallographic mechanisms of γ/α – transformation in high – alloy steel [J]. Journal of Krist Technology 1974, 9 (10): 1141 – 1152.
[40] INGELSTROM N, NORDBERG H. The fracture toughness of cemented tungsten carbides [J]. Engineering Fracture Mechanics, 1974, 6 (3): 597 – 607.
[41] NIIHARA K, MORENA R, HASSELMAN D P H. Comments on elastic/plastic indentation damage in ceramics: the median/radial crack system [J]. Journal of the American Ceramic Society, 1982, 65: 116.
[42] ZHAO Z, LIU J, TANG H, et al. Investigation on the mechanical properties of WC – Fe – Cu hard alloys [J]. Journal of Alloys and Compounds, 2015, 632: 729 – 734.
[43] PENRICE T W. Alternative binders for hard metals [J]. Journal of Materials Shaping Technology, 1987, 5 (1): 35 – 39.
[44] TRACEY V A. Nickel in hardmetals [J]. International Journal of Refractory Metals and Hard Materials, 1992, 11 (3): 137 – 149.
[45] ZHAO Z, LIU J, TANG H, et al. Effect of Mo addition on the microstructure and properties of WC – Ni – Fe hard alloys [J]. Journal of Alloys and Compounds, 2015, 646: 155 – 160.
[46] OLIVEIRA A B, BASTOS A C, FERNANDES C M, et al. Corrosion behaviour of WC – 10% AISI 304 cemented carbides [J]. Corrosion Science, 2015, 100: 322 – 331.
[47] MARQUES B J, FERNANDES C M, SENOS A M R. Sintering, microstructure and properties of WC – AISI304 powder composites [J]. Journal of Alloys and Compounds, 2013, 562: 164 – 170.
[48] TRUNG T B, ZUHAILAWATI H, AHMAD Z A, et al. Grain growth, phase evolution and properties of NbC carbide – doped WC – 10AISI304 hardmetals produced by pseudo hot isostatic pressing [J]. Journal of Alloys and Compounds, 2013, 552: 20 – 25.

[49] TRUNG T B, ZUHAILAWATI H, AHMAD Z A, et al. Sintering characteristics and properties of WC - 10AISI304 (stainless steel) hardmetals with added graphite [J]. Materials Science and Engineering: A, 2014, 605: 210 - 214.

[50] FAROOQ T, DAVIES T J. Tungsten carbide hard metals cemented with ferroalloys [J]. International Journal of Powder Metallurgy, 1991, 27 (4): 347 - 350.

[51] FERNANDES C M, SENOS A M R, VIEIRA M T, et al. Composites from WC powders sputter - deposited with iron rich binders [J]. Ceramics International, 2009, 35 (4): 1617 - 1623.

[52] HOLLECK H, KLEYKAMP H. Constitution of cemented carbide systems [J]. International Journal of Refractory Metals and Hard Materials, 1982, 1 (3): 112 - 116.

[53] MOHAMMADPOUR M, ABACHI P, POURAZARANG K. Effect of cobalt replacement by nickel on functionally graded cemented carbonitrides [J]. International Journal of Refractory Metals and Hard Materials, 2012, 30 (1): 42 - 47.

[54] SAIDI A, BARATI M. Production of (W, Ti) C reinforced Ni - Ti matrix composites [J]. Journal of Materials Processing Technology, 2002, 124 (1 - 2): 166 - 170.

[55] IMASATO S, TOKUMOTO K, KITADA T, et al. Properties of ultra - fine grain binderless cemented carbide 'RCCFN' [J]. International Journal of Refractory Metals and Hard Materials, 1995, 13 (5): 305 - 312.

[56] GUO Z, XIONG J, YANG M, et al. Effect of Mo_2C on the microstructure and properties of WC - TiC - Ni cemented carbide [J]. International Journal of Refractory Metals and Hard Materials, 2008, 26 (6): 601 - 605.

[57] AGTE C. Entwicklung der hartmetalltechnik während der letzten Jahre in der deutschen demokratischen republik [J]. Neue Hütte, 1957, 9: 537 - 544.

[58] SUZUKI H, HAYASHI K, YAMAMOTO T, et al. Relations between some properties of sintered WC - 10% Ni alloy and its binder phase composition [J]. Journal of the Japan Society of Powder and Powder Metallurgy, 1966, 13 (6): 290 - 295.

[59] TRACEY V A, HALL N R V. Nickel matrices in cemented carbides [J]. Powder Metallurgy International, 1980, 12 (3): 132.

[60] VASEL C H, KRAWITZ A D, DRAKE E F, et al. Binder deformation in WC - (Co, Ni) cemented carbide composites [J]. Metallurgical Transactions A, 1985, 16 (12): 2309 - 2317.

[61] SUZUK H. Room - temperature transverse - rupture strength of WC - 10% Ni cemented carbide [J]. Journal of the Japan Institute of Metals, 1977, 41: 559 - 563.

[62] EKEMAR S, LINDHOLM L, HARTZELL T. Proceedings of the 10th Plan see - Seminar [C]. Reutte: Metallwerk Plansee, 1981.

[63] PENRICE T W. Alternative binders for hard metals [J]. Carbide Tool Journal, 1988, 20 (4): 12 - 15.

[64] BARLOW G. Preprints 4th Europ [C]. Grenoble: Powder Metall Symp, 1975.

[65] CHAPOROV I N, TRETYAKOV V I, SHCHETILINA E A, et al. Tvedye splavy [J]. Sbovnik Trudov Vsesoyuz Nauch, Issledovat Inst Tverd Splovov, 1959, 1: 177.

[66] CHAPOROVA I N, SHCHETLINA Y A. Investigations of the carburizing process in tungsten car-

bide hard alloys with cobalt and nickel [J]. Hard Met Prod Technol Res USSR, 1964, 196 - 211.

[67] TAHERI - NASSAJ E, MIRHOSSEINI S H. An in situ WC - Ni composite fabricated by the SHS method [J]. Journal of Materials Processing Technology, 2003, 142 (2): 422 - 426.

[68] ERIKSSON M, RADWAN M, SHEN Z. Spark plasma sintering of WC, cemented carbide and functional graded materials [J]. International Journal of Refractory Metals and Hard Materials, 2013, 36: 31 - 37.

[69] KIM H C, SHON I J, YOON J K, et al. Rapid sintering of ultrafine WC - Ni cermets [J]. International Journal of Refractory Metals and Hard Materials, 2006, 24 (6): 427 - 431.

[70] SRIVATSAN T S, WOODS R, PETRAROLI M, et al. An investigation of the influence of powder particle size on microstructure and hardness of bulk samples of tungsten carbide [J]. Powder Technology, 2002, 122 (1): 54 - 60.

[71] WITTMANN B, SCHUBERT W D, LUX B. WC grain growth and grain growth inhibition in nickel and iron binder hardmetals [J]. International Journal of Refractory Metals and Hard Materials, 2002, 20 (1): 51 - 60.

[72] MUKHOPADHYAY A, BASU B. Recent developments on WC - based bulk composites [J]. Journal of Materials Science, 2011, 46 (3): 571 - 589.

[73] RONG H, PENG Z, REN X, et al. Ultrafine WC - Ni cemented carbides fabricated by spark plasma sintering [J]. Materials Science and Engineering: A, 2012, 532: 543 - 547.

[74] KIM H C, SHON I J, YOON J K, et al. Comparison of sintering behavior and mechanical properties between WC - 8Co and WC - 8Ni hard materials produced by high - frequency induction heating sintering [J]. Metals and Materials International, 2006, 12 (2): 141 - 146.

[75] ISMAIL A, ABD A N. Corrosion behavior of WC - Co and WC - Ni in 3.5% NaCl at increasing temperature [J]. Applied Mechanics and Materials, 2014, 660: 135 - 139.

[76] CORREA E O, SANTOS J N, KLEIN A N. Microstructure and mechanical properties of WC Ni - Si based cemented carbides developed by powder metallurgy [J]. International Journal of Refractory Metals and Hard Materials, 2010, 28 (5): 572 - 575.

[77] LIN N, WU C H, HE Y H, et al. Effect of Mo and Co additions on the microstructure and properties of WC - TiC - Ni cemented carbides [J]. International Journal of Refractory Metals and Hard Materials, 2012, 30 (1): 107 - 113.

[78] CORREA E O, SANTOS J N, KLEIN A N. Microstructure and mechanical properties of WC - Ni - Al based cemented carbides developed for engineering applications [J]. International Journal of Materials Research, 2011, 102 (11): 1369 - 1373.

[79] ALMOND E A, ROEBUCK B. Identification of optimum binder phase compositions for improved WC hard metals [J]. Materials Science and Engineering: A, 1988, 105: 237 - 248.

[80] WORAUAYCHAI N, POOLTHONG N, TONGSRI R. Reduction of liquid phase formation temperature of TiC - Ni composite by sintering activator addition [J]. Powder technology, 2013, 246: 478 - 486.

[81] SHON I J. High - frequency induction - heated consolidation of nanostructured WC and WC - Al hard materials and their mechanical properties [J]. International Journal of Refractory Metals and

Hard Materials, 2017, 64: 242 - 247.

[82] SHON I J. Effect of Al on sintering and mechanical properties of WC - Al composites [J]. Ceramics International, 2016, 42 (15): 17884 - 17891.

[83] MALIN L L. An investigation of metallic glass as binder phase in hard metal [D]. Linköping: Linköpings universitet, 2015.

[84] GHASALI E, EBADZADEH T, ALIZADEH M, et al. Mechanical and microstructural properties of WC - based cermets: a comparative study on the effect of Ni and Mo binder phases [J]. Ceramics International, 2018, 44 (2): 2283 - 2291.

[85] HIBINO A, MATSUOKA S, KIUCHI M. Synthesis and sintering of Ni_3Al intermetallic compound by combustion synthesis process [J]. Journal of Materials Processing Technology, 2001, 112 (1): 127 - 135.

[86] JOHNSON M, MIKKOLA D E, MARCH P A, et al. The resistance of nickel and iron aluminides to cavitation erosion and abrasive wear [J]. Wear, 1990, 140 (2): 279 - 289.

[87] MATSUMOTO A, KOBAYASHI K, NISHIO T, et al. Based WC composites prepared by combustion synthesis [C]. 16th International Plansee Seminar, 2005, 2: 287 - 294.

[88] MISRA A K. Identification of thermodynamically stable ceramic reinforcement materials for iron aluminide matrices [J]. Metallurgical Transactions A, 1990, 21 (1): 441 - 446.

[89] MOSBAH A Y, WEXLER D, CALKA A. Tungsten carbide iron aluminide hardmetals: nanocrystalline vs microcrystalline [J]. Journal of Metastable and Nanocrystalline Materials, 2001, 10: 649.

[90] SCHNEIBEL J H, SUBRAMANIAN R. Bonding of WC with an iron aluminide (FeAl) intermetallic [C]. Oak Ridge National Lab. (ORNL), Oak Ridge, TN (United States), 1996.

[91] SCHNEIBEL J H, CARMICHAEL C A, SPECHT E D, et al. Liquid - phase sintered iron aluminide - ceramic composites [J]. Intermetallics, 1997, 5 (1): 61 - 67.

[92] FURUSHIMA R, KATOU K, NAKAO S, et al. Relationship between hardness and fracture toughness in WC - FeAl composites fabricated by pulse current sintering technique [J]. International Journal of Refractory Metals and Hard Materials, 2014, 42: 42 - 46.

[93] FURUSHIMA R, KATOU K, SHIMOJIMA K, et al. Effect of η - phase and FeAl composition on the mechanical properties of WC - FeAl composites [J]. Intermetallics, 2015, 66: 120 - 126.

[94] FURUSHIMA R, KATOU K, SHIMOJIMA K, et al. Changes in constituents and FeAl composition with oxygen content in WC - FeAl composites [J]. International Journal of Refractory Metals and Hard Materials, 2015, 50: 298 - 303.

[95] FURUSHIMA R, KATOU K, SHIMOJIMA K, et al. Control of WC grain sizes and mechanical properties in WC - FeAl composite fabricated from vacuum sintering technique [J]. International Journal of Refractory Metals and Hard Materials, 2015, 50: 16 - 22.

[96] FURUSHIMA R, KATOU K, SHIMOJIMA K, et al. Effect of oxygen content in powders on microstructure and mechanical properties of WC - FeAl composites fabricated by vacuum sintering technique [J]. Advanced Materials Research, 2015, 1088: 115 - 119.

[97] FURUSHIMA R, SHIMOJIMA K, HOSOKAWA H, et al. Oxidation - enhanced wear behavior of WC - FeAl cutting tools used in dry machining oxygen - free copper bars [J]. Wear, 2017, 374:

104 - 112.

[98] KOBAYASHI K, MIWA K, FUKUNAGA M, et al. Preparation of hard metal bonded with Fe - Al alloy [J]. Journal of the Japan Society of Powder and Powder Metallurgy, 1994, 41 (1): 14 - 17.

[99] MOSBAH A Y, WEXLER D, CALKA A. Abrasive wear of WC - FeAl composites [J]. Wear, 2005, 258 (9): 1337 - 1341.

[100] HUANG S, VAN DER BIEST O, VLEUGELS J. Pulsed electric current sintered Fe_3Al bonded WC composites [J]. International Journal of Refractory Metals and Hard Materials, 2009, 27 (6): 1019 - 1023.

[101] AHMAdIAN M, WEXLER D, CALKA A, et al. Liquid phase sintering of WC - FeAl and WC - Ni_3Al composites with and without boron [J]. Materials Science Forum, 2003, 426: 1951 - 1956.

[102] AHMADIAN M, WEXLER D, CHANDRA T, et al. Abrasive wear of WC - FeAl - B and WC - Ni_3Al - B composites [J]. International Journal of Refractory Metals and Hard Materials, 2005, 23 (3): 155 - 159.

[103] PANOV V S, GOL' DBERG M A. Interaction of tungsten carbide with aluminum nickelide Ni_3Al [J]. Powder Metallurgy and Metal Ceramics, 2009, 48 (7): 445 - 448.

[104] TUMANOV A V, GOSTEV Y V, PANOV V S, et al. Wetting of TiC - WC system carbides with molten Ni_3Al [J]. Powder Metallurgy and Metal Ceramics, 1986, 25 (5): 428 - 430.

[105] PANOV V S, SHUGAEV V A, GOL' DBERG M A. The possibility of utilization of Ni_3Al as the binding material for hard alloys [J]. Russian Journal of Non - Ferrous Metals, 2009, 50 (3): 317 - 320.

[106] HUANG B, XIONG W, YANG Q, et al. Preparation, microstructure and mechanical properties of multicomponent Ni_3Al - bonded cermets [J]. Ceramics International, 2014, 40 (9): 14073 - 14081.

[107] LI Y X, HU J D, WANG H Y, et al. Study of TiC/Ni_3Al composites by laser ignited self - propagating high - temperature synthesis (LISHS) [J]. Chemical Engineering Journal, 2008, 140 (1 - 3): 621 - 625.

[108] CHOI S C, CHO H J, KIM Y J, et al. High - temperature oxidation behavior of pure Ni_3Al [J]. Oxidation of Metals, 1996, 46 (1): 51 - 72.

[109] BUCHHOLZ S, FARHAT Z N, KIPOUROS G J, et al. Reciprocating wear response of Ti (C, N) - Ni_3Al cermets [J]. Canadian Metallurgical Quarterly, 2013, 52 (1): 69 - 80.

[110] WANG Y, CHEN C, ZHANG Z, et al. Phase equilibria in the Al - C - Ni - W quaternary system [J]. International Journal of Refractory Metals and Hard Materials, 2014, 46: 43 - 51.

[111] LI X, CHEN J, ZHENG D, et al. Preparation and mechanical properties of WC - 10 Ni_3Al cemented carbides with plate - like triangular prismatic WC grains [J]. Journal of Alloys and Compounds, 2012, 544: 134 - 140.

[112] LI X, ZHANG M, ZHENG D, et al. The oxidation behavior of the WC - 10 wt. % Ni_3Al composite fabricated by spark plasma sintering [J]. Journal of Alloys and Compounds, 2015, 629:

148 – 154.

[113] AHMADIAN M. Sintering, microstructure and properties of WC – FeAl – B and WC – Ni_3Al – B composite materials [D]. Wollongong: University of Wollongong, 2005.

[114] SCIESZKA S F. Wear transition as a means of fracture toughness evaluation of hardmetals [J]. Tribology Letters, 2001, 11 (3): 185 – 194.

[115] JUNG G N, KIM B S, YOON J K, et al. Properties and rapid sintering of nanostructured WC and WC – TiAl hard materials by the pulsed current activated heating [J]. Journal of Ceramic Processing Research, 2016, 17 (4): 295 – 299.

[116] KWAK B W, SONG J H, KIM B S, et al. Mechanical properties and rapid sintering of nanostructured WC and WC – $TiAl_3$ hard materials by the pulsed current activated heating [J]. International Journal of Refractory Metals and Hard Materials, 2016, 54: 244 – 250.

[117] YANG Y, GUO Q, HE X, et al. Effect of nano – AlN content on the microstructure and mechanical properties of SiC foam prepared by siliconization of carbon foam [J]. Journal of the European Ceramic Society, 2010, 30 (1): 113 – 118.

[118] REN X, PENG Z, PENG Y, et al. Ultrafine binderless WC – based cemented carbides with varied amounts of AlN nano – powder fabricated by spark plasma sintering [J]. International Journal of Refractory Metals and Hard Materials, 2013, 41: 308 – 314.

[119] ZHOU P F, XIAO D H, YUAN T C. Comparison between ultrafine – grained WC – Co and WC – HEA cemented carbides [J]. Powder Metallurgy, 2017, 60 (1): 1 – 6.

[120] CHEN R Z, ZHENG S, ZHOU R, et al. Development of cemented carbides with $Co_xFeNiCrCu$ high – entropy alloyed binder prepared by spark plasma sintering [J]. International Journal of Refractory Metals and Hard Materials, 2022, 103: 105751.

[121] 陈蒂. WC – HEA 硬质合金的制备与性能研究 [D]. 上海: 东华大学, 2021.

[122] LUO W Y, LIU Y Z, TU C. Wetting behaviors and interfacial characteristics of molten $Al_xCoCrCuFeNi$ high – entropy alloys on a WC substrate [J]. Journal of Materials Science & Technology, 2021, 78: 192 – 201.

[123] SOLODKYI I, TESLIA S, BEZDOROZHEV O, et al. Hardmetals prepared from WC – W_2C eutectic particles and AlCrFeCoNiV high entropy alloy as a binder [J]. Vacuum, 2022, 195: 110630.

[124] QIAN C, LIU Y, CHENG H C, et al. Effect of the carbon content on the morphology evolution of the η phase in cemented carbides with the CoNiFeCr high entropy alloy binder [J]. International Journal of Refractory Metals and Hard Materials, 2022, 102: 105731.

[125] HOLMSTRÖM E, LIZARRAGA R, LINDER D, et al. High entropy alloys: Substituting for cobalt in cutting edge technology [J]. Applied Materials Today, 2018, 12: 322 – 329.

[126] SUN J, ZHAO J, HUANG Z, et al. A review on binderless tungsten carbide: development and application [J]. Nano – Micro Letters, 2020, 12 (1): 13.

[127] FAZILI A, DERAKHSHANDEH M R, NEJADSHAMSI S, et al. Improved electrochemical and mechanical performance of WC – Co cemented carbide by replacing a part of Co with Al_2O_3 [J]. Journal of Alloys and Compounds, 2020, 823: 153857.

[128] NINO A, IZU Y, SEKINE T, et al. Effects of ZrC and SiC addition on the microstructures and mechanical properties of binderless WC [J]. International Journal of Refractory Metals and Hard Materials, 2017, 69: 259 – 265.

[129] 朱世根，石天宇，程恺. CeO_2 与 VC 对含石墨烯 WC – Al_2O_3 复合材料组织与性能的影响 [J]. 特种铸造及有色合金，2021，41 (10): 1197 – 1203.

[130] SUN J, ZHAO J, CHEN Y, et al. Macro – micro – nano multistage toughening in nano – laminated graphene ceramic composites [J]. Materials Today Physics, 2022, 22: 100595.

[131] SUN J, ZHAO J, NI X, et al. Fabrication of dense nano – laminated tungsten carbide materials doped with Cr_3C_2/VC through two – step sintering [J]. Journal of the European Ceramic Society, 2018, 38 (9), 3096 – 3103.

[132] SUN J, ZHAO J, CHEN M, et al. Determination of microstructure and mechanical properties of VC/Cr_3C_2 reinforced functionally graded WC – TiC – Al_2O_3 micro – nano composite tool materials via two – step sintering [J]. Journal of Alloys and Compounds, 2017, 709: 197 – 205.

[133] RITCHIE R O. The conflicts between strength and toughness [J]. Nature materials, 2011, 10 (11): 817.

[134] AWAJI H, CHOI S M, YAGI E. Mechanisms of toughening and strengthening in ceramic – based nanocomposites [J]. Mechanics of Materials, 2002, 34 (7): 411 – 422.

[135] 成来飞，张立同，梅辉. 陶瓷基复合材料强韧化与应用基础 [M]. 北京：化学工业出版社，2019.

[136] OUYANG C, ZHU S, QU H. VC and Cr_3C_2 doped WC – MgO compacts prepared by hot – pressing sintering [J]. Materials & Design, 2012, 40: 550 – 555.

[137] SUN J, ZHAO J, CHEN M, et al. Determination of microstructure and mechanical properties of functionally graded WC – TiC – Al_2O_3 – GNPs micro – nano composite tool materials via two – step sintering [J]. Ceramics International, 2017, 43 (12): 9276 – 9284.

[138] NINO A, IZU Y, SEKINE T, et al. Effects of ZrC and SiC addition on the microstructures and mechanical properties of binderless WC [J]. International Journal of Refractory Metals and Hard Materials, 2017, 69: 259 – 265.

[139] KIM H C, PARK H K, JEONG I K, et al. Sintering of binderless WC – Mo_2C hard materials by rapid sintering process [J]. Ceramics International, 2008, 34 (6): 1419 – 1423.

[140] CHAO Y J, LIU J. Study of WC ceramic tool material by SiC whisker toughening [J]. Rare Metals and Cemented Carbides, 2005, 33 (4): 13 – 16.

[141] ZHENG D, LI X, LI Y, et al. In – situ elongated β – Si_3N_4 grains toughened WC composites prepared by one/two – step spark plasma sintering [J]. Materials Science and Engineering: A, 2013, 561: 445 – 451.

[142] DONG W, ZHU S, BAI T, et al. Influence of Al_2O_3 whisker concentration on mechanical properties of WC – Al_2O_3 whisker composite [J]. Ceramics International, 2015, 41 (10): 13685 – 13691.

[143] XIA X, LI X, LI J, et al. Microstructure and characterization of WC – 2.8 wt% Al_2O_3 – 6.8 wt% ZrO_2 composites produced by spark plasma sintering [J]. Ceramics International, 2016, 42

(12): 14182 - 14188.

[144] JANG J H, OH I H, LIM J W, et al. Fabrication and mechanical properties of binderless - WC and WC - CNT hard materials by pulsed current activated sintering method [J]. Journal of Ceramic Processing Research, 2017, 18 (7): 477 - 482.

[145] SHAO Y, ZHAO H P, FENG X Q, et al. Discontinuous crack - bridging model for fracture toughness analysis of nacre [J]. Journal of the Mechanics and Physics of Solids, 2012, 60 (8): 1400 - 1419.

[146] LI X, LIU Y, WEI W, et al. Influence of NbC and VC on microstructures and mechanical properties of WC - Co functionally graded cemented carbides [J]. Materials & Design, 2016, 90: 562 - 567.

[147] ZHOU X, XU Z, WANG K, et al. One - step Sinter - HIP method for preparation of functionally graded cemented carbide with ultrafine grains [J]. Ceramics International, 2016, 42 (4): 5362 - 5367.

[148] LIU Y, DU M, ZHANG M, et al. Growth of diamond coatings on functionally graded cemented carbides [J]. International Journal of Refractory Metals and Hard Materials, 2015, 49: 307 - 313.

[149] KIEBACK B, NEUBRAND A, RIEDEL H. Processing techniques for functionally graded materials [J]. Materials Science and Engineering: A, 2003, 362 (1): 81 - 106.

[150] ESO O, FANG Z, GRIFFO A. Liquid phase sintering of functionally graded WC - Co composites [J]. International Journal of Refractory Metals and Hard Materials, 2005, 23 (4): 233 - 241.

[151] 程继贵, 夏永红. 热压法制备 WC - Co 梯度硬质合金的研究 [J]. 矿冶工程, 2001, 21 (3): 90 - 92.

[152] LIN W, BAI X D, LING Y H, et al. Fabrication and properties of axisymmetric WC/Co functionally graded hard metal via microwave sintering [J]. Materials Science Forum, 2003, 423: 55 - 58.

[153] TOKITA M. Large - size - WC/Co functionally graded materials fabricated by spark plasma sintering (SPS) method [J]. Materials Science Forum, 2003, 423: 39 - 44.

[154] LISOVSKY A F, TKACHENKO N V. Composition and structure of cemented carbides produced by MMT - process [J]. PMI. Powder Metallurgy International, 1991, 23 (3): 157 - 161.

[155] 丰平, 贺跃辉, 肖逸锋, 等. 表面无立方相层功能梯度硬质合金的研究进展 [J]. 中国有色金属学报, 2007, 17 (8): 1221 - 1231.

[156] 张力, 陈述, 熊湘君. 双相结构功能梯度 WC - Co 合金的微观组织结构与小负荷维氏硬度 [J]. 中国有色金属学报, 2005, 15 (8): 1194 - 1199.

[157] UPADHYAYA A, SARASHY G, WAGNER G. Advances in sintering hard metals [J]. Materials and Design, 2001, 22 (6): 499 - 506.

[158] LENGAUER W, DREYER K. Tailoring hardness and toughness gradients in functional gradient hardmetals (FGHMs) [J]. International Journal of Refractory Metals & Hard Materials, 2006, 24 (1 - 2): 155 - 161.

[159] LENGAUER W, DREYER K. Functionally graded hardmetals [J]. Journal of Alloys and Com-

pounds, 2002, 338 (1-2): 194-212.

[160] GARCIA J, PITONAK R. The role of cemented carbide functionally graded outer-layers on the wear performance of coated cutting tools [J]. International Journal of Refractory Metals and Hard Materials, 2013, 36: 52-59.

[161] 羊建高. 梯度结构硬质合金的制备原理及梯度形成机理 [D]. 长沙: 中南大学, 2004.

[162] TSUDA K, IKEGAYA A, ISOBE K, et al. Development of functionally graded sintered hard materials [J]. Powder Metallurgy, 1996, 39 (4): 296-300.

[163] LISOVSKY A F. On the imbibition of metal melts by sintered carbides [J]. Powder Metallurgy International, 1987, 19 (5): 18-21.

[164] JAWORSKA L, ROZMUS M, KRÓLICKA B, et al. Functionally graded cermets [J]. Journal of Achievements in Materials and Manufacturing Engineering, 2006, 17 (1-2): 73-76.

[165] KHADEMIAN N, GHOLAMIPOUR R, INANLOO H. Tailoring hardness and toughness in WC-13% Co-xTiC-yTiN (x=5, 7.5 y=5, 7.5) functional gradient hardmetals (FGHMs) [J]. International Journal of Refractory Metals and Hard Materials, 2013, 38: 92-101.

[166] 郑立允, 熊惟皓, 赵立新. 功能梯度金属陶瓷的制备与性能 [J]. 稀有金属材料与工程, 2005, 34 (9): 1389-1393.

[167] MAURICE F AMATEAU, BRUCE S B, et al. Performance of laminated ceramic composite cutting tools [J]. Ceramics International, 1995, 21 (5): 311-323.

[168] SCUOR N, LUCCHINI E, MASCHIO S, et al. Wear mechanisms and residual stresses in alumina-based laminated cutting tools [J]. Wear, 2005, 258 (9): 1372-1378.

[169] AI X, ZHAO J, HUANG C. Development of an advanced ceramic tool material-functionally gradient cutting ceramics [J]. Materials Science and Engineering A, 1998, 248 (1-2): 125-131.

[170] 赵军. 新型梯度功能陶瓷刀具的设计制造及其切削性能研究 [M]. 北京: 高等教育出版社, 2005.

[171] VANMEENSEL K, ANNÉ G, Jiang D, et al. Processing of a graded ceramic cutting tool in the $Al_2O_3-ZrO_2-Ti$ (C, N) system by electrophoretic deposition [J]. Materials Science Forum, 2005, 492-493: 705-710.

[172] ZHENG G M, ZHAO J, ZHOU Y H, et al. Fabrication and characterization of Sialon-Si_3N_4 graded nano-composite ceramic tool materials [J]. Composites Part B: Engineering, 2011, 42 (7): 1813-1820.

[173] ZHENG G M, ZHAO J, ZHOU Y H. Friction and wear behaviors of Sialon-Si_3N_4 graded nano-composite ceramic materials in sliding wear tests and in cutting processes [J]. Wear, 2012, 290-291: 41-50.

[174] GAO Z J, ZHAO J, ZHENG G M. Processing and characterization of an Al_2O_3/TiCN micro-nano-composite graded ceramic tool material [J]. Key Engineering Materials, 2012, 499: 132-137.

[175] ZHENG G M, ZHAO J, ZHOU Y H, et al. Performance of graded nano-composite ceramic tools in ultra-high-speed milling of Inconel 718 [J]. The International Journal of Advanced Manu-

facturing Technology, 2013, 67 (9): 2799 – 2810.

[176] ACIKBAS N C, SUVACI E, MANDAL H. Fabrication of functionally graded SiAlON ceramics by tape casting [J]. Journal of the American Ceramic Society, 2006, 89 (10): 3255 – 3257.

[177] BIRMAN V, BYRD L W. Modeling and analysis of functionally graded materials and structures [J]. Applied Mechanics Reviews, 2007, 60 (1 – 6): 195 – 216.

[178] JHA D K, KANT T, SINGH R K. A critical review of recent research on functionally graded plates [J]. Composite Structures, 2013, 96: 833 – 849.

[179] RAMIREZ F, HEYLIGER P R, PAN E. Static analysis of functionally graded elastic anisotropic plates using a discrete layer approach [J]. Composites Part B, 2006, 37 (1): 10 – 20.

[180] TOHGO K, LIZUKA M, ARAKI H, et al. Influence of microstructure on fracture toughness distribution in ceramic – metal functionally graded materials [J]. Engineering Fracture Mechanics, 2008, 75 (15): 4529 – 4541.

[181] MAHAMOOD R M, AKINLABI E T, SHUKLA M, et al. Functionally graded material: an overview [C]. London: Proceedings of the World Congress on Engineering, 2012.

[182] APETRE N A, SANKAR B V, AMBUR D R. Low – velocity impact response of sandwich beams with functionally graded core [J]. International Journal of Solids and Structures, 2006, 43 (9): 2479 – 2496.

[183] KIRUGULIGE M S, KITEY R, TIPPUR H. Dynamic fracture behavior of model sandwich structures with functionally graded core: a feasibility study [J]. Composites Science and Technology, 2005, 65 (7 – 8): 1052 – 1068.

[184] BRUCK H A. A one – dimensional model for designing functionally graded materials to manage stress waves [J]. International Journal of Solids and Structures, 2000, 37 (44): 6383 – 6395.

[185] SAMADHIYA R, MUKHERJEE A, SCHMAUDER S. Characterization of discretely graded materials using acoustic wave propagation [J]. Computational Materials Science, 2006, 37 (1 – 2): 20 – 28.

[186] ZHANG J, ZHANG M, ZHAI P, et al. Numerical simulation on the impact resistance of functionally graded materials [J]. International Journal of Materials and Product Technology, 2011, 42 (1 – 2): 87 – 97.

[187] BHATTACHARYA S, SINGH I V, MISHRA B K. Fatigue – life estimation of functionally graded materials using XFEM [J]. Engineering with computers, 2013, 29 (4): 427 – 448.

[188] JIN Z H, LUO W J. Thermal shock residual strength of functionally graded ceramics [J]. Materials Science and Engineering: A, 2006, 435: 71 – 77.

[189] WANG B L, MAI Y W, ZHANG X H. Thermal shock resistance of functionally graded materials [J]. Acta Materialia, 2004, 52 (17): 4961 – 4972.

[190] ELPERIN T, RUDIN G. Thermal stresses in functionally graded materials caused by a laser thermal shock [J]. Heat and mass transfer, 2002, 38 (7): 625 – 630.

[191] ZHAO J, AI X, HUANG C Z, et al. An analysis of unsteady thermal stresses in a functionally gradient ceramic plate with symmetrical structure [J]. Ceramics International. 2003, 29 (3): 279 – 285.

[192] ZHAO J, AL X, DENG J X, et al. Thermal shock behaviors of functionally graded ceramic tool materials [J]. Journal of the European Ceramic Society, 2004, 24 (5): 847 - 854.
[193] ZHAO J, AI X, DENG J, et al. A model of the thermal shock resistance parameter for functionally gradient ceramics [J]. Materials Science and Engineering: A, 2004, 382 (1 - 2): 23 - 29.
[194] ZHENG G, ZHAO J, JIA C, et al. Thermal shock and thermal fatigue resistance of Sialon - Si_3N_4 graded composite ceramic materials [J]. International Journal of Refractory Metals and Hard Materials, 2012, 35: 55 - 61.
[195] FAZARINC M, MUHIČ T, ŠALEJ A, et al. Thermal fatigue testing of bulk functionally graded materials [J]. Procedia Engineering, 2011, 10: 692 - 697.

第2章

先进硬质复合刀具材料高致密高强韧设计

2.1 引言

传统硬质合金以Co、Ni、Fe等金属为黏结相，虽然有促进合金烧结致密化和提高合金强韧性的作用，但同时降低了合金的硬度、耐磨性、耐蚀性及高温性能等。此外，由于Co近年来价格非常昂贵，因此传统硬质合金应用领域受到一定限制。常用硬质合金的物理参数见表2-1，碳化钨（WC）熔点为2870℃，是难熔陶瓷之一，在常见的碳化物、氧化物、硼化物、氮化物中，WC材料具有最高的弹性模量；尽管室温下WC的硬度只有24GPa，但相对其他常见硬质材料，其高温硬度较高，且化学稳定性尤其高温抗氧化性较好；WC材料具有较强的导热性、抗塑性变形能力、抗崩刃能力以及耐蚀性；此外，我国的W资源相对丰富，储量占世界钨矿总储量的50%以上。综上分析，无金属黏结相WC基硬质刀具材料具有非常大的发展潜力及应用前景，而高致密与高强韧则成为WC硬质刀具材料所追求的主要目标。

陶瓷黏结相硬质合金属于一种新型特殊的硬质合金，就本质而言，陶瓷黏结相WC基硬质合金应称为WC基陶瓷，目前已应用于制作阀门、高压介质喷嘴、轴承零件、钛合金等难加工材料的精密切削刀具等。然而，其硬度-断裂韧度倒置关系严重限制了其广泛应用，如何实现陶瓷黏结相硬质合金刀具材料的高致密与高强韧已成为制约陶瓷黏结相硬质合金刀具发展的“孪生”问题，高致密是实现硬质刀具材料高强韧的关键因素和基本要求。WC是一种高熔点碳化物，在无金属黏结相存在的条件下，利用真空烧结、热压烧结等传统烧结方法很难实现完全致密化，虽然热等静压烧结（HIP）、微波烧结（MP）、放电等离子烧结（SPS）等先进烧结技术可在一定程度上提高陶瓷黏结相硬质合金刀具材料的致密度，但成本较高且效果不甚理想。而颗粒弥散强韧化、相变强韧化、晶须或纤维强韧化以及协同强韧化等传统强韧化方法往往以增韧为主，且效果较为有限。材料的断裂强度与材料的致密度密切相关，高致密度意味着材料内部晶粒排列紧密，在承受外界载荷时不易形成破坏性突破点，对于材料强韧性具有重要影响。按照格里菲斯（Griffith）断裂理论，完全致密化是材料的理想状态，实际材料中存在裂纹或缺陷，当平均应力还很低时，裂纹尖端的应力集中已经到很高值，从而使裂纹快速扩展并导致脆性断裂，材料对既有裂纹开始扩展的容忍度与裂纹大小相关（$\sigma_f \propto a^{-1/2}$，其中 σ_f 为断裂强度，a 为裂纹尺寸）。在致密化过程中形成的晶界及晶内气孔，将会显著降低单位面积断裂吸收功和弹性模量，从而降低材料断裂韧度。例如对于 Si_3N_4 陶瓷，断裂韧度随着致密度的增加呈现指数关系提升。然而，不可否认，气孔的存在有可能诱导裂纹偏转，尤其球状气孔可能钝化裂纹，使得材料在局部呈现断裂韧度的提高。但总体而言，随着材料致密度的提升（气孔率下降），单位面积的断裂吸收功和弹性模量提高，进而有助于提升材料的断裂韧度。现代材料的研发不仅仅是传统上的成分设计，往往还需要综合考虑材料的制备、加工等一系列问题，打破材料研究长期形成的思维屏障，精细的致密化工艺与参数匹配是高强韧性能配置的关键，在致密化工艺允许的条件下，一定程度提高强韧相的体积分数可提高强韧化效果。本章主要提出并讨论实现陶瓷黏结相硬质合金刀具材料致密化和强韧化的设计思想，为后续章节的致密化和强韧化实践提供依据。

表 2-1　常用硬质合金的物理参数

硬质合金	晶体结构	熔点/℃	密度/$g \cdot cm^{-3}$	热膨胀系数 $\alpha/10^{-6}K^{-1}$	弹性模量/GPa	硬度/GPa	断裂韧度/$MPa \cdot m^{1/2}$	泊松比 ν	热导率/$W \cdot m^{-1} \cdot K^{-1}$
WC	六方	2870	15.6	3.84	720	24	5	0.21	29～121
TiC	立方	3067	5.7	7.74	400	30	4	0.18	17～32
TaC	立方	3800	14.48	8.3	285	18	—	—	—
ZrC	立方	3530	6.66	6.74	348	28.7	—	—	—
VC	立方	2700	5.36	7.2	422	29	—	—	—
SiC	六方	2200	3.2	5.68	400	20～35	2.5～6	—	15～155
Cr_3C_2	斜方	1800	6.66	10.3	373	14	—	—	—
TiB_2	六方	2980	4.52	8.1	529	25～35	4	—	60～120
ZrB_2	六方	3040	6.1	6.88	343	22～26	—	—	23.03
Al_2O_3	六方	2050	3.9	8.1	350	20	—	0.26	10
ZrO_2	单斜	2175	5.6	8.8	250	15	—	0.25	25
Si_3N_4	六方	1900	3.44	4.03	318	33	4	0.25	17.2

2.2　先进硬质复合刀具材料致密化设计

2.2.1　致密化概述

致密化是粉末冶金必不可少的制备过程，包含复杂的物理化学变化，材料的高致密度是实现材料高性能的基本保障，是硬质刀具材料高可靠性的重要保障。广义上，从颗粒粉体制备到最终获得成品的整个过程都是致密化过程，包含粉体制备、坯体制备及烧结等，其中，烧结是致密化的主要实现阶段，对于材料的晶粒/气孔尺寸、形态及分布等显微结构具有重要影响。烧结是指经过成形的固体粉料在加热到低于熔点温度下，经过黏合、气孔排出、体积收缩等而实现致密坚硬烧结体的物理过程，经过烧结，粉体聚集体变成具有特定物理力学性能的晶粒聚结体。硬质刀具材料的烧结一般包括从室温加热至最高温度的升温阶段、最高温度的保温阶段和从最高温度降至室温的冷却阶段。相关致密化机理主要包括扩散传质、流动传质、气相传质、溶解－沉淀等。固相烧结主要出现扩散传质和气相传质，固－液相烧结主要存在黏塑性流动传质和溶解－沉淀等，对于复杂的烧结过程，可同时存在四种致密化机理。

（1）扩散传质　即为质点（或空位）基于浓度梯度推动界面迁移的过程，驱动力为颗粒表面和颈部区域间的自由能或化学势之差。扩散过程既可以在粉料表界面进行，也可以在粉料内部进行，通常分别称为表面扩散、界面扩散和体积扩散，空位往往消失于颗粒表界面。

（2）黏塑性流动传质　在表面张力或外加压力作用下粉末颗粒发生变形、断裂，通过塑性流动实现物质流动与颗粒重排。

1）黏性流动传质。在外力场作用下，质点或空位优先沿外力作用方向移动，并出现相应的定向物质流，其迁移量正比于外力值，并符合黏性流动关系

$$\frac{F}{S} = \eta \frac{\partial v}{\partial x} \tag{2-1}$$

式中，F 是相对流动的两层间的切应力；S 是流动面积；η 是黏度系数；$\frac{\partial v}{\partial x}$ 是流动速度。

2）塑性流动传质。如果外力足以使晶体产生位错，使质点通过整排原子运动或晶面滑移实现物质传递，那么这种过程称为塑性流动，符合宾汉体的流动关系

$$\frac{F}{S} - \tau = \eta \frac{\partial v}{\partial x} \tag{2-2}$$

式中，F 是相对流动的两层间的切应力；τ 是极限切应力；η 是黏度系数。

（3）气相传质（蒸发－冷凝传质）　基于粉末颗粒表面各处不同曲率，在表

面各处产生不同蒸气压，从而使得质点在高能表面尖端蒸发，在低能颈部凝聚，即存在着物质从凸处向凹处迁移，为气相传质过程。表面张力使得颗粒凹凸处的蒸气压 p 分布低于和高于平面处的蒸气压 p_0，可采用开尔文公式表达：

对于球形表面

$$\ln\frac{p}{p_0} = \frac{2M\gamma}{dRTr} \tag{2-3}$$

对于非球形表面

$$\ln\frac{p}{p_0} = \frac{2M\gamma}{dRT}\left(\frac{1}{r_1}+\frac{1}{r_2}\right) \tag{2-4}$$

式中，M 是摩尔体积；r 是表面张力；R 是通用气体常数；T 是温度；γ、r_1、r_2 是液滴的半径。

（4）溶解－沉淀机制　是液相烧结过程所特有的，与气相传质过程基本相似，但对致密化影响更为显著。固相分布于液相中，基于毛细管力实现在颈部重排，小颗粒的凸起部分溶入液相，在大颗粒表面沉淀。

实际上烧结致密化是个非常复杂的过程，往往是多种传质机制共同作用，烧结动力学方程通式可表达为

$$\frac{x^m}{a^n} = F(T)t \tag{2-5}$$

式中，$F(T)$是温度的函数；x 是烧结颈尺寸；a 是颗粒半径；t 是时间；m 和 n 是烧结指数，均 >0，不同烧结机制方程的主要差别表现在指数 m 和 n。可见，随着烧结时间的延长，烧结速率降低。对于表面扩散、晶界扩散及体积扩散，烧结动力学方程可分别表达为

表面扩散

$$\frac{x^7}{a^3} = \frac{56\gamma_s\delta^4}{kT}D_st \tag{2-6}$$

晶界扩散

$$\frac{x^6}{a^2} = \frac{12\gamma_s\delta^4}{kT}D_rt \tag{2-7}$$

体积扩散

$$\frac{x^5}{a^2} = \frac{80\gamma_s\delta^3}{kT}D_vt \tag{2-8}$$

式中，D_s、D_r、D_v分别是表面、晶界及体积扩散系数；γ_s是粉末颗粒表面张力，与温度相关；δ 是晶格常数；k 是玻尔兹曼常数。从以上公式可知，烧结颈的长大有多个影响因素，其中烧结温度起决定作用，而延长烧结时间一般会一定程度促进烧结致密化，对流动传质影响显著，而对表面和体积扩散影响较小。此外，粉末粒径亦具有重要影响，减小颗粒粒径可显著增大粉料表面能而显著加速烧结致密化，尤

其可大幅度促进蒸发 - 冷凝传质及扩散传质。因此，为实现材料的高致密化，需要合理优化烧结工艺及原料粉末的粒径等参数。

由于缺少金属黏结相，而 WC 本身的自扩散系数很小且熔点很高，因此陶瓷黏结相硬质合金刀具材料的致密化往往通过高温固相烧结或者微液相烧结来完成。固相烧结完全是固体颗粒之间的高温固结过程，往往是简单地将粉体成形坯体或压密块高温加热，传质方式主要为扩散传质（见图 2-1），烧结驱动力主要来源于原料粉体表面的表面能的降低。原料粉体表面的表面能与多晶烧结体的晶界能之差便为烧结驱动力。对于固相烧结，致密化过程可大致分为三个阶段：第一阶段，烧结颈形成阶段，颗粒间点/面接触转变为晶体结合，粉末颗粒表面氧化物被还原，随着结晶与再结晶，颗粒接触面形成烧结颈；第二阶段，烧结颈长大阶段，随着烧结颈的不断扩大，扩散和流动充分进行，孔隙处于连通状态而大量消失，烧结体明显收缩，密度大幅度增加；第三阶段，孔隙缩小球化阶段，在烧结后期通过孔隙的缩小及孔隙数量的减少进一步提升烧结体密度。陶瓷黏结相硬质合金固相烧结是典型的多元系固相烧结，可分为互溶系固相烧结（例如 WC - TiC）和非互溶系固相烧结（例如 WC - ZrO_2）。

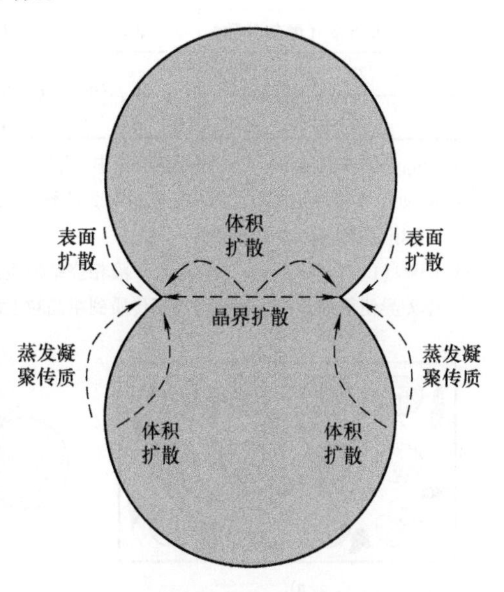

图 2-1　固相烧结物质扩散路径和机制

液相烧结是指具有两种或多种组分的粉末压坯在固相和液相共存的状态下进行的粉末烧结。和固相烧结一样，液相烧结驱动力也是来源于粉体表面能，烧结过程也是通过颗粒重排、气孔填充、晶粒增长等完成。基于产生液相数量及其对于固相溶解度的不同，液相烧结可分为表 2-2 所示三种类型。对于陶瓷黏结相硬质合金微液相烧结，虽然液相量较为有限，但基于流动传质速度较快，微量液相的出现依然可大幅度提升致密化速率，最终获得高致密度制品。对于液相烧结，致密化过程亦可分为三个阶段：第一阶段，液相生成与颗粒重排（见图 2-2），基于液相本身的黏性流动，使得固相颗粒趋于更加致密的分布排列，从而快速提升烧结体密度；第二阶段，溶解与析出阶段，固相溶解于液相达到饱和析出，基于颗粒尺寸及表面凹凸不同，细颗粒及凸出部分在液相中溶解，而粗颗粒趋于在液相中析出，使得颗粒形状变得更加规则，颗粒尺寸变大，这一阶段致密化速度低于第一阶段；第三阶段，固相烧结阶段，经过前两个阶段，固相结合形成骨架，剩余液相填充于骨架间隙，此阶段以固相烧结为主，致密化速度较为缓慢。

表 2-2 液相烧结类型

液相数量	条件	烧结模型	传质方式
少，0.01%~0.5%（摩尔分数）	$\theta_{LS}>90°$，$C=0$	双球	扩散
少	$\theta_{LS}<90°$，$C>0$	Kingery①	溶解–沉淀
多		LSW②	

注：θ_{LS}是固液润湿角，C是固相在液相中的溶解度。

① Kingery 液相烧结模型：液相量较少时，溶解–沉淀传质发生于晶粒接触界面处溶解，通过液相扩散到球形晶粒自由表面上沉积。

② LSW（Lifabitz–Slyozow–Wagner）液相烧结模型：当坯体内有大量液相且晶粒大小不等时，晶粒间曲率差异使得细晶粒溶解通过液相传质到粗晶粒上沉积。

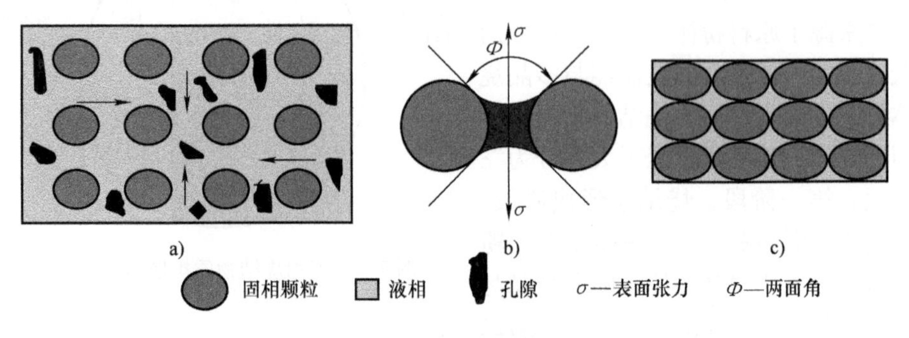

图 2-2 颗粒重排

a）液相出现 b）毛细管作用 c）颗粒重排

基于以上分析，关于如何提高陶瓷黏结相硬质合金刀具材料致密度可重点围绕两个基本方面：烧结热力学方面（即表面能、晶界能等）和烧结机理与动力方面（即温度、压力及添加剂等）。

2.2.2 陶瓷黏结相设计

陶瓷材料的工业化生产过程中普遍采用通过添加燃烧助剂促进材料实现完全致密化的方法。对于 WC 复合材料而言，燃烧助剂（金属碳化物或者金属氧化物）习惯上称为陶瓷黏结相。其促进材料致密化机理主要有两种：①缺陷强化烧结，碳化物陶瓷黏结相与 WC 基体形成固溶体，促进缺陷（位错、格位取代等）浓度增加，实现晶格活化，降低晶界能而促进材料致密化；②液相强化烧结，采用低熔点陶瓷黏结相，烧结过程中产生少量能够润湿 WC 晶粒晶界的液相，降低烧结体的晶界能，加快晶界迁移和传质速率，从而促进材料致密化。

Nino 等[1]通过掺杂 TaC，烧结过程中形成（Ta，W）C 固溶体，实现晶格活化，促进了无黏结相 WC 基陶瓷刀具材料致密化并降低了烧结温度。Huang 等[2]通过添加少量 VC 制备了完全致密化的 WC–VC 硬质合金，其作用机理为 VC 与 WC 发生固溶，形成（V，W）C 固溶体，增加了缺陷数量，从而促进致密化。Imasato

等[3]研究了添加少量 TiC 和 TaC 对于硬质合金致密化的影响，结果表明，烧结过程中形成（W，Ta，Ti）C 固溶体，促进了致密化过程并降低了烧结温度。Zheng 等[4]研究发现通过添加 Y_2O_3稳定的 ZrO_2，WC 陶瓷的致密化初始温度显著降低，实现了 WC 陶瓷的完全致密化，其作用机理为通过降低原子扩散活化能，显著提高原子扩散速率，从而提高材料致密度。Sun 等[5,6]通过掺杂纳米 Al_2O_3及 Cr_3C_2，烧结过程中形成液相 Al_2O_3及 Cr_3C_2，通过促进颗粒重排和液相填充后的溶解－析出提高了 WC 基复合刀具材料的致密度。此外，有研究表明通过添加 MgO 及不同种类的稀土氧化物（La_2O_3，Y_2O_3）等均可显著改善 WC 基陶瓷致密化过程。

基于以上分析，后续章节采用碳化物陶瓷黏结相 TiC 与 SiC、氧化物陶瓷黏结相 Al_2O_3与 ZrO_2，协同缺陷强化烧结和液相强化烧结，进而显著促进硬质刀具材料致密化。

2.2.3　纳米复合（精细复合）设计

粉体颗粒尺寸对于材料致密化过程具有重要影响。广义上讲，减小粉体粒径有助于材料实现致密化。根据各种烧结理论，烧结速率有两个主要影响因素：①粉体初始粒径；②原子的扩散速率。根据传统烧结理论，烧结驱动力可由以下公式计算而得[7]

$$\sigma = \gamma\left(\frac{1}{R_1} + \frac{1}{R_2}\right) \tag{2-9}$$

式中，σ 是烧结驱动力；γ 是粉体的表面能；R_1 和 R_2 是粉体主曲率半径。因此，随着粉体平均粒径的减小，表面积增大，粉体的表面能增大，平均扩散激活能降低，烧结驱动力显著提高。此外，随着粉体平均粒径的减小，原子扩散距离减小，从而完成塑性流动所需要的时间会明显缩短，有助于增大烧结速率。烧结致密化速率与温度的关系可表达为[8]

$$\frac{\mathrm{d}\rho}{\mathrm{d}t} = \frac{C}{a^n}\exp(-Q/RT) \tag{2-10}$$

式中，ρ 是材料烧结密度；a 是粉体颗粒尺寸；C 和 n 是常数，对于规则圆形颗粒，$n=3$；Q 是烧结激活能，通常以晶界扩散激活能代人；t 是时间；R 是摩尔气体常数。因此，相同烧结条件下，颗粒尺寸缩小一半，烧结速率可提高 8 倍。

此外，研究发现，颗粒粒径尺寸对于其熔点具有重要影响，其关系可用式（2-11）表达[9]

$$\Delta T_{\mathrm{r}} = \frac{2\gamma MT}{d\rho Q_{熔融}} \tag{2-11}$$

式中，ΔT_{r}是颗粒熔点降低幅度，单位为 K；d 是颗粒直径，单位为 m；γ 是材料表面张力，单位为 J/m^2；M 是材料相对分子质量，单位为 g/mol；T 是块状材料熔点，单位为 K；ρ 是结晶相密度，单位为 g/cm^3；$Q_{熔融}$是摩尔熔化潜热，单位为

kJ/mol。随着颗粒尺寸的减小，粉体表面能显著增大，使得超细粉末在低于块状材料熔点的温度下熔化，或者相互烧结。相比常规粉体材料，纳米颗粒表面原子数多且近邻配位不全，活性非常大，从而导致其熔化时所需要增加的内能小得多，因此，相比超细颗粒，纳米颗粒的熔点进一步降低；相比微米量级粉体，纳米粉体的致密化初始温度显著降低（见图 2-3）。Girardini 等对微米 WC 和纳米 WC 的烧结性能进行了对比研究（见图 2-4），结果表明，纳米 WC 的致密化初始温度明显低于微米 WC 的致密化初始温度[10]。

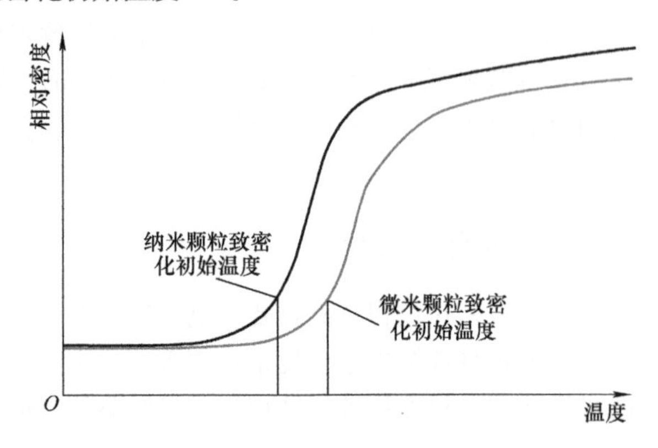

图 2-3　微米颗粒、纳米颗粒致密化初始温度

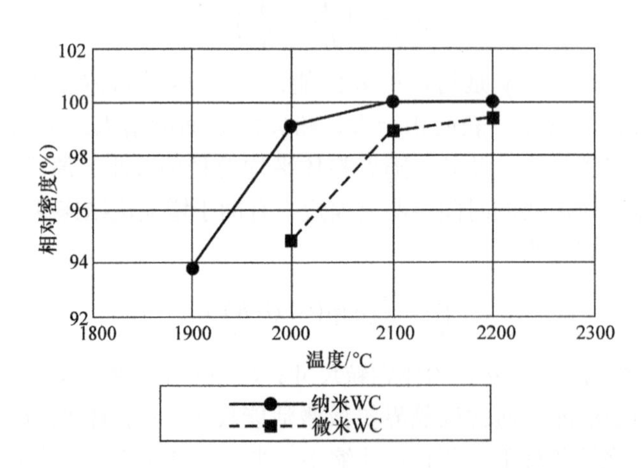

图 2-4　不同烧结温度下（保温 0min）微米 WC、纳米 WC 的相对密度[10]

大量研究表明，相对于单一尺寸颗粒素坯，多尺寸颗粒素坯具有较高的坯相对密度。刘含莲研究发现在烧结过程中多元多尺度会极大地促进材料致密化过程[11]。Ren 等[12]通过向亚微米 WC 中添加纳米碳化锆，表明多尺度设计会促进材料致密化过程，其主要机理为：纳米尺寸 ZrC 有效填充由于 WC 颗粒重排及 WC 颗粒塑性变形形成的孔隙，从而促进材料致密化。因此，采用多尺度设计，基于晶粒构型调控，第二相细颗粒可填充基体粗颗粒之间的孔隙，进而提升材料致密度及强

韧性。尤其当第二相颗粒较小为纳米尺度时，可与基体 WC 颗粒形成近似连续级配，对材料致密度及强韧性的提升作用更为显著。

基于以上分析可得，晶粒细化是纯 WC 基体致密化与强韧化的主要实现方式，采用超细或亚微米粉末有利于刀具材料的致密化，在微米量级粉末中，添加一定量纳米量级粉末，可以实现在较低温度下得到高致密甚至完全致密的刀具材料。因此，后续章节的纳米复合材料尺寸设计为：基体 WC 粒径为亚微米尺寸，添加第二相粒径为纳米尺寸。

2.2.4　烧结工艺设计

近年来，粉末温压、模壁润滑等新技术不断涌现，逐步构筑面向高致密和绿色制造的粉末成形技术体系。基于工艺 - 组织 - 结构 - 性能关联，正确地选择烧结方法，是高技术陶瓷具有理想结构性能的关键。尤其超细晶/纳米晶硬质刀具材料体系的发展对制备工艺的依赖阐释了高致密是实现高强韧硬质刀具材料的基本要求。目前国内外制备陶瓷黏结相硬质合金刀具材料的方法主要有：放电等离子烧结（SPS）、高频感应加热烧结（HFIHS）、气压烧结（GPS）、热等静压烧结（HIP）、热压烧结（HP）及无压烧结等。SPS 和 HFIHS 的基本装置和 HP 相似，而加热方式不同，集等离子活化、热压、电阻加热为一体，其升温速率快且保温时间短，可在较短时间内实现高致密化，但其烧结材料的尺寸有限，且设备昂贵，较难实现工业化生产；HP、HIP 及 GPS 均为通过对流辐射进行加热升温，但 HIP 及 GPS 工序较为复杂且一次性成本较高，而 HP 因为烧结同时加压，可显著降低陶瓷刀具材料的烧结温度，避免长时间高温引起的基体相与掺杂第二相晶粒增长以及低维碳纳米材料结构损伤和性能退化。无压烧结需要高的烧结温度和较长的烧结时间，易导致晶粒长大和第二相（例如石墨烯等）结构和性能的损伤。

基于以上分析，传统无压烧结制备的陶瓷制品往往存在一定数量的气孔，未达到完全致密度，在烧结过程中，气孔中的气压随着气孔的收缩而增大，从而抵消了提供烧结驱动力的表面能作用。此时，若采用外部压力补充足够的烧结驱动力，则可进一步促进致密化。

压力烧结下陶瓷的致密化机理如图 2-5 所示，压力烧结过程中，烧结粉体在温度和应力的双重作用下发生变形。物质的迁移可以通过位错滑移、攀移、扩散、扩散蠕变等多种机制协同完成。多晶体原子扩散蠕变过程如图 2-6 所示，压力烧结过程中，原子的扩散方向与晶界的取向密切相关，可将某一微观单元分解为一个方向受压应力，另一个垂直于该方向的方向上受拉应力。大量研究表明，受压应力区域的空位浓度低于平衡空位浓度，受拉应力区域的空位浓度高于平衡空位浓度。原子排列最“混乱”的区域即为晶界，是最容易形成空位的区域。压力烧结过程中，受压应力的晶界的空位浓度低于受拉应力的晶界，空位发生自受拉应力的晶界向受压应力的晶界扩散，原子则发生反方向扩散，即从受压应力的晶界向受拉应力的晶界迁移。大量原子的这种定向迁移就造成晶体微量的、稳定的、逐渐的宏观变形，即为多晶体的扩散蠕变行为[13]。

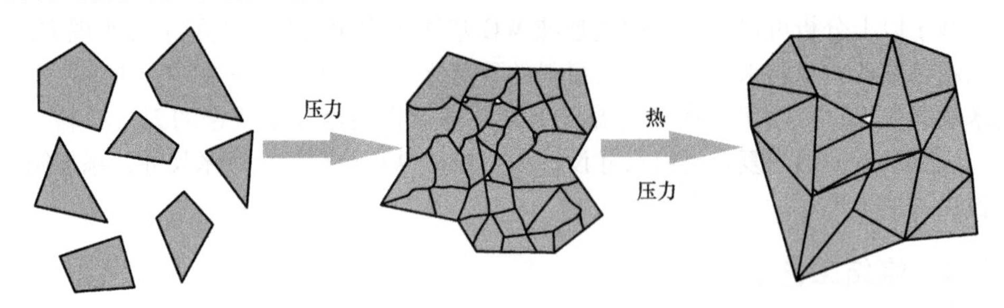

图 2-5　压力烧结下陶瓷的致密化机理

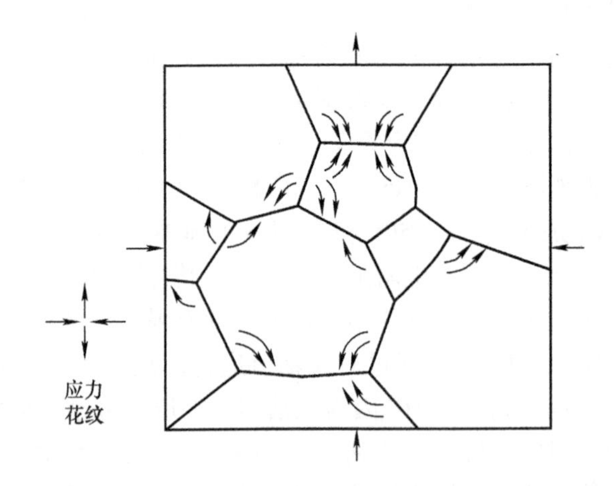

图 2-6　多晶体原子扩散蠕变过程[13]

压力烧结致密化过程可分为两大阶段[14]：孔隙连通阶段和孤立孔洞阶段。

孔隙连通阶段：在温度和压力双重作用下，颗粒接触区发生塑性屈服；而后，接触区变大形成了幂指数蠕变区，由各类蠕变机制控制物质的迁移。同时，原子或空位不可避免地进行体积扩散和晶界扩散；晶界处的位错也可沿晶界攀移，导致晶界滑动。此阶段的主要特征是孔洞仍然连通。

孤立孔洞阶段：上述机制仍然存在，但孔洞变成了孤立的闭孔，大多位于晶界相交处（晶界三重点）。同时，也会有部分镶嵌在晶粒内部的孤立微孔。

基于以上理论，本研究选用压力烧结制备 WC 基刀具复合材料。压力烧结集成形与烧结为一体，其工艺操作简单，是较为常用的烧结手段。石墨烯纳米复合硬质刀具材料的制备难点在于，保持石墨烯层状结构及陶瓷黏结相纳米尺度的同时实现硬质刀具材料块体的高致密化。为了避免长时间较高温度对碳纳米材料结构可能造成的破坏及导致纳米陶瓷黏结相晶粒增长，本章节提出一种优化的压力烧结工艺，即二步烧结工艺。大量研究表明，晶界扩散能与晶界迁移能之间存在“动力空窗”，因此通过有效利用此空窗，可以实现材料致密化先于晶界迁移发生，从而实现在抑制晶粒长大的情况下完成材料的高致密化或者完全致密化。

二步烧结包括两个基本步骤：①将素坯快速加热到特定高温，短时间保温或者不保温，通过微液相烧结使材料获得一定致密度；②快速冷却至一个较低温度，较长时间保温，此温度下，晶界运动受到抑制，但晶界扩散仍处于活跃状态，通过长时间固相烧结进一步提升材料致密度。

基于以上分析，后续章节将通过综合多种烧结有利因素（见图2-7），进而实现高致密陶瓷黏结相硬质合金刀具材料的低温可控制备。

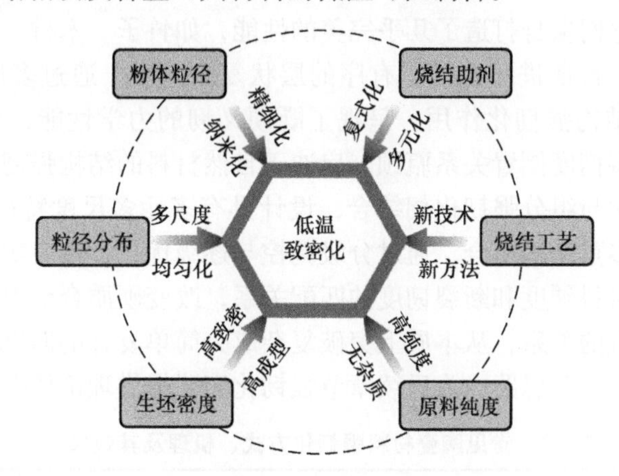

图2-7　烧结因素与低温致密化之间的关系

2.3　先进硬质复合刀具材料强韧化设计

2.3.1　强韧化概述

陶瓷黏结相硬质合金刀具材料以共价键和离子键为主要结合键，而共价键和离子键是较为强固的结合键，使得陶瓷黏结相硬质合金具有高熔点、高硬度、无塑性等特点，同时也导致了其致命的弱点-脆性，而限制了其实际应用，因此，强韧化便成了陶瓷黏结相硬质刀具材料研究的核心课题。材料的强度是反映材料抵抗过量塑性变形和断裂的能力，对材料的承载能力具有重要影响；而断裂韧度则往往用于表征材料抵抗裂纹扩展的能力，是衡量材料可靠性的重要标准。强韧化是高速切削对于刀具材料提出的综合性能要求，对于提高刀具高速切削性能、刀具寿命及可靠性具有重要作用。

陶瓷黏结相硬质合金从本质上属于碳化物陶瓷基复合材料，其强韧化目标为减缓裂纹尖端应力集中和提升抵抗裂纹扩展能力，主要涉及两个方面：缺陷敏感性和裂纹敏感性。基于降低材料缺陷敏感性设计，要求采用缺陷尺寸更小的强韧相复合，即降低强韧相尺度，会显著降低陶瓷材料的缺陷敏感性，即提高材料的缺陷容忍性；基于降低裂纹敏感性设计，要求强韧相具有一定的长径比，且基体与强韧相之间具有合适的界面结合强度，不仅起到缓解裂纹尖端应力集中程度的作用，还能促使裂纹沿晶界扩展，从而降低材料裂纹敏感性，起到强韧化作用。

此外，陶瓷黏结相硬质合金刀具材料的强韧化除了组分设计上选择不同的材料体系外（见表2-3），更重要的一点就是可以从材料的宏观结构角度来设计新型材料，从理论上讲，材料跨越的尺度越大，其裂纹扩展阻力越大。45 亿年的演化结合优胜劣汰的残酷竞争法则，使得无论是微小的单细胞生物还是体型庞大的生命体，自然界均为它们量身打造了几乎完美的性能，如竹子、木材、贝壳、骨骼、鱿鱼嘴、鱼鳞等经过长期进化选择了有序的层状复合构型，通过多尺度（纳米尺度到毫米尺度）的结构强韧化作用，呈现了既硬又韧的力学性能，突破了人造复合材料的硬度－断裂韧度倒置关系瓶颈。启迪于自然材料的结构强韧化机制，本小节提出将结构强韧化与组分强韧化相结合，设计具有多元多尺度特征的多级强韧化，立足于简单成分多重结构复合，通过分级调控与逐级优化，最终实现石墨烯梯度纳米复合硬质刀具材料硬度和断裂韧度的匹配关系，改变硬质合金刀具材料既存的硬度和断裂韧度倒置的关系，从本质上突破复杂成分简单复合的旧思路，为刀具材料强韧化提供新途径、新思路，为后续章节强韧化实践提供理论依据。

表 2-3　常见陶瓷材料强韧化方式、机理及其效果[15]

强韧化方式	强韧化机理		强韧化效果	
	韧化	强化	韧化	强化
纳米颗粒	裂纹偏转 内晶型次界面 内应力	晶界钉扎 位错网强化 缺陷尺寸减小 裂纹愈合	★★★	★★★★★
微米颗粒	应力诱导微开裂 裂纹偏转 裂纹桥联 韧性颗粒 相变	无	★	
晶须	裂纹偏转 裂纹桥联 拔出效应	载荷转移 基体预应力	★★	★
连续纤维	界面裂纹扩展 界面应力松弛	纤维主要承载	★★★★★	★★

2.3.2 组分强韧化

针对陶瓷黏结相硬质合金刀具材料强度、断裂韧度低的缺点，20多年来采用的“传统”强韧化方法是通过向刀具材料基体中添加ZrO_2、TiC、（W，Ti）C、Ti（C，N）、TiB_2、SiC颗粒或SiC晶须等增韧相，采用相变增韧、颗粒弥散增韧、晶须增韧及几种增韧机制的协同增韧等方式来提高刀具材料的性能（增韧为主），增韧机理主要包括裂纹偏转、裂纹桥联、微裂纹等。进入21世纪以来，随着纳米粉体技术的迅速发展，发展了纳米复合刀具材料，通过晶粒细化、亚晶界、内晶型结构及穿晶断裂等机制提高了陶瓷黏结相硬质合金刀具材料的性能（增强为主）。然而由于陶瓷材料都是由离子键或共价键所组成的多晶结构，缺乏能促使材料变形的滑移系统，即使可以通过上述“传统”强韧化方法和采用纳米复合设计来提高其强度和断裂韧度，强韧化效果也是非常有限的，且表现出一定的“妥协”现象，即强韧性的提升往往以牺牲其他性能（如硬度）为代价。这很大程度是受限于强韧相的性能，因此探寻具有较高综合性能的强韧相是推动陶瓷黏结相硬质合金刀具材料发展的关键。

石墨烯是由碳原子以sp^2共价键构成的平面六边形二维蜂窝网状结构的碳纳米材料，同时也是其他维碳材料：富勒烯、碳纳米管及石墨等的基本结构单元（见图2-8），具有远大于碳纳米管的比表面积，理论可达$2630m^2/g$，可使得其与材料基体具有较大的结合面积。一个石墨烯纳米片可与多个基体晶粒接触，形成具有多组元、多尺度特征的强弱混杂界面，其中强界面可有效提高由基体向石墨烯的载荷转移效率（即“承载效应”），而弱界面则与微开裂、裂纹偏转、桥联、残余应力场增韧密切相关。石墨烯作为目前公认的最薄、最硬、最强的材料，单层石墨烯的厚度只有0.335nm。石墨烯的硬度高于金刚石，断裂强度达125GPa（约为钢的200倍），石墨烯的面内热导率高达5300W/(m·K)（比金刚石还要高1.5倍），电阻率低至10^{-6}W·cm。此外，通过调控石墨烯层数、尺度及内在缺陷种类/含量可实现对石墨烯本征力学性能的精确裁剪，例如，单层、两层、三层石墨烯的抗拉强度分别为130GPa、126GPa和101GPa，杨氏模量分别为1020GPa、1040GPa和980GPa。石墨烯作为复合材料的新生力，凭借其小尺寸化、高性能化和多性能化等优势，已成为新一代的纳米复合材料强韧相，同时赋予复合材料特殊的功能属性。

相对于传统的强韧相（微米级颗粒、晶须）和其他新型强韧相（纳米颗粒、碳纳米管），石墨烯具有独特的单原子层二维结构特征、超大的比表面积，以及极高的力学、热学性能，将其作为陶瓷刀具材料的强韧相，则可引入裂纹分叉、裂纹偏转、石墨烯纳米片拔出、桥接等多种强韧化机制，从而显著提高陶瓷刀具的力学性能、切削性能及刀具寿命。而且由于石墨烯具有超大的比表面积，较少的添加量即可获取很好的强韧化效果。近年来，随着石墨烯量产工艺的逐步改进和完善，石

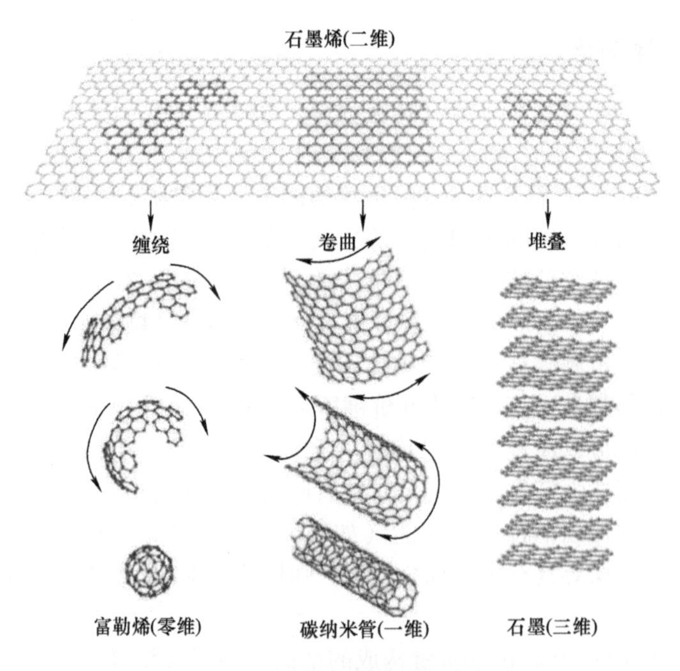

图 2-8　石墨烯及其衍生物示意图

墨烯增强体的生产成本正逐渐降低，使得石墨烯复合材料的实际工程化应用变为可能，石墨烯已经从“贵族型”材料发展为“平民型”材料，为石墨烯强韧化陶瓷黏结相硬质合金刀具材料的研制提供了支撑，解决了石墨烯强韧化复合材料制备的共性难点之一，即石墨烯的规模化制备。

但石墨烯容易在刀具材料基体内发生层间堆叠，一定程度影响了其强韧化效果。此外，石墨烯具有二维平面结构，为面向导热，作为刀具材料强韧相，往往会导致烧结过程中热量沿垂直石墨烯平面的方向分布不均匀，阻碍陶瓷刀具材料实现高致密化，同时影响刀具的散热能力。因此，本书后续章节尝试通过物理化学等方法实现二维的石墨烯纳米片和其他强韧相（如一维的碳纳米管或碳化硅纳米线、零维的纳米陶瓷颗粒等）自组装形成三维空间拓扑结构（见图 2-9），石墨烯负载其他强韧相，其他强韧相支撑石墨烯，构筑三维强韧化和快速导热网络，使二者互为彼此的分散剂，增加石墨烯与陶瓷刀具材料基体的接触面积且在功能方面形成石

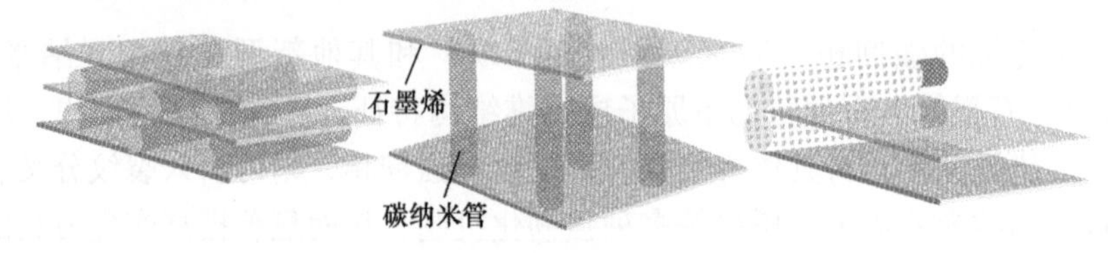

图 2-9　不同组装结构的三维空间强韧相

墨烯与其他强韧相协同强韧化机制与协同导热机制，为高致密、高强韧陶瓷黏结相硬质合金刀具材料的研制提供新的途径，解决了石墨烯强韧化复合材料制备的共性难点之二，即石墨烯在复合材料内部的均匀分散。

表2-4总结了文献报道的纯WC材料及WC基复合材料性能，大量学者通过颗粒增韧（例如Al_2O_3，MgO，Cr_3C_2）、相变增韧（例如ZrO_2）、晶须增韧（例如Al_2O_3，Si_3N_4，SiC）、微裂纹增韧等方法来提高此类合金的断裂韧度。

基于以上分析，后续章节拟研究的组分强韧化包括纳米颗粒强韧化、相变强韧化、碳化硅纳米线强韧化、碳纳米管强韧化、石墨烯强韧化以及石墨烯强韧化与其他强韧化方法的复合强韧化。

表2-4 纯WC材料及WC基复合材料的性能

材料种类	相对密度（%）	烧结块体晶粒尺寸/nm	维氏硬度HV	断裂韧度/$MPa \cdot mm^{1/2}$
WC[16]	99.2	200	2925	8.9
WC[17]	100	130	3061	7.3
WC[18]	98.5	380	2854	7.1
WC[19]	99	87	3020	7.1
WC[20]	99.8	220	2959	7.2
WC[21]	97.6	360	2480	6.6
WC-20%TiC[22]（原子分数）	98.5	200	2032	6.3
WC-20%TiC[23]（原子分数）	99	200	2240	7.5
WC-3%TiC-2%TaC-0.2%Cr_3C_2-0.2%VC[24]	—	600	2300	7.9
WC-6%Mo_2C[24]	—	250	2400	8.4
WC[25]	99.9	280	2795	4.38
WC-1%VC[25]	96.5	280	2795	4.2
WC-1%VC[26]	99.8	272	2585	6.9
WC-1%Cr_3C_2[26]	100	277	2605	7.2
WC-0.3%VC-0.5%Cr_3C_2[27]	97.5	240	2875①	6.05
WC-0.33%VC-0.54%Cr_3C_2[28]	97.9	730	2464	4.4
WC[29]	100.6	171	2720	7.0
WC-1%Mo_2C[29]	100.8	183	2630	6.6
WC-1%Mo_2C[30]	99	450	2461	4.8
WC-1%TaC[29]	99.7	202	2570	6.9
WC-1%ZrC[29]	98.8	236	2420	6.5
WC-1%NbC[29]	99.6	214	2540	6.6

（续）

材料种类	相对密度（%）	烧结块体晶粒尺寸/nm	维氏硬度HV	断裂韧度/MPa·mm$^{1/2}$
WC－6% SiC－2% ZrC[31]（摩尔分数）	99	720	2193②	6.7
WC－20% SiC－0.3% Cr_3C_2[32]（摩尔分数）	99	420	2193	6.4
[WC－0.8% Cr_3C_2（摩尔分数）]－5% SiC_w（体积分数）[33]	100.4	1500	2041	7
WC－14.3% Al_2O_3－0.5% VC[34]	98	2000	2103	11.54
WC－10% Al_2O_3－0.5% VC[35]	98	2000	2103	13.8
WC－10% Al_2O_3[36]	99.8	101	2540	9.4
WC－4.3% MgO[37]	99	2590	1878③	12.95
WC－6% ZrO_2[38]	100	660	1876	10.8
WC－3% AlN[39]	99.6	700	2400	7.5
WC－10% Si_3N_{4w}[40]	100	1260	1801	10.94
WC－1.0% CNT[41]	101	200	2328	8.95

注：1. 为便于比较，原始硬度数值均换算为了维氏硬度。

2. 表中断裂韧度数值为压痕法测量获得。

① 该数值为 HV0.5。

② 该数值为 HV1.0。

③ 该数值为 HV30。

2.3.3 结构强韧化

二维层状结构石墨烯与层状梯度复合结构具有较好的形貌兼容性，使得刀具材料沿层状方向受载时石墨烯发挥最大承载作用，与自然结构较高的结构相似性有可能实现石墨烯梯度复合材料呈现类似自然结构材料的裂纹扩展强韧化效果，提高刀具材料强韧性。本小节提出的结构强韧化为梯度结构所引入的表面残余压应力强韧化及各梯度层参与应力场交错分布引入的层间强韧化。刀具的失效往往起源于表面拉应力引起的表面裂纹萌生扩展，通过调控刀具材料制备工艺在刀具表面引入残余压应力，可一定程度抵消外加拉应力，降低表面处拉应力峰值，从而有效阻止表面裂纹的萌生与扩展，起到强韧化作用。即当拉应力作用于试样时，将首先用于抵消表面存在的残余压应力，然后才开始作为有效的拉应力起作用。其实早在 20 世纪 90 年代，就有学者开始研究层状结构增韧陶瓷，与均质基体材料相比，层状陶瓷的断裂韧度和断裂功均产生了质的飞跃，例如 1990 年，英国剑桥大学的 Clegg 等[42]制备的 SiC/石墨层状复合陶瓷，断裂韧度相对于基体材料增长了 4 倍多，断裂功增长了两个数量级，其相关成果发表在 Nature 杂志。Blugan 等[43]通过试验和理论分析，得出在压应力梯度层，材料断裂韧度随着裂纹长度的增长而增大，在拉应力梯度层，材料断裂韧度随着裂纹长度的增长而减小；当材料表层为压应力时，可有效阻止裂纹扩展和材料表面接触损伤，从而起到强韧化作用。

山东大学艾兴院士、赵军教授领导的陶瓷刀具研究团队在梯度复合刀具领域取得了大量具有开创性和重要性的研究成果。梯度结构强韧化区别于其他传统强韧化方法以牺牲部分强度换取高断裂韧度，而是使刀具材料的强度和断裂韧度同步提升，从而显著提升刀具的服役性能及可靠性。艾兴、赵军等[44,45]借鉴航空、航天、核能等领域的梯度功能材料（FGM）概念，研制成功了 Al_2O_3 -(W,Ti)C 和 Al_2O_3 -TiC 功能梯度陶瓷刀具，表面形成了残余压应力且具有热应力缓解功能。赵军、孙加林等[46-48]基于梯度功能材料可设计与可裁剪的特性，利用构造法成功研制功能梯度硬质合金刀具与功能梯度陶瓷刀具，相对于均质结构刀具，其切削性能改善显著。赵军、田宪华等[49]以梯度层数及层厚比为可变因素，通过多目标优化进行了梯度结构的调控，成功研制适于高速加工铁基合金的功能梯度陶瓷刀具。赵军、倪秀英等[50,51]基于功能梯度复合刀具材料的性能取向效应（见图 2-10），首先制备出一维功能梯度刀具材料坯体，然后通过调整加工工艺（线切割角度等），成功研制二维功能梯度陶瓷刀具，具有高于一维功能梯度陶瓷刀具的裂纹扩展阻抗能力及抗热冲击性能，刀具寿命提高显著。因此，以构造法为基础，通过引入层数、层厚、层厚比以及后加工等可实现刀具材料宏观梯度结构的可控制备。

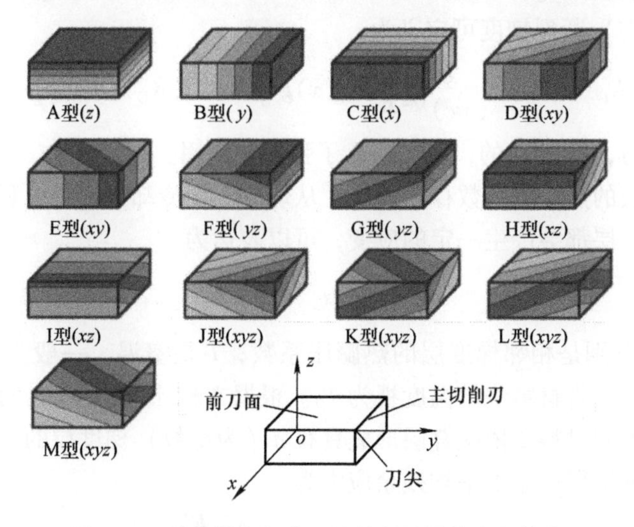

图 2-10　功能梯度复合刀具材料的性能取向效应

基于材料的断裂力学理论可知，材料的破坏往往是由于在拉应力作用下促使裂纹张开扩展造成的。裂纹形态如图 2-11 所示，深度为 c 的表面裂纹同时承受外加应力 σ 与残余应力 σ_R。外加应力 σ（K_{app}）对应的应力强度因子可表达为[52]

$$K_{app} = \psi\sigma(\pi c)^{1/2} = \overline{K} \tag{2-12}$$

式中，ψ 是裂纹形状因子。

残余应力场 σ_R（x）（K_R）对应的应力强度因子可表达为

$$K_R = \frac{\psi}{(\pi c)^{1/2}}\int_0^C \sigma_R(x)g(x)\,dx \tag{2-13}$$

式中，$g(x)$是格林函数。对于图2-11中的裂纹，$\psi = 1.12$，$g(x) = 2c/(c^2 - x^2)^{1/2}$。

当残余应力为压应力时，裂纹可能发生面接触，此时式（2-13）不再适用。然而，在外加应力和残余应力共同作用下，只要裂纹面完全开放，式（2-13）就适用。在这种情况下，总的应力强度因子可表达为

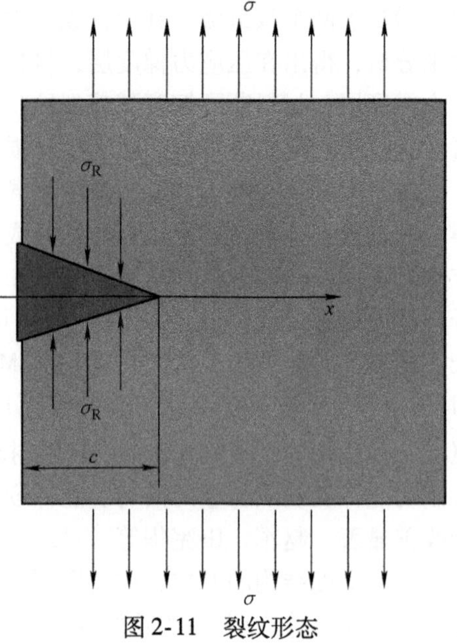

图2-11　裂纹形态

$$K_{tot} = \overline{K} + K_R \tag{2-14}$$

将裂纹扩展准则 $K_{tot} = K_C$ 代入式（2-14），得

$$K_C = \overline{K} + K_R \tag{2-15}$$

在断裂力学中，K_C往往包含裂纹驱动应力，因此，表观（视在）应力强度因子或表观（视在）断裂韧度可定义为

$$\overline{K}_C = K_C - \frac{\psi}{(\pi c)^{1/2}}\int_0^C \sigma_R(x)g(x)\,dx = K_C - K_R(C) \tag{2-16}$$

对于残余压应力，K_R是负的，从而引入了强韧化作用。

由于相邻层的热膨胀系数存在差异，从烧结温度冷却至室温过程中，梯度材料经过烧结，每一层都会产生一定的应变，可以表达为

$$\varepsilon = \int_T^{T_0}(\alpha_2 - \alpha_1)\,dT \tag{2-17}$$

式中，α_1与α_2分别是相邻梯度层的热膨胀系数；T是室温，一般为25℃；T_0是材料固化温度，一般将材料烧结温度视为T_0。根据文献［53，54］，两种具有不同热胀系数的材料1和材料2依次叠层形成具有n（为奇数）梯度层的梯度材料，烧结冷却后，不同梯度层产生的平均残余应力为

$$\sigma_{R1} = (T - T_0)(\alpha_2 - \alpha_1)\frac{E'_1 E'_2 f_2}{E'_1 f_1 + E'_2 f_2} \tag{2-18}$$

$$\sigma_{R2} = (T - T_0)(\alpha_1 - \alpha_2)\frac{E'_1 E'_2 f_1}{E'_1 f_1 + E'_2 f_2} \tag{2-19}$$

$$E'_1 = E_1/(1 - \mu_1)$$

$$E'_2 = E_2/(1-\mu_2)$$
$$f_1 = (n+1)\,d_1/2h$$
$$f_2 = (n+1)\,d_2/2h$$

式中，E_1和E_2分别是材料 1 和材料 2 的弹性模量；μ_1和μ_2分别是材料 1 和材料 2 的泊松比；d_1和d_2分别是材料 1 梯度层和材料 2 梯度层的厚度；h 是梯度材料的总厚度；n 是梯度材料的总层数，为奇数。基于以上分析，可利用基体相与强韧相的热膨胀系数差异，沿梯度方向，即自表及里增大热膨胀系数，则材料经过烧结及之后的冷却阶段，可在材料表层引入残余压应力，而各梯度层可形成压、拉应力的交错分布，从而显著改善材料强韧性。

基于以上分析，后续章节尝试将组分强韧化和结构强韧化相结合（见图 2-12），设计多级协同强韧化机理：梯度结构引入表面残余压应力强韧化，从源头上减少裂纹的萌生，且有效阻止裂纹扩展，其作用区较大，为一级强韧化机理；当裂纹扩展到刀具材料基体时，一维及二维强韧相例如碳纳米管、石墨烯纳米片等通过引入裂纹分叉、裂纹偏转、桥接、止裂（终止裂纹）等发挥其强韧化作用，其作用区一般与裂纹尖端后方尾流区尺寸相当，为二级强韧化机理；在裂纹尖端，零维纳米陶瓷黏结相进一步阻止裂纹扩展，其作用区小于一维及二维强韧相作用区，为三级强韧化机理。

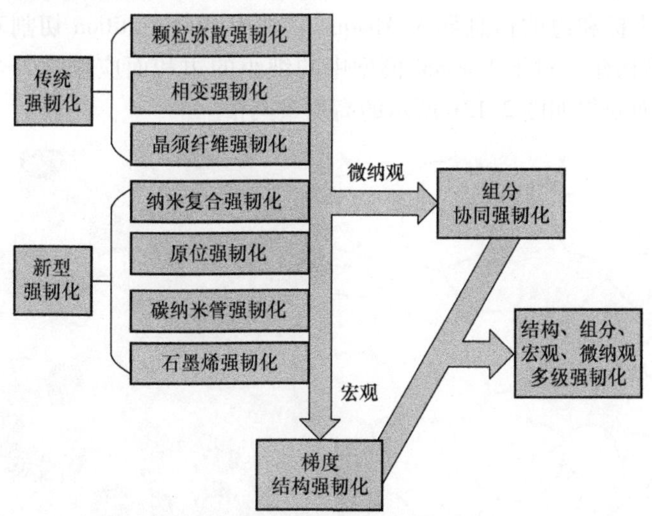

图 2-12　硬质刀具材料强韧化方法

2.4　石墨烯硬质复合刀具材料结构建模与力学性能预报

目前采用传统“试错法”及“半经验法”进行刀具材料研发的思路为：基于经验制备刀具材料试样，通过性能测试，判定是否符合切削加工性能需求，如未达到服役要求，则修正刀具材料微结构设计与制备工艺，重复循环直到满足服役要求。这种刀具研制方法试验量较大、周期较长、成本高且效率低，亟须寻求一种新的设计理论和方法。随着材料计算设计方法和有限元技术的快速发展，基于刀具材料微观结构建模与体表界面参数计算，以及刀具材料性能试验模拟，进行刀具材料性能预报，已成为新材料的研发热点[55-57]。

本小节主要采用 Abaqus 有限元软件中的 Python 语言作为其二次开发工具，基于 Python 软件建立微观结构的 Voronoi 镶嵌模型。通过 Python 编程生成石墨烯（G）及石墨烯-碳纳米管（G-CNT）微观结构，结合布尔运算进行刀具材料微观结构模型构建。将含有断裂准则的内聚力（COH）单元插入到微观组织中，不同界面处 COH 单元分别赋予属性，模拟其微观断裂行为，进而通过设置合理的边界条件，进行力学性能试验模拟。

2.4.1 结构建模

1. 建立 Voronoi 模型

基于 Python 软件绘制 Voronoi 代表性体积单元（RVE），从而获得表征晶粒结构特点的 Voronoi 网格。Python 生成的 Voronoi 模型如图 2-13a 所示，在平面区域内随机生成种子点作为 Voronoi 多边形的晶核点，以晶核点为中心形成多边形。之后将多边形顶点坐标和边的信息导入 Abaqus 软件中利用 Partition 切割基体，从而实现 Voronoi 模型构建。对于 Voronoi 模型中的细小的边和面应删除与合并，进行正则化处理，从而获得如图 2-13b 所示的高质量网格。

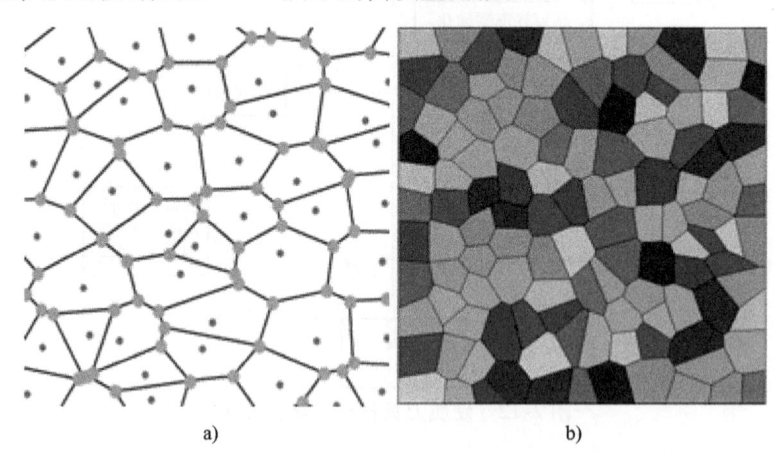

图 2-13　Voronoi 模型的建立

a）Python 生成的 Voronoi 模型　b）Abaqus 中生成的 Voronoi 多晶模型

2. 石墨烯和石墨烯-碳纳米管杂化体的嵌入

不同硬质复合刀具材料参数化模型的建立如图 2-14 所示，通过 Python 脚本语言在随机生成特定长径比尺寸的椭圆形对G微观组织进行表征。如图2-14a所示，微观组织中G之间处于近乎平行关系，与实际烧结块体材料中G的取向分布［ab面（长×宽面）垂直于压力方向］一致[58]。此外，各个椭圆形之间保持一定距离，避免出现团聚现象。G-CNT杂化体采用立式结构，CNT的加入使得G分散更加均匀。CNT的加入使得G片层变得更薄，为此增大G的长径比，连接就近相互平行的G来表示G-CNT杂化体（见图2-14b）。模型中掺杂的G和G-CNT杂化体的质量含量用掺杂单元面积与模型面积之比表示。最终建立考虑强韧性含量、尺度及取向等拓扑变量的如图2-14c和d所示的硬质复合刀具材料参数化模型。

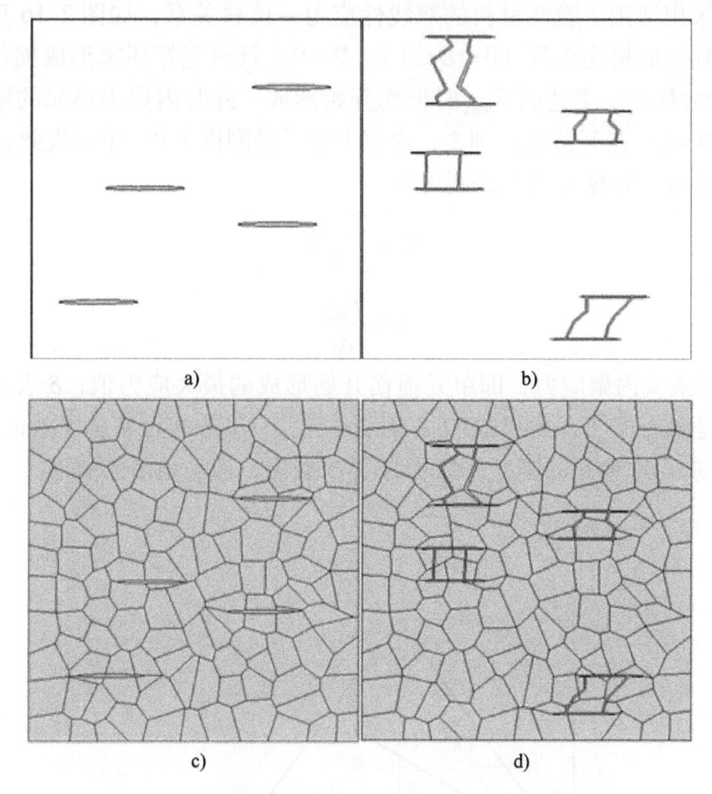

图2-14　不同硬质复合刀具材料参数化模型的建立

a）G　b）G-CNT　c）G/WC　d）G-CNT/WC

3. 建立COH模型

（1）COH本构关系　基于断裂力学理论，不同载荷导致的裂纹扩展形式有三种基本类型：张开型、滑移型和剪切型（见图2-15）。硬质材料的断裂以张开型裂纹为主，施加载荷与裂纹面垂直，且此表面与裂纹面位移垂直。因此，本小节以张开型裂纹作为研究对象。COH单元模型的应力-位移关系用来模拟张开型裂纹尖端附近区域材料的变形和最终断裂。

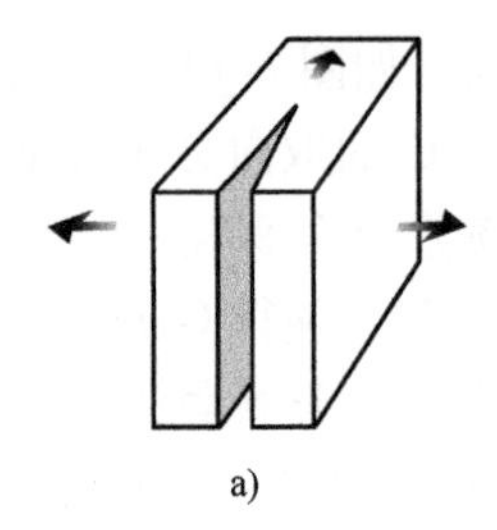

a)

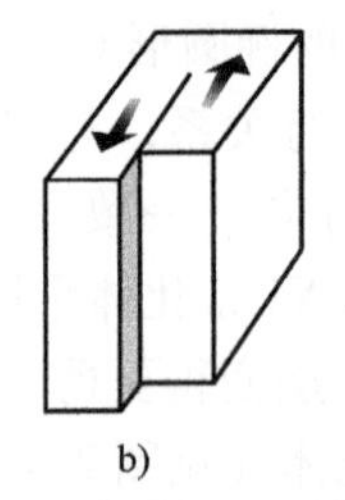

b)

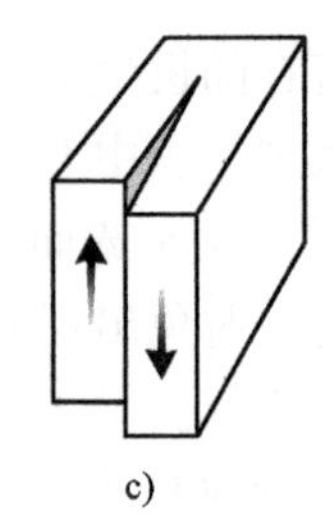

c)

图 2-15　裂纹的三种扩展形式[59]

a）张开型　b）滑移型　c）剪切型

本小节采用适用于脆性材料的双线性应力－位移关系，如图 2-16 所示，D 是基于断裂能耗散的损伤系数（$0 \leqslant D \leqslant 1$）。$D=0$：材料完好还未形成损伤，界面刚度值为 K；$0<D<1$：T 达到 $T_{\max}$ 时损伤开始形成，此时内聚力单元的刚度衰减为 $(1-D)K$；$D=1$：张开位移达到 δ_f，内聚力单元的刚度为 0，单元失效，COH 单元删除，形成裂纹。根据双线性法则可知

$$G_c = \frac{T_{\max}\delta_f}{2} \tag{2-20}$$

$$K = \frac{T_{\max}}{\delta_0} \tag{2-21}$$

式中，$T_{\max}$ 是最大内聚应力，即单元损伤开始形成的最大应力值；δ 表示单元的张开位移，δ_0 是单元损伤开始形成的临界张开位移，δ_f 是单元完全失效的张开位移；K 是初始时刻 COH 单元的刚度；G_c 是临界断裂能，即三角形的面积。

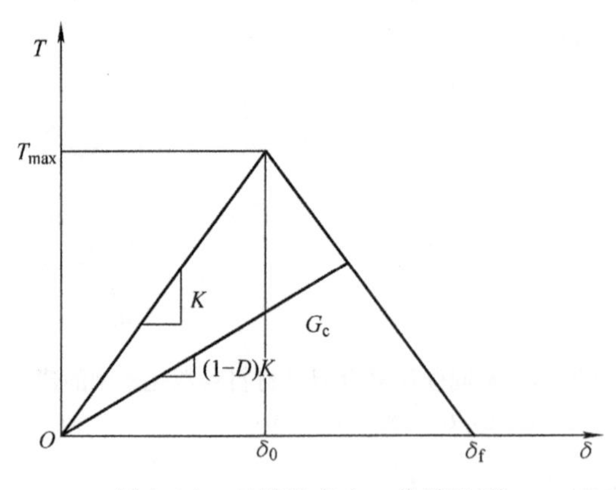

图 2-16　双线性应力－位移法则

COH 模型基于内聚力区的张开位移或断裂能是否达到临界值作为材料进入损伤演化阶段的判据。COH 单元的仿真参数主要包括界面刚度、失效位移和断裂能等，一般而言，材料裂纹扩展的临界断裂能可以通过试验获得，而初始损伤位移及完全开裂时的最终位移很难通过试验确定，其他参数的获得需要针对具体计算目的进行参数化研究来确定。此外，COH 单元参数对于计算结果的收敛性和可信度具

有重要影响，合适的刚度是保证裂纹萌生及扩展过程准确性的关键。基于减小COH单元对模型的整体刚性的影响，COH单元的刚度需要设置得足够大[60]，但刚度值太高会严重影响求解过程中的收敛性，因此合适的刚度选择尤为关键。$\delta_r=\delta_0/\delta_f$，通过变换不同的$\delta_0$和$\delta_f$，可以得到不同的$K$值。本次模拟采用$\delta_r=0.01$对$K$值进行定义。

计算过程为平面应变状态，对于平面应变状态可采用式（2-22）进行求解。对断裂耗散能U_c对新生裂纹长度求导，得到临界断裂能释放率G_c，该值可用来定量表征材料的断裂韧度。

$$G_c=\frac{(1-\nu^2)}{E}K_{IC}^2 \tag{2-22}$$

$$\frac{dU_c}{dc}=G_c \tag{2-23}$$

式中，G_c是平均断裂能释放率；ν是泊松比；E是杨氏模量；K_{IC}是断裂韧性；U_c是断裂耗散能；c是新生裂纹长度。

通过Python编程获得裂纹扩展路径。二维COH单元的1、4节点位于裂纹一端；2、3节点位于裂纹另一端，因此可以通过1、4的坐标中点和2、3的坐标中点之间的距离表示裂纹长度。以SDEG（scalar stiffness degradation）数值作为单元是否失效的判据，如果失效，即可进行累加，从而获取整个模型的裂纹长度，如图2-17所示。

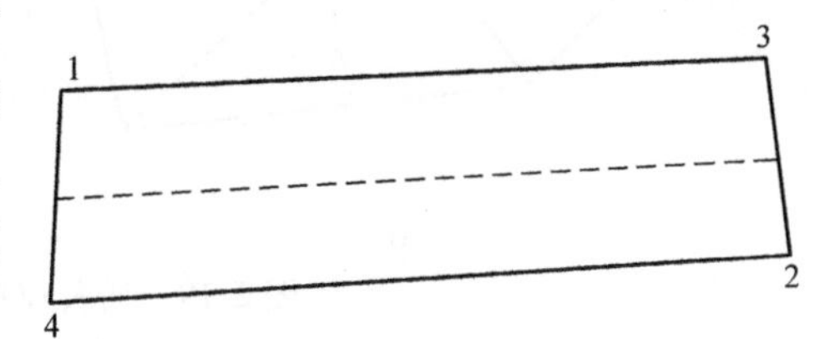

图2-17　裂纹长度的获取

（2）内聚力模型构建　利用Python对Voronoi模型的INP文件编程，从而在网格之间镶入COH单元，并区分晶粒之间和晶粒内部的COH单元。

COH单元的嵌入流程如图2-18所示。将微观组织模型导入Abaqus中，进行线性三角形体单元的划分。网格划分密度决定了刀具材料模型在Abaqus中的模拟质量，且对于模拟过程的收敛程度具有重要影响。在本小节中，将网格划分为三角形单元，特征长度选用0.3μm，最后将划分后的模型信息保存为INP文件，以备下一步插入COH单元使用。利用Python读取INP文件中的三角形单元集合所包含的节点和单元编号。对相邻三角形单元进行离散，生成新节点和无公用节点的四边形单元（见图2-19），得到修正后三角形单元的节点信息，在整个模型中全部嵌入COH单元。为了保证材料微观组织模型的几何结构不发生改变，本文嵌入零厚度的COH单元。然后利用Python编写程序判定COH单元位于晶粒内部还是晶粒之间，从而得到分别位于晶内和晶界的COH单元集合，如图2-20所示。

4. 晶粒位向及材料各向异性

利用Python语言对Abaqus进行二次开发编写程序赋予晶粒随机分布的欧拉角

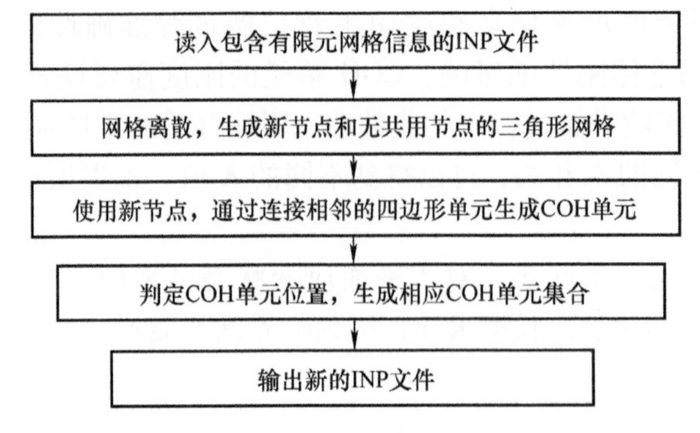

图 2-18　COH 单元的嵌入流程图

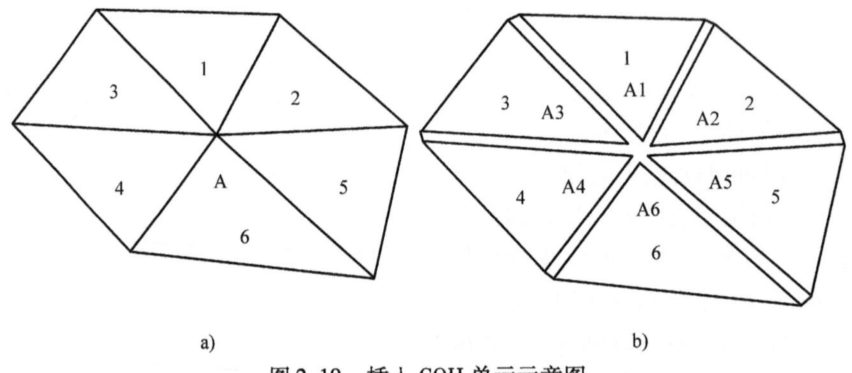

a)　　b)

图 2-19　插入 COH 单元示意图

a）离散前　b）离散后

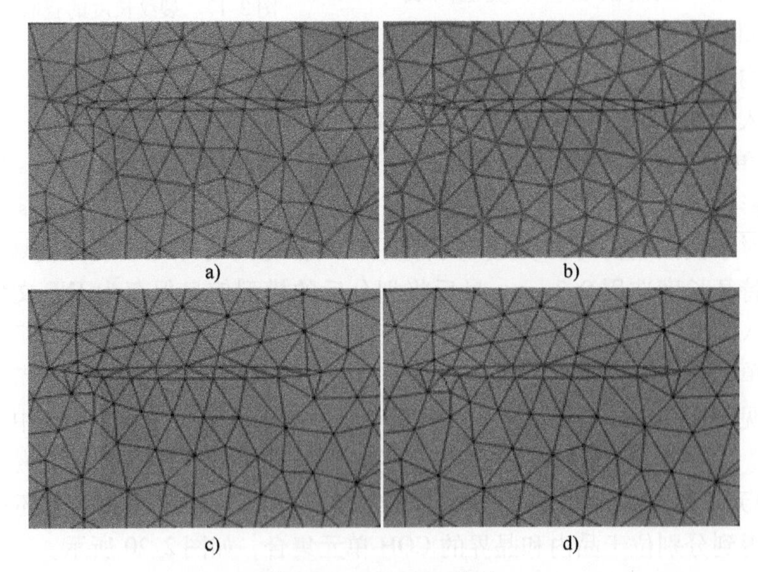

a)　　b)

c)　　d)

图 2-20　COH 单元集合

a）WC 晶界　b）WC 晶内　c）G 晶界　d）WC－G 界面

（极角 θ、方位角 ψ 和旋转角 φ），使所模拟的材料获得各向异性特征。在 Abaqus 软件中显示两晶粒的不同位向（见图 2-21）。WC 晶粒的弹性常数根据文献［61］来确定，见表 2-5。表 2-6 所示为 WC、G/CNT 的具体性能参数。

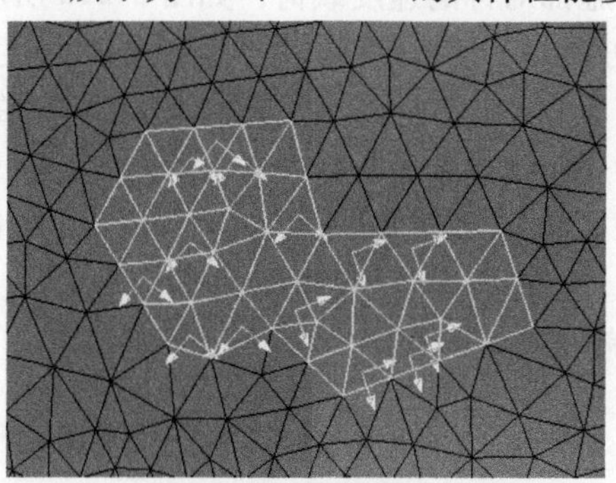

图 2-21　晶粒位向

表 2-5　WC 晶粒的弹性常数

系数名称	C_{11}/GPa	C_{33}/GPa	C_{44}/GPa	C_{12}/GPa	C_{13}/GPa	E/GPa	ν
数值	720	972	328	254	267	714	0.19

表 2-6　WC、G/CNT 的具体性能参数

名称	密度/g·cm^{-3}	弹性模量/GPa	泊松比	断裂韧度/MPa·m$^{1/2}$	断裂强度/GPa
WC	15.63	714[62]	0.19	5.6[63]	6.6[64]
G/CNT	2.27	1000[65]	0.19	4.0[66]	11[67]

5. 模拟流程

通过 Python 编程建立内聚力模型后，分别为晶粒单元、晶内 COH 单元和晶界 COH 单元赋予材料属性，进而设置合理的边界条件和载荷，最终导入 Abaqus 中进行有限元计算。模拟流程图如图 2-22 所示。

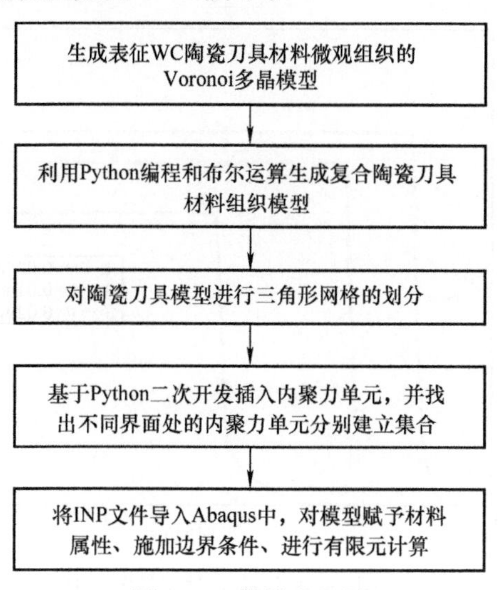

图 2-22　模拟流程图

2.4.2 裂纹扩展模拟

在模型的上下两边施加对称的速度载荷，如图 2-23a 所示。在模型左侧中间位置预置长度为 1μm 的初始裂纹，初始裂纹长度与模型总长度之比小于 0.1，对模拟结果影响不大。陶瓷刀具材料断裂行为分析模型一般施加的载荷应变率在 10^3 ~ $10^5 s^{-1}$ 之间[68, 69]。为避免高速载荷带来冲击对计算结果的影响，采用如图 2-23b 所示的速度载荷加载方式，从 0 ~ 1μs 为匀加速阶段，1μs 时速度载荷达到最大，1 ~4μs 采用匀速加载。完成模型的构建和边界条件以及参数的设定后，采用 Abaqus/Explicit 显示求解器进行计算。

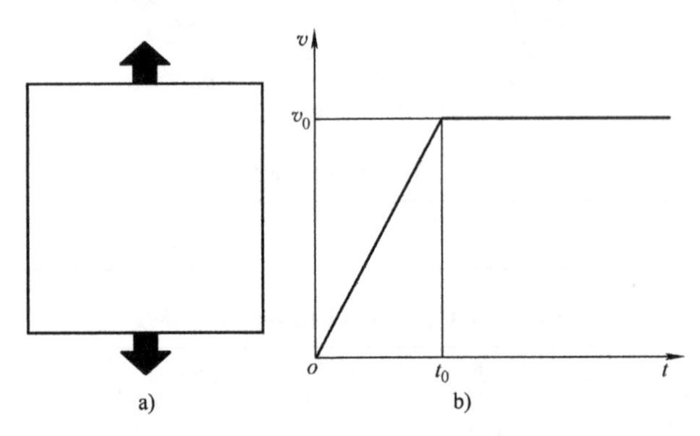

图 2-23 模型边界条件和加载方式
a）边界条件 b）速度载荷加载方式

1. 边界条件加载速率的影响

不同速度载荷下对应的断裂耗散能如图 2-24 所示，随着速度载荷的增大，断

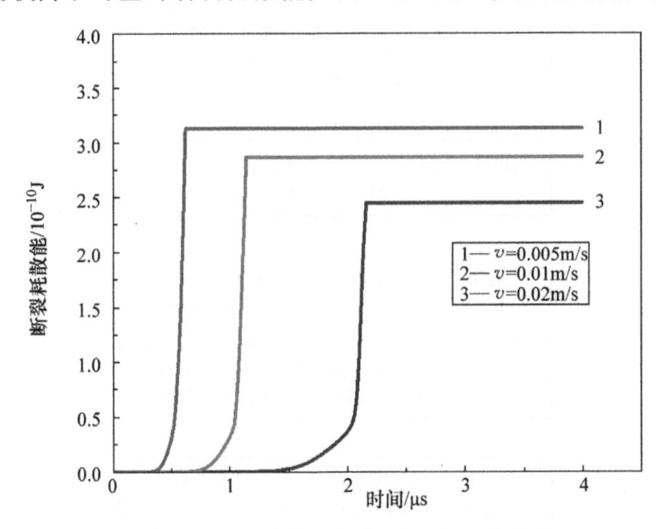

图 2-24 不同速度载荷下对应的断裂耗散能

裂耗散能也不断地增加，其原因在于裂纹并不是沿单一主裂纹扩展，而是形成了较多次裂纹。速度载荷越大，次裂纹也越多，从而引起裂纹扩展长度的增加。本小节中的速度载荷取为0.005m/s以确保模拟计算求解的收敛性。

2. 模拟结果网格大小的影响

基于高计算精度及短计算时间的考虑，需要确定离散化质量。因此，为了检验网格密度对模拟结果的影响，生成了两种不同的网格：$n=0.3$和$n=0.1$。网格大小对裂纹扩展结果的影响如图2-25所示，网格大小对断裂方向的影响较小，但对断裂模式无影响。在黏聚参数相同的情况下，两种微观结构的断裂路径基本相似，且断裂耗散能相近（见图2-26）。因此，基于在不降低模拟精度的前提下提高计算效率，选用$n=0.3$的网格。

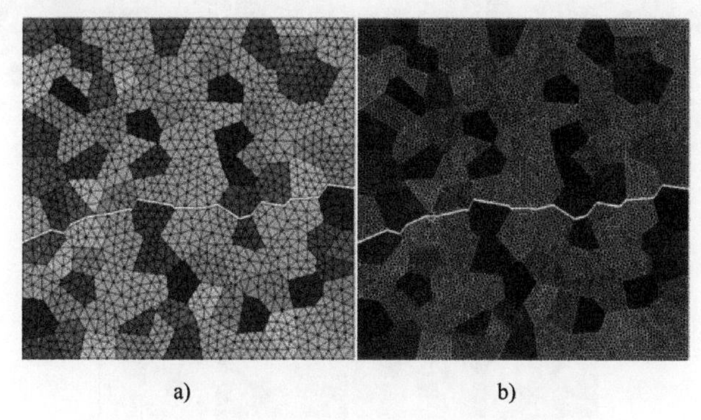

图2-25　网格大小对裂纹扩展结果的影响

a）$n=0.3$　b）$n=0.1$

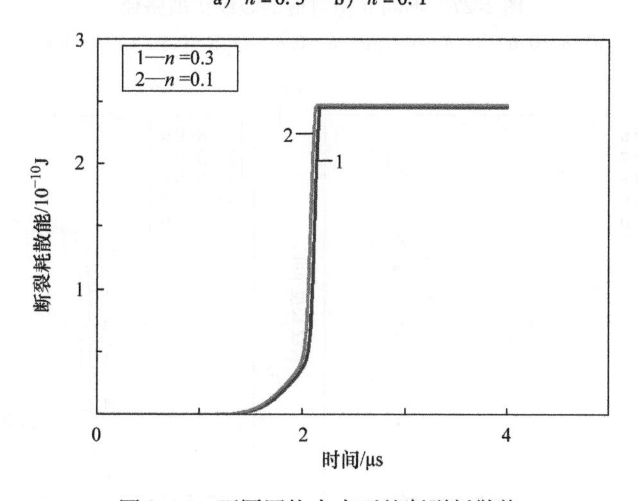

图2-26　不同网格大小下的断裂耗散能

3. 晶界强度对裂纹扩展的影响

设定R为晶界强度与晶粒强度的比值，不同R值对应的裂纹扩展路径如

图 2-27所示：当 $R=0.6$ 和 0.7 时，裂纹扩展路径基本相同，断裂模式为沿晶断裂；当 $R=0.8$、0.9、1.0 时，断裂模式为混合断裂模式，同时具有沿晶断裂和穿晶断裂，并且随着 R 值的增加，穿晶断裂比例增加。图 2-28 所示为断裂耗散能和裂纹长度随时间的变化，通过式（2-23）求导得出能量释放率。如图 2-29 所示，能量释放率随着 R 值的增加而增加，这是由于较沿晶断裂，穿晶断裂可消耗更多的断裂能，从而提高材料的断裂韧度。因此，在一定范围内，提高界面结合强度有利于提高硬质刀具材料的抗断裂性能。

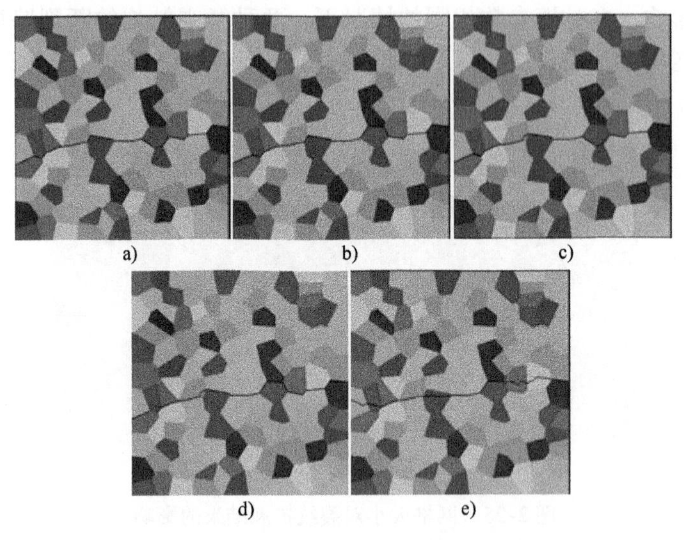

图 2-27　不同 R 值对应的裂纹扩展路径

a）$R=0.6$　b）$R=0.7$　c）$R=0.8$　d）$R=0.9$　e）$R=1.0$

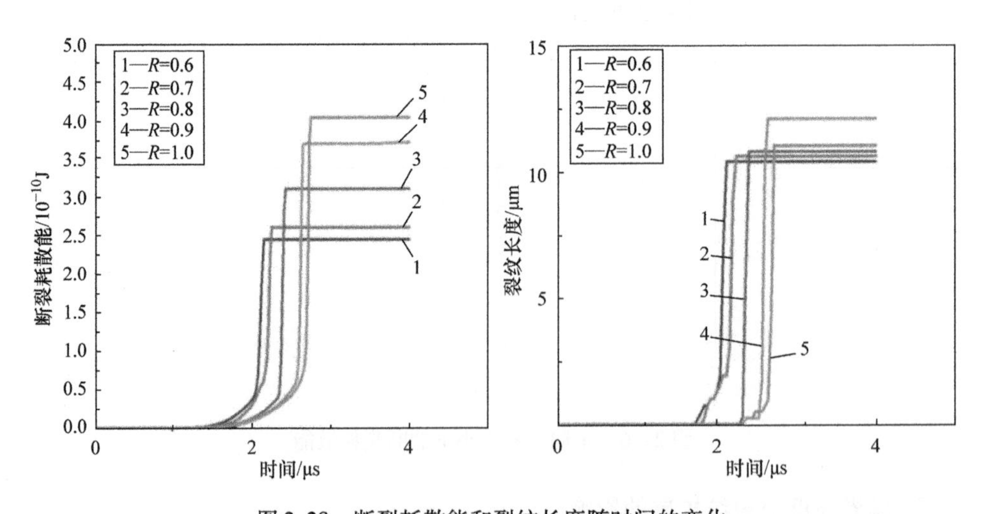

图 2-28　断裂耗散能和裂纹长度随时间的变化

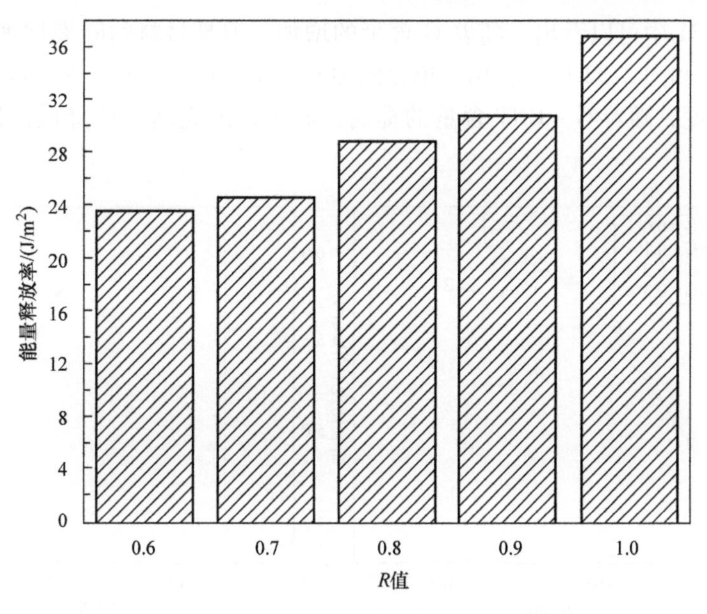

图2-29　能量释放率随 R 值的变化

2.4.3　力学性能预报

1. 断裂韧度预报

在如图2-30所示的断裂韧度预报模型的中间预制了一个初始裂纹。模型的长度、跨度、高度和初始裂纹长度分别为25μm、20μm、4μm和2μm。在模拟过程中，位于中心的速度载荷为0.5mm/min，各边界为自由边界。断裂韧度由式(2-24)和式(2-25)[70]计算求得

$$K_{IC}=g\left[\frac{10^{-6}P_{ft\max}L}{bh^{3/2}}\right]\left[\frac{3\,(a/h)^{1/2}}{2\,(1-a/h)^{3/2}}\right] \tag{2-24}$$

$$g=1.9109-5.1552\left(\frac{a}{h}\right)+12.688\left(\frac{a}{h}\right)^2-19.5736\left(\frac{a}{h}\right)^3+15.9377\left(\frac{a}{h}\right)^4-5.1454\left(\frac{a}{h}\right)^5 \tag{2-25}$$

式中，a 是裂纹初始长度，单位为m；$P_{ft\max}$ 是裂纹扩展时的最大载荷，单位为N；b 是试样截面宽度，单位为m；h 是试样截面高度，单位为m。

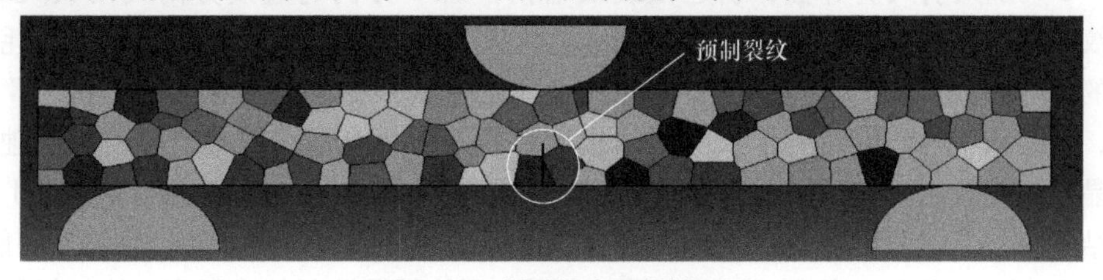

图2-30　断裂韧度预报模型

从图 2-31 中可以看出，随着 G 含量的增加，刀具材料的断裂韧度逐渐增加；对比图 2-31 和图 2-32 可知，相比单独添加 G，掺杂 G－CNT 可进一步提升刀具材料的断裂韧度，随着 G－CNT 含量的提高，断裂韧度先增加后降低，最优添加量为 0.4%。

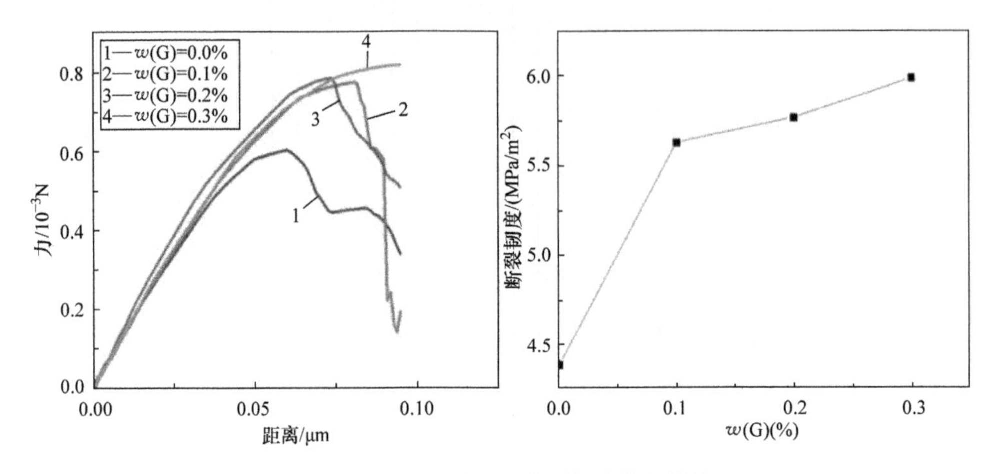

图 2-31 不同 G 含量的断裂韧度模拟结果

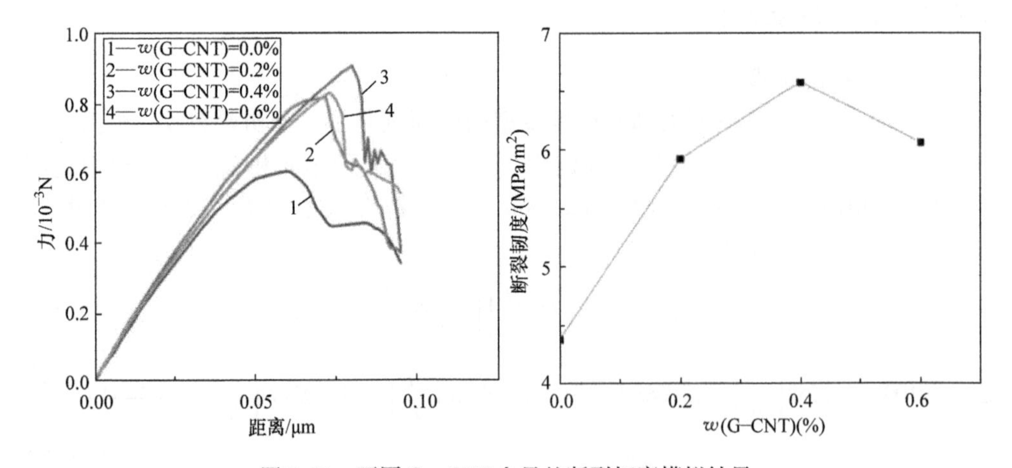

图 2-32 不同 G－CNT 含量的断裂韧度模拟结果

G 的加入引入弱界面，引起微裂纹增韧，当 G 方向与裂纹方向夹角较大时，裂纹穿过 G 连续扩展（见图 2-33c、d），并且在沿 G 方向出现分支裂纹可消耗大量的断裂能，有助于断裂韧度的提高。而三维的 G－CNT 网络相较于单一的 G 来说，在基体中的分散性更好，与基体相具有更好的润湿性，且可产生由于单独 G 的晶粒细化效果，实现晶界强化，从而起到强弱界面复合增韧的效果。G－CNT 三维结构在外部载荷作用下，通过三维结构的变形、破坏与重组可吸收裂纹扩展能。如图 2-34d 中所示，当 G－CNT 含量过高时，裂纹扩展路径较为平直，增韧机制较少，因此合适的 G - CNT 含量是引入强弱结合界面交错分布的关键。

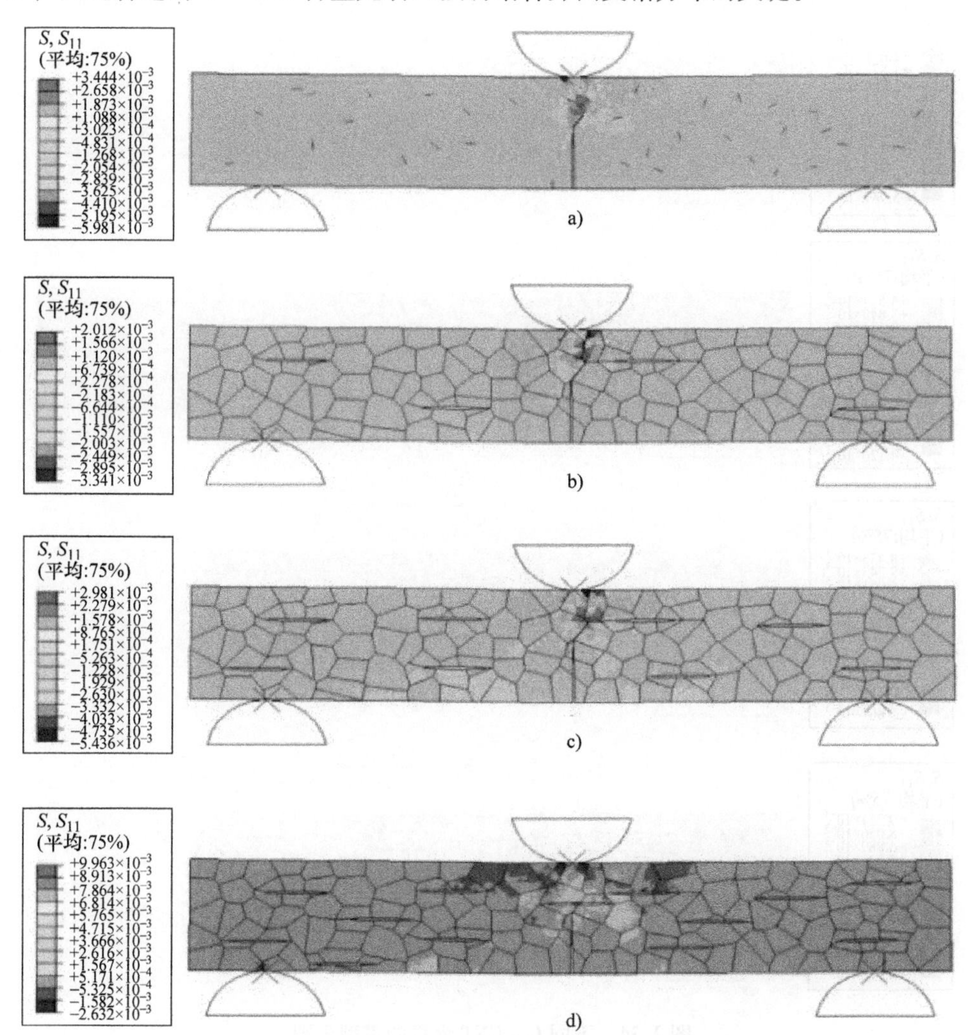

图 2-33　不同 G 含量的模型云图

a) 0　b) 0.1%　c) 0.2%　d) 0.3%

注：S_{11}表示 X 方向主应力。

2. 抗弯强度预报

使用 Abaqus 有限元软件进行刀具材料三点弯曲试验模拟，通过仿真结果获得载荷 - 位移曲线，根据公式计算抗弯强度值。三点弯曲试验模拟如图 2-35 所示，试样宽为 1μm，高为 4μm，跨距为 20μm。在模拟过程中，中心的速度载荷为 0.5mm/min，各边界为自由边界。

从图 2-36 中可以看出，随着 G 含量的增加，刀具材料的抗弯强度先增加后减小。对比图 2-36 和图 2-37 可知相比单独添加 G，G - CNT 的添加进一步提升了

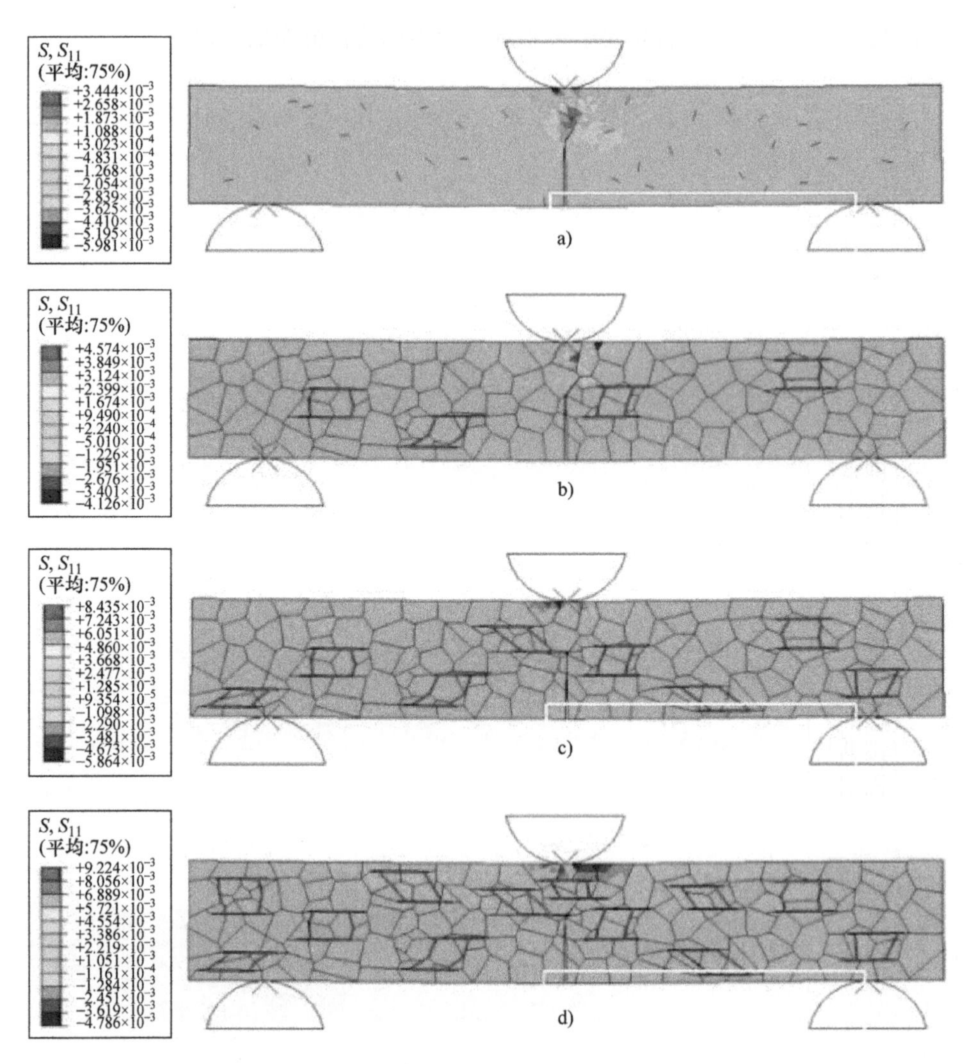

图 2-34　不同 G－CNT 含量的模型云图

a）0　b）0.2%　c）0.4%　d）0.6%

注：S_{11}表示 X 方向主应力。

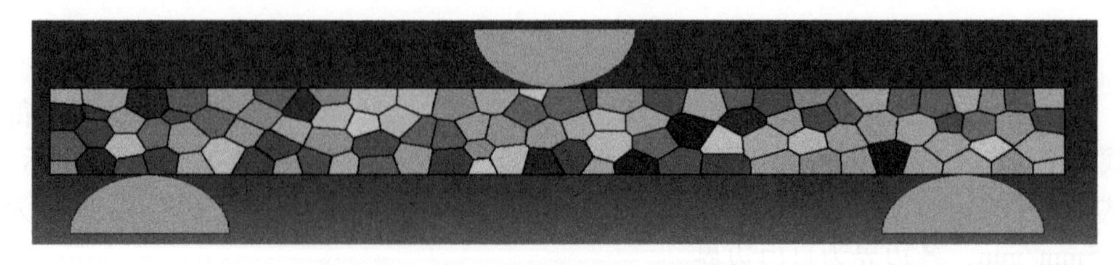

图 2-35　三点弯曲试验模拟

WC 硬质刀具材料的抗弯强度。随着 G－CNT 含量的增加，刀具材料抗弯强度亦呈现先升高后降低的趋势，G－CNT 最优添加量为 0.4%。

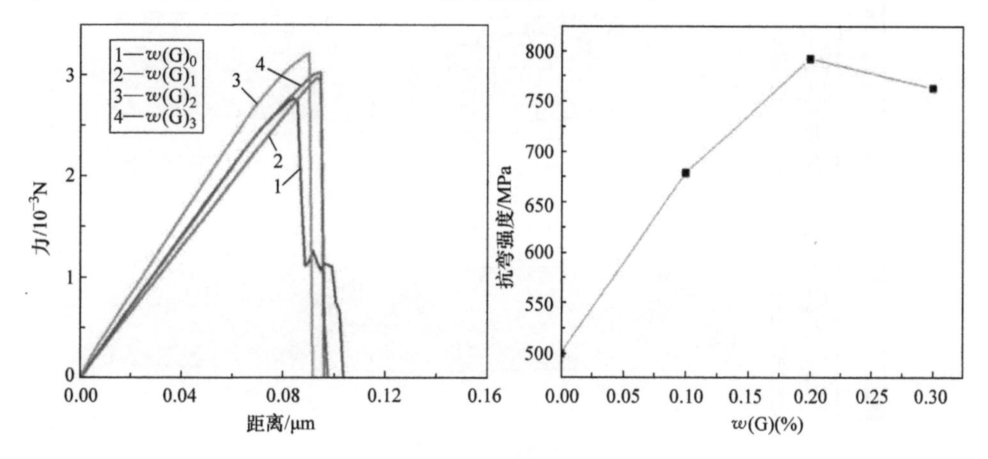

图 2-36　不同 G 含量的抗弯强度模拟结果

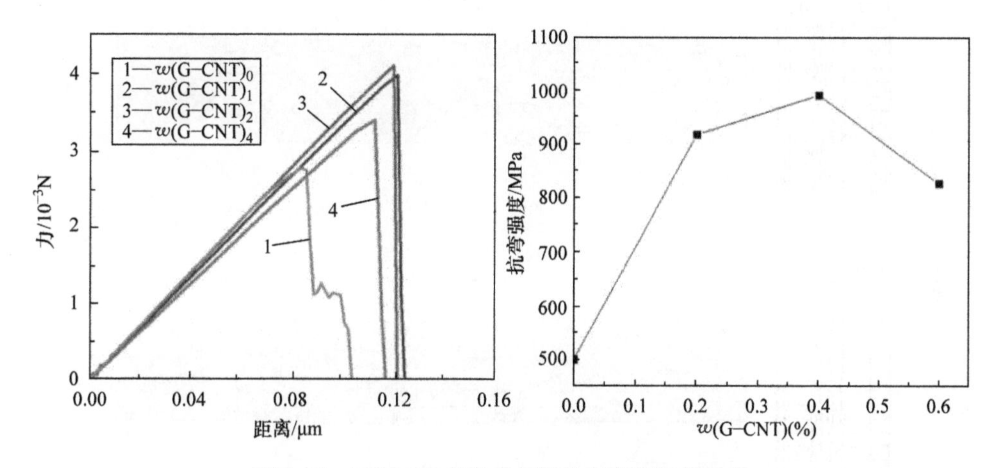

图 2-37　不同 G－CNT 含量的抗弯强度模拟结果

G 的加入使得晶界强度增加、裂纹扩展路径发生改变，裂纹扩展遇到高弹性、高强度的 G 纳米片，使得裂纹扩展方向发生转变，如图 2-38b 所示。G－CNT 中的 CNT 可以强化晶界[71]，相对于 G 的加入，G－CNT 的加入可进一步强化晶界，提升穿晶断裂比例，从而有助于改善刀具材料抗弯强度。此外，较 G 的面内导热，三维 G－CNT 可形成三维快速热传导网络，从而可有效促进刀具材料致密化，且抑制晶粒增长作用更为显著[57]。当 G－CNT 含量较高时，引入了过多的弱界面，从图 2-39d 中发现裂纹沿平行于载荷方向的弱界面进行扩展，从而导致抗弯强度下降。因此，基于硬质刀具材料断裂强度的提升，应控制添加相含量，确保强弱界面比例合适，从而实现刀具材料高强韧配置。

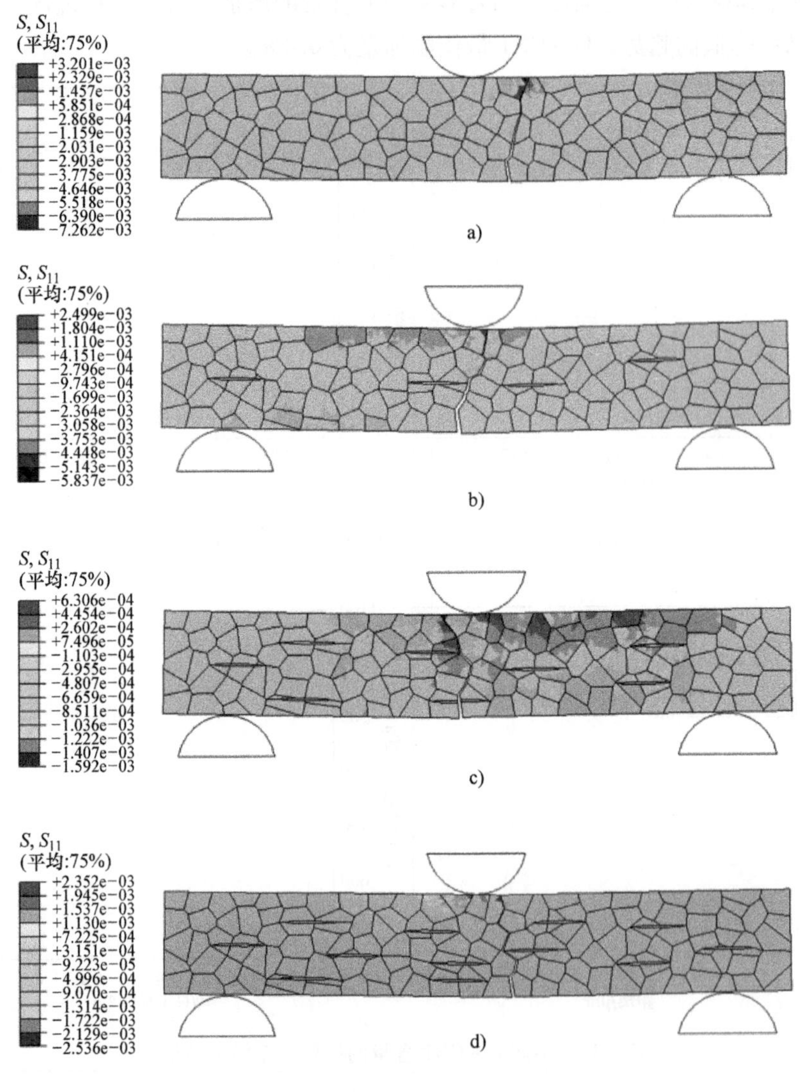

图 2-38　不同 G 含量的模型云图

a) 0　b) 0.1%　c) 0.2%　d) 0.3%

3. 硬度预报

模拟过程中限制压头的自由度，使其只可在速度载荷方向（即 Y 方向）移动，固定刀具材料的底面，使其完全约束。位移载荷是时间的线性函数，加载载荷步是在压头上施加向下的位移载荷至 0.75μm 深度，卸载载荷步是给压头施加向上的位移载荷使其位移逐渐减少为 0。基于实际显微压痕试验过程构建的硬度仿真有限元模型如图 2-40 所示，其中心线与锥面间的夹角为 70.3°。硬度由式（2-26）计算求得

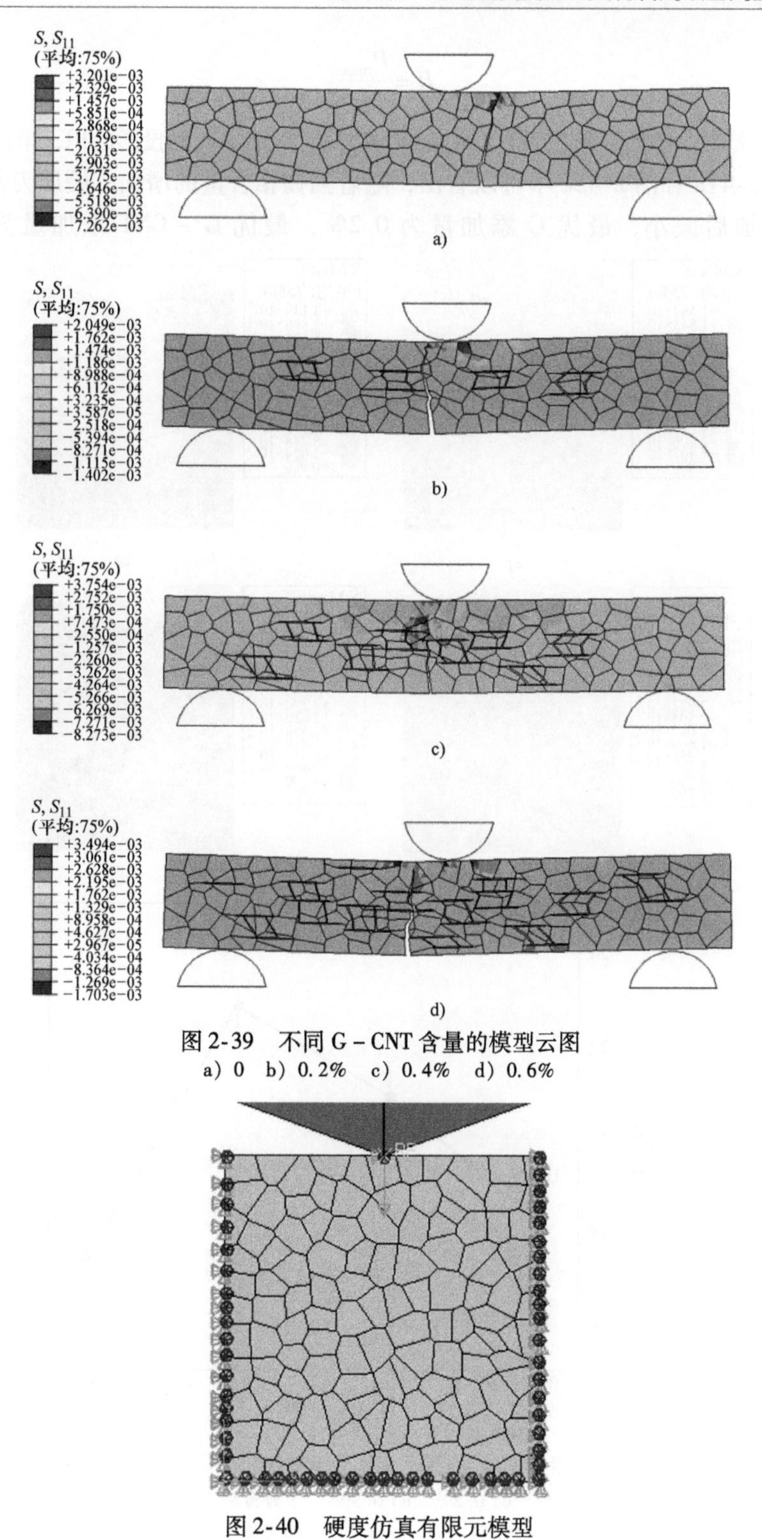

图 2-39　不同 G－CNT 含量的模型云图

a) 0　b) 0.2%　c) 0.4%　d) 0.6%

图 2-40　硬度仿真有限元模型

$$H = \frac{P_{\max}}{A} \tag{2-26}$$

式中，$P_{\max}$是最大载荷，单位为N；A是最大载荷时压痕对应的投影面积，单位为mm^2。

从图2-41e和图2-42e中可以看出，随着强韧相含量的增加，硬质刀具材料的硬度先增加后减小，最优G添加量为0.2%，最优G-CNT添加量为0.4%，

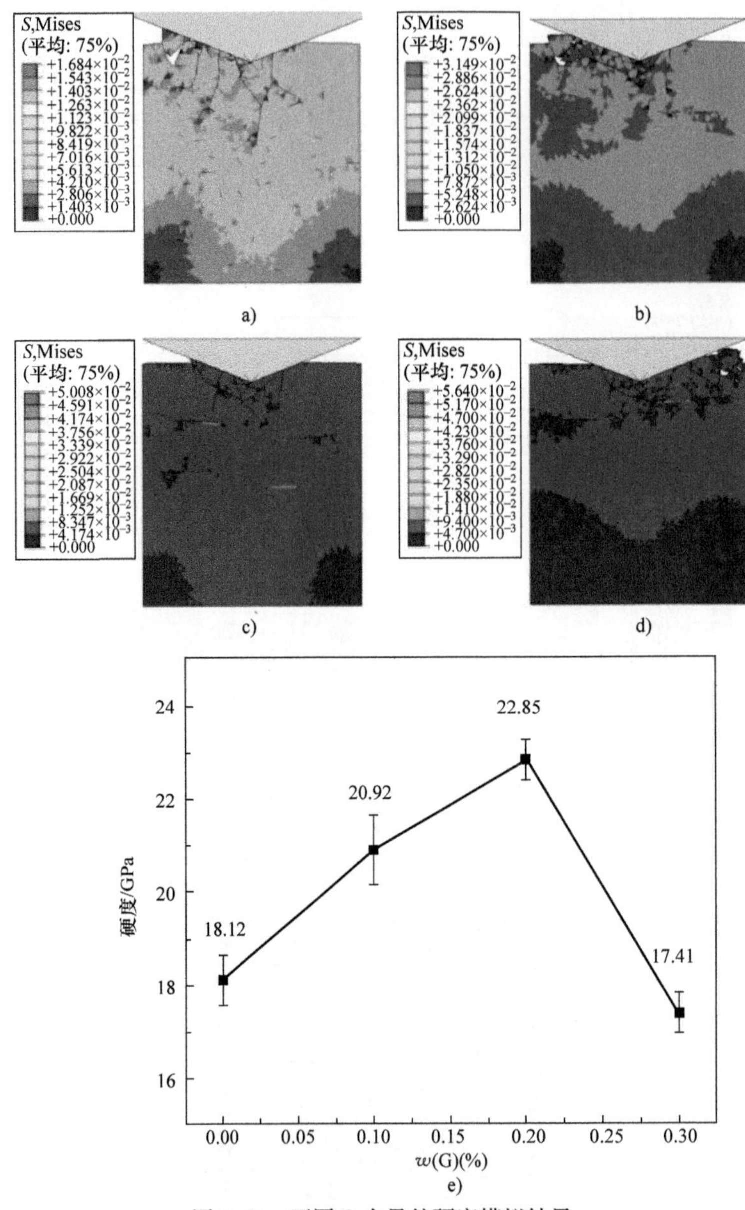

图2-41 不同G含量的硬度模拟结果

a) 0% b) 0.1% c) 0.2% d) 0.3% e) 硬度随G含量变化曲线

注：Mises表示Mises应力，是一种折算应力，折算依据为能量强度理论，即第四强度理论，后同。

G－CNT复合强韧相提升了强韧相阀值，对于进一步改善硬质刀具材料硬度－断裂韧度倒置关系具有重要影响。从硬度模型的应力云图中可以看出，G 和 G－CNT 承载着较大的应力，且在 G 和 G－CNT 与 WC 基体界面处发现微裂纹，微裂纹的存在可能造成了硬度的下降。

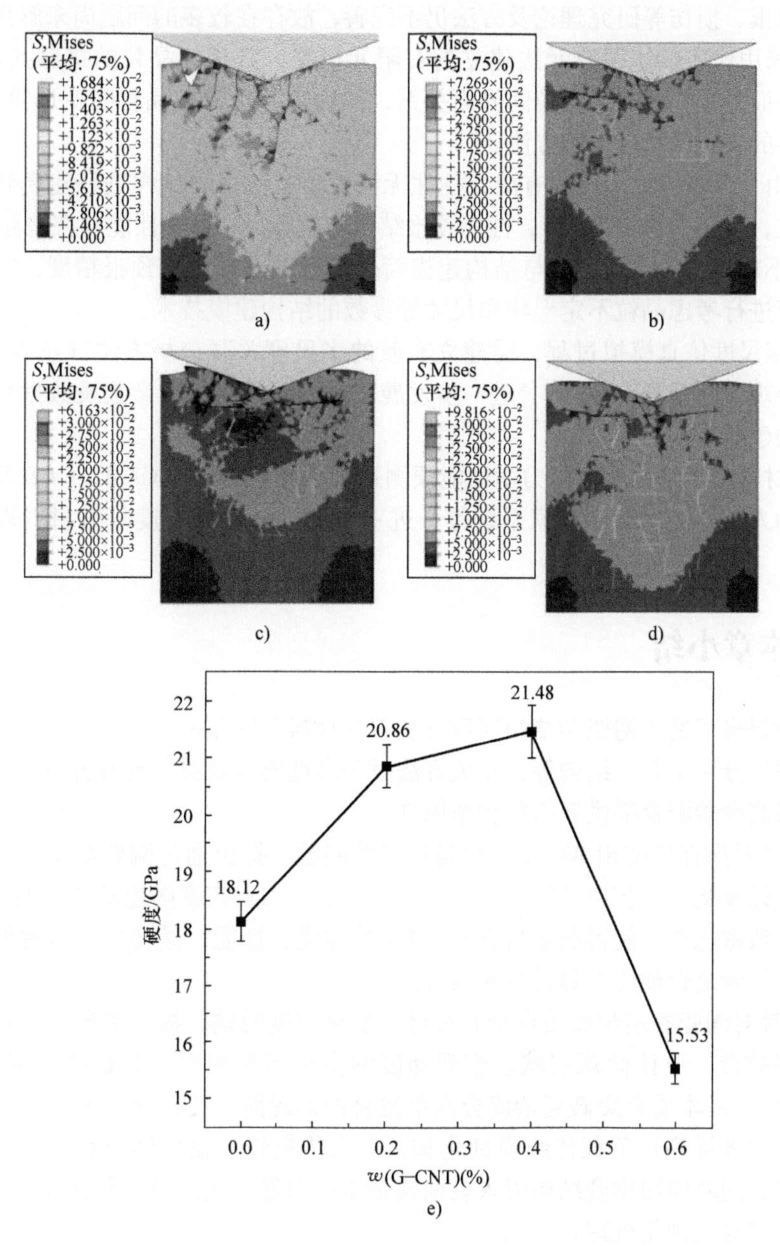

图 2-42　不同 G－CNT 含量的硬度模拟结果

a) 0%　b) 0.2%　c) 0.4%　d) 0.6%　e) 硬度随 G－CNT 含量变化曲线

2.4.4 基于微观结构建模进行力学性能预报的局限性

基于微观结构建模进行力学性能预报为高性能材料制备提供了一个电子实验室，有助于实现新材料的数字化生产，在降低成本的同时提升材料性能。但由于材料性能预报、损伤等研究理论及方法仍不完善，故存在较多的问题尚未解决。

1）采用代表性体积单元法建立的有限元模型，其相邻晶粒的接触共用节点，不存在界面单元，忽略了晶粒间界面关系，无法真实地模拟晶粒间变形协调关系，缺乏完善的界面建模理论和方法。

2）由于计算机计算速度有限，往往无法对于实际尺寸试样进行建模和性能预报，因此，基于“尺度效应”，性能预报结果与实际尺寸试样性能存在差异。

3）不规则颗粒实际形状与结构建模简化形状的差异影响预报精度，需进一步发展如何进行考虑晶粒不定形状和尺寸等参数的结构建模技术。

4）多尺度仿真模拟过程，需建立有效的多尺度关联分析方法（纳观到微观、微观到介观、介观到宏观等），进一步发展实现不同尺度之间参数及数据负载高效交互性的建模技术。

5）材料微观结构建模与力学性能预测过程，结合 CAD、CAM、CAE 及人工智能领域的人工神经网络、专家系统等，进一步提升多元多尺度复杂材料性能预报精度。

2.5 本章小结

本章提出了适于陶瓷黏结相硬质合金刀具材料致密化和强韧化的设计原则，确定了相关组分 - 工艺 - 结构等，相关方法对于高性能陶瓷材料具有普适性，为实现刀具材料高性能配置提供新途径和新原理。

1）针对陶瓷黏结相 WC 复合材料致密性问题，提出通过陶瓷黏结相设计、纳米复合设计及烧结工艺设计等，综合多种烧结有利因素实现陶瓷黏结相硬质合金刀具材料高致密配置，使得制备具有强韧相/基体优势性能、结构多级可控的先进石墨烯梯度纳米复合硬质刀具材料成为可能。

2）针对陶瓷黏结相硬质合金刀具材料断裂韧度问题，提出组分强韧化与结构强韧化相结合，设计微观层状、宏观梯度的多级组织构型，对裂纹“层层设防、就地消灭”，从本质上突破复杂成分简单复合的旧思路，提出通过低维强韧相（石墨烯、碳纳米管等）负载传统强韧化相，引入传统强韧化机制与石墨烯等新型强韧化机制，同时应用梯度结构引入表面残余压应力强韧化，最终形成具有多元多尺度特征的多级强韧化机理。

3）基于 Voronoi 法和 COH 单元法建立 G - CNT/WC 硬质刀具材料二维微观结构模型，分析了加载速率和网格大小对裂纹扩展的影响；基于构建的 WC 硬质刀具材料微观结构模型，结合拉伸试验、三点弯曲试验、裂纹扩展和压痕试验的有限元模拟，分别预报了硬质刀具材料的抗弯强度、断裂韧度和硬度。

参考文献

[1] NINO A, IZU Y, SEKINE T, et al. Effects of TaC and TiC addition on the microstructures and mechanical properties of binderless WC [J]. International Journal of Refractory Metals and Hard Materials, 2019, 82: 167 – 173.

[2] HUANG S G, VANMEENSEL K, VAN DER BIEST O, et al. Binderless WC and WC – VC materials obtained by pulsed electric current sintering [J]. International Journal of Refractory Metals and Hard Materials, 2008, 26 (1): 41 – 47.

[3] IMASATO S, TOKUMOTO K, KITADA T, et al. Properties of ultra – fine grain binderless cemented carbide 'RCCFN' [J]. International Journal of Refractory Metals and Hard Materials, 1995, 13 (5): 305 – 312.

[4] ZHENG D, LI X, AI X, et al. Bulk WC – Al_2O_3 composites prepared by spark plasma sintering [J]. International Journal of Refractory Metals and Hard Materials, 2012, 30 (1): 51 – 56.

[5] SUN J, ZHAO J, NI X, et al. Fabrication of dense nano – laminated tungsten carbide materials doped with Cr_3C_2/VC through two – step sintering [J]. Journal of the European Ceramic Society, 2018, 38 (9): 3096 – 3103.

[6] SUN J, ZHAO J, CHEN M, et al. Determination of microstructure and mechanical properties of functionally graded WC – TiC – Al_2O_3 – GNPs micro – nano composite tool materials via two – step sintering [J]. Ceramics International, 2017, 43 (12): 9276 – 9284.

[7] GERMAN R M. Sintering theory and practice [M]. New York: Wiley – Interscience, 1996.

[8] 石德珂，高守义，柴惠芬，等. 材料科学基础 [M]. 2版. 北京：机械工业出版社，2016.

[9] 张志杰. 材料物理化学 [M]. 北京：化学工业出版社，2006.

[10] GIRARDINI L, ZADRA M, CASARI F, et al. SPS, binderless WC powders, and the problem of sub carbide [J]. Metal Powder Report, 2008, 63 (4): 18 – 22.

[11] 刘含莲. 多元多尺度纳米复合陶瓷刀具材料的研制及其切削性能研究 [D]. 济南：山东大学，2005.

[12] REN X, PENG Z, WANG C, et al. Effect of ZrC nano – powder addition on the microstructure and mechanical properties of binderless tungsten carbide fabricated by spark plasma sintering [J]. International Journal of Refractory Metals and Hard Materials, 2015, 48: 398 – 407.

[13] 郭学锋，张绪平，田爱芬，等. 材料成形原理 [M]. 北京：中国矿业大学出版社，2013.

[14] 仝玉萍，陈希，张海龙. 材料物理化学 [M]. 北京：中国水利水电出版社，2016.

[15] 益小苏，杜善义，张立同. 中国材料工程大典（第10卷）：复合材料工程 [M]. 化学工业出版社，2006.

[16] MA D, KOU Z, LIU Y, et al. Sub – micron binderless tungsten carbide sintering behavior under high pressure and high temperature [J]. International Journal of Refractory Metals and Hard Materials, 2016, 54: 427 – 432.

[17] DOPITA M, SRIRAM C R, CHMELIK D, et al. Spark plasma sintering of nanocrystalline binder-

less WC hard metals [C]. Olomouc: Proceedings of Conference Nanocon, 2010.

[18] KIM H C, YOON J K, DOH J M, et al. Rapid sintering process and mechanical properties of binderless ultra fine tungsten carbide. [J] Materials Science and Engineering: A, 2006, 435: 717 - 724.

[19] SHON I J, KIM B R, DOH J M, et al. Properties and rapid consolidation of ultra - hard tungsten carbide [J]. Journal of Alloys and Compounds, 2010, 489 (1): L4 - L8.

[20] DOPITA M, SALOMON A, CHMELIK D, et al. Field assisted sintering technique compaction of ultrafine - grained binderless WC hard metals [J]. Acta Physica Polonica - Series A General Physics, 2012, 122 (3): 639.

[21] CHUVIL' DEEV V N, BLAGOVESHCHENSKIY Y V, NOKHRIN A V, et al. Sparking plasma sintering of tungsten carbide nanopowders [J]. Nanotechnologies in Russia, 2015, 10 (5): 434 - 448.

[22] KIM H C, KIM D K, WOO K D, et al. Consolidation of binderless WC - TiC by high frequency induction heating sintering [J]. International Journal of Refractory Metals and Hard Materials, 2008, 26 (1): 48 - 54.

[23] KIM H, KIM D, KO I, et al. Sintering behavior and mechanical properties of binderless WC - TiC produced by pulsed current activated sintering [J]. Journal of Ceramic Processing Research, 2007, 8 (2): 91 - 97.

[24] ENGQVIST H, BOTTON G A, AXÉN N, et al. Microstructure and abrasive wear of binderless carbides [J]. Journal of the American Ceramic Society, 2000, 83 (10): 2491 - 2496.

[25] HUANG S G, VANMEENSEL K, VAN DER Biest O, et al. Binderless WC and WC - VC materials obtained by pulsed electric current sintering [J]. International Journal of Refractory Metals and Hard Materials, 2008, 26 (1): 41 - 47.

[26] POETSCHKE J, RICHTER V, HOLKE R. Influence and effectivity of VC and Cr_3C_2 grain growth inhibitors on sintering of binderless tungsten carbide [J]. International Journal of Refractory Metals and Hard Materials, 2012, 31: 218 - 223.

[27] HUANG B, CHEN L D, BAI S Q. Bulk ultrafine binderless WC prepared by spark plasma sintering [J]. Scripta Materialia, 2006, 54 (3): 441 - 445.

[28] WANG Y, ZHU D, JIANG X, et al. Binderless sub - micron WC consolidated by hot pressing and treated by hot isostatic pressing [J]. Journal of the Ceramic Society of Japan, 2014, 122 (1425): 329 - 335.

[29] POETSCHKE J, RICHTER V, MICHAELIS A. Influence of small additions of MeC on properties of binderless tungsten carbide [C]. Salzburg: Euro PM 2014 International Conference and Exhibition, 2014.

[30] KIM H C, PARK H K, JEONG I K, et al. Sintering of binderless WC - Mo_2C hard materials by rapid sintering process [J]. Ceramics International, 2008, 34 (6): 1419 - 1423.

[31] NINO A, IZU Y, SEKINE T, et al. Effects of ZrC and SiC addition on the microstructures and mechanical properties of binderless WC [J]. International Journal of Refractory Metals and Hard Materials, 2017, 69: 259 - 265.

[32] NINO A, SEKINE T, SUGAWARA K, et al. Effect of added Cr_3C_2 on the microstructure and mechanical properties of WC – SiC ceramics [J]. Key Engineering Materials, 2015, 656: 33 – 38.
[33] TAIMATSU H, SUGIYAMA S, KOMATSU M. Effects of Cr_3C_2 and V_8C_7 on the microstructure and mechanical properties of WC – SiC whisker ceramics [J]. Materials Transactions, 2009, 50 (10): 2435 – 2440.
[34] DONG W, ZHU S, WANG Y, et al. Influence of VC and Cr_3C_2 as grain growth inhibitors on WC – Al_2O_3 composites prepared by hot press sintering [J]. International Journal of Refractory Metals and Hard Materials, 2014, 45: 223 – 229.
[35] DONG W, ZHU S, BAI T, et al. Influence of Al_2O_3 whisker concentration on mechanical properties of WC – Al_2O_3 whisker composite [J]. Ceramics International, 2015, 41 (10): 13685 – 13691.
[36] OH S J, KIM B S, SHON I J. Mechanical properties and rapid consolidation of nanostructured WC and WC – Al_2O_3 composites by high – frequency induction – heated sintering [J]. International Journal of Refractory Metals and Hard Materials, 2016, 58: 189 – 195.
[37] MA J, ZHU S, OUYANG C. Two – step hot – pressing sintering of nanocomposite WC – MgO compacts [J]. Journal of the European Ceramic Society, 2011, 31 (10): 1927 – 1935.
[38] ZHENG D, LI X, LI Y, et al. ZrO_2 (3Y) toughened WC composites prepared by spark plasma sintering [J]. Journal of Alloys and Compounds, 2013, 572: 62 – 67.
[39] REN X, PENG Z, PENG Y, et al. Ultrafine binderless WC – based cemented carbides with varied amounts of AlN nano – powder fabricated by spark plasma sintering [J]. International Journal of Refractory Metals and Hard Materials, 2013, 41: 308 – 314.
[40] ZHENG D, LI X, LI Y, et al. In – situ elongated β – Si_3N_4 grains toughened WC composites prepared by one/two – step spark plasma sintering [J]. Materials Science and Engineering: A, 2013, 561: 445 – 451.
[41] CAO T, LI X, LI J, et al. Effect of sintering temperature on phase constitution and mechanical properties of WC – 1.0 wt% carbon nanotube composites [J]. Ceramics International, 2018, 44 (1): 164 – 169.
[42] CLEGG W J, KENDALL K, Alford N M N, et al. A simple way to make tough ceramics [J]. Nature, 1990, 347 (6292): 455 – 457.
[43] BLUGAN G, DOBEDOE R, LUGOVY M, et al. Si_3N_4 – TiN based micro – laminates with rising R – curve behaviour [J]. Composites Part B: Engineering, 2006, 37 (6): 459 – 465.
[44] XING A, JUN Z, CHUANZHEN H, et al. Development of an advanced ceramic tool material – functionally gradient cutting ceramics [J]. Materials Science and Engineering: A, 1998, 248 (1 – 2): 125 – 131.
[45] ZHAO J, AI X. Fabrication and cutting performance of an Al_2O_3 – (W, Ti) C functionally gradient ceramic tools [J]. International Journal of Machining and Machinability of Materials, 2006, 1 (3): 277 – 286.
[46] SUN J, ZHAO J, CHEN M, et al. Determination of microstructure and mechanical properties of VC/Cr_3C_2 reinforced functionally graded WC – TiC – Al_2O_3 micro – nano composite tool materials

via two - step sintering [J]. Journal of Alloys and Compounds, 2017, 709: 197 - 205.

[47] SUN J, ZHAO J. Multi - layer graphene reinforced nano - laminated WC - Co composites [J]. Materials Science and Engineering: A, 2018, 723: 1 - 7.

[48] SUN J, ZHAO J, GONG F, et al. Design, fabrication and characterization of multi - layer graphene reinforced nanostructured functionally graded cemented carbides [J]. Journal of Alloys and Compounds, 2018, 750: 972 - 979.

[49] TIAN X, ZHAO J, WANG X, et al. Performance of Si_3N_4/(W, Ti) C graded ceramic tool in high - speed turning iron - based superalloys [J]. Ceramics International, 2018, 44 (13): 15579 - 15587.

[50] NI X, ZHAO J, SUN J, et al. Fabrication of two - dimensional graded Al_2O_3 - (W, Ti) C - TiN - Ni - Mo nano - composites by two - stage sintering [J]. Ceramics International, 2019, 45 (17): 21564 - 21571.

[51] 倪秀英. 基于抗疲劳裂纹扩展的二维梯度陶瓷刀具研制与切削性能研究 [D]. 济南: 山东大学, 2018.

[52] SGLAVO V M, LARENTIS L, GREEN D J. Flaw - insensitive ion - exchanged glass: I, theoretical aspects [J]. Journal of the American Ceramic Society, 2001, 84 (8): 1827 - 1831.

[53] CHARTIER T, MERLE D, BESSON J L. Laminar ceramic composites [J]. Journal of the European Ceramic Society, 1995, 15 (2): 101 - 107.

[54] BLUGAN G, DOBEDOE R, LUGOVY M, et al. Si_3N_4 - TiN based micro - laminates with rising R - curve behaviour [J]. Composites Part B: Engineering, 2006, 37 (6): 459 - 465.

[55] 宋晓艳, 赵世贤, 刘雪梅, 等. 超细晶硬质合金显微组织与断裂路径的体视学表征研究 [J]. 中国体视学与图像分析, 2011, 16 (2): 131 - 136.

[56] 张伟彬, 杜勇, 彭英彪, 等. 研发硬质合金的集成计算材料工程 [J]. 材料科学与工艺, 2016, 24 (2): 1 - 28.

[57] ZHAO W, SUN J, HUANG Z. Three - dimensional graphene - carbon nanotube reinforced ceramics and computer simulation [J]. Ceramics International, 2021, 47 (24): 33941 - 33955.

[58] ZHANG, Y, XIAO G, XU C, et al. Cohesive element model for fracture behavior analysis of Al_2O_3/Graphene composite ceramic tool material [J]. Crystals, 2019, 9 (12): 669.

[59] BRIAN L. 脆性固体断裂力学 [M]. 龚江宏, 译. 北京: 高等教育出版社, 2010.

[60] NEEDLEMAN A. Numerical simulations of fast crack growth in brittle solids [J]. Science. 1994, 42 (9): 1397 - 1434.

[61] JOHANSSON S A E, PETISME M V G, WAHNSTRÖM G. A computational study of special grain boundaries in WC - Co cemented carbides [J]. Computational Materials Science, 2015, 98 (15): 345 - 353.

[62] LEE M, GILMORE R S. Single crystal elastic constants of tungsten monocarbide [J]. Journal of Materials Science, 1982, 17 (9): 2657 - 2660.

[63] ORTIZ - MEMBRADO L, CUADRADO N, CASELLAS D, et al. Measuring the fracture toughness of single WC grains of cemented carbides by means of microcantilever bending and micropillar splitting [J]. International Journal of Refractory Metals and Hard Materials, 2021, 98: 105529.

[64] CSANÁDI T, VOJTKO M, DUSZA J. Deformation and fracture of WC grains and grain boundaries in a WC – Co hardmetal during microcantilever bending tests [J]. International Journal of Refractory Metals and Hard Materials, 2020, 87: 105163.

[65] ZHANG Y, PAN C. Measurements of mechanical properties and number of layers of graphene from nano – indentation [J]. Diamond and related materials, 2012, 24: 1 – 5.

[66] ZHANG P, MA L, FAN F, et al. Fracture toughness of graphene [J]. Nature communications, 2014, 5 (1): 1 – 7.

[67] SHARMA S, KUMAR P, CHANDRA R. Mechanical and thermal properties of graphene – carbon nanotube – reinforced metal matrix composites: a molecular dynamics study [J]. Journal of Composite Materials, 2017, 51 (23): 3299 – 3313.

[68] ZHOU T T, HUANG C Z, LIU H L, et al. Simulation of fracture behavior in the microstructure of ceramic tool [J]. Advanced Materials Research, 2012, 457: 89 – 92.

[69] TOMAR V, ZHAI J, ZHOU M. Bounds for element size in a variable stiffness cohesive finite element model [J]. International Journal for Numerical Methods in Engineering, 2004, 61 (11): 1894 – 1920.

[70] ASTM. Standard test methods for determination of fracture toughness of advanced ceramics at ambient temperature: ASTM – C1421 – 18 [S]. ASTM, 2018.

[71] YAZDANI B, XIA Y, AHMAD I, et al. Graphene and carbon nanotube (GNT) – reinforced alumina nanocomposites [J]. Journal of the European Ceramic Society, 2015, 35 (1): 179 – 186.

第3章

石墨烯/陶瓷黏结相梯度纳米复合硬质合金刀具材料

3.1 引言

传统硬质合金刀具的“宏观均质”结构及黏结相金属特性，决定了其存在硬度和断裂韧度的矛盾以及耐磨性和化学稳定性表现不足，从而难以适应高速切削过程中的非均匀热－力－化学多场耦合与交互作用。Co为稀缺战略资源，如何节约Co资源已成为我国乃至全球制造业发展不可回避的一个重大课题。此外，WC和Co的复合粉末对人体健康危害极大。因此基于降低成本与“绿色制造”，有必要对陶瓷黏结相硬质合金（本质为WC基陶瓷）刀具材料进行研究。陶瓷黏结相硬质合金具有传统硬质合金无可比拟的耐蚀性、耐磨性、抗氧化性和抛光性。由于缺少金属黏结相，陶瓷黏结相硬质合金最大的问题是：致密度低与断裂韧度差，因此本章基于第2章提出的致密化和强韧化方法，采用陶瓷化合物完全替代Co作为硬质合金的新型“黏结相”，同时起到促进材料致密化和强韧化的双重作用。除了组分增韧外，本章节同时引入结构增韧，通过合理设计梯度结构，在刀具材料表面产生残余压应力，起到强韧化作用。

3.2 纳米复合刀具材料

3.2.1 纳米材料

21世纪社会经济发展依托三大支柱：纳米技术（NT）、生物技术（BT）和信息技术（IT）。作为纳米科技的基础，纳米材料的出现必然带来材料科学的深刻变化，对制造业产生重大影响。纳米材料是目前全世界科学研究领域的最活跃课题之一。纳米材料通常定义为在三维空间中至少有一维处于纳米量级范围（1～100nm，约等于10～100个原子紧密线性排列的长度）或者由纳米基本单位构成的材料。按照材料三维尺度的不同，纳米材料可分为零维（点，即三维皆处于纳米尺度）、一维（线，即二维处于纳米尺度）和二维（面，即一维处于纳米尺度）纳米材料。按照材料化学组成的不同，纳米材料可分为量子点、金属及氧化物纳米材料、纳米聚合物和碳纳米材料。按照材料形态的不同，纳米材料可分为纳米固体材料（纳米块体）、纳米颗粒型材料（纳米粉体，又称超细粉或超微粒）、纳米纤维、纳米膜材料。

随着物质的超微化，纳米粒子进入了宏观物体和微观粒子的过渡区域－介观，材料结构（晶体结构和表面电子结构）发生变化，产生了许多宏观物体和微观粒子都不具有的奇异特性，使其具有一系列传统材料所不具备的物理化学性能。

（1）小尺寸效应　纳米微粒尺寸的不断减小，小到一定临界尺寸，它的周期性边界条件被破坏，微观尺寸的量变必然引起宏观物理性质的质变，称为小尺寸效应。

（2）表面和界面效应　随着颗粒尺寸的减小，尤其减小到纳米尺度，其比表面积（面积/体积）和界面组元比例迅速增大，从而显著增强纳米颗粒的化学活性，呈现一种不同于液体和大块固体的准固体形态，其表面原子呈现“沸腾”状态。

（3）量子效应　当粒子处于纳米量级时，价电子能级由连续态能带还原成分立能级，并且能级间距随纳米颗粒尺寸减小而增大并发生蓝移的现象称为量子效应。

纳米材料的这种非微观、非宏观的介观效应，不断带给人们惊喜，使得其具有常规材料所不具有的一系列优异的力、热、光、磁学宏观性能，纳米材料日渐成为材料科学领域一颗大放异彩的“明星”。

（1）力学性能　中国科学院在国内首次发现热压烧结TiO_2纳米陶瓷在室温疲劳试验中发生塑性变形；美国学者研究发现CaF_2纳米材料室温下可以经受大幅度的弯曲而裂纹不扩展；脆性材料，由于纳米材料的加入，制备的刀具具有比金刚石还高的硬度，纳米金属具有比传统金属材料高3～5倍的硬度，纳米铁具有比常规铁高12倍的断裂强度。

（2）热学性能　固态物质在大尺寸形态时，其熔点是一定的，但经过超细微化，尤其尺度小于10nm量级时，由于其较强的化学活性，熔点显著降低。常规金熔点约为1064℃，而纳米金例如2nm金颗粒熔点仅为327℃；常规银粉熔点为670℃，纳米银粉熔点低于100℃；常规氧化铝微粉烧结温度为1800～1900℃，纳米氧化铝微粉烧结温度仅为1150～1500℃；钨粉的正常烧结温度大约为3000℃，加入0.1%～0.5%纳米镍粉，烧结温度可以降低到1200～1300℃。纳米粉体熔点的降低必将为粉末冶金工业注入新的生命力。

（3）光学性能　纳米金属材料具有较强的光吸收性，随着粒度的减小，光反射率降低，当纳米颗粒尺寸小于可见光波长（380～780nm）时，对光的反射率仅为1%～10%，因此，所有的金属在纳米状态都显示为黑色，颗粒越小，颜色越黑。此性能可以被利用来制备防雷达等隐身材料；非金属材料在纳米量级时表现出反光现象，例如纳米 Al_2O_3、纳米 TiO_2等可以较好地吸收大气中的紫外光。

（4）磁学性能　纳米颗粒具有不同于大块材料的磁性，具有比大块材料高上千倍的矫顽力，随着纳米微粒尺寸的进一步减小，其矫顽力却降低为零，表现为超顺磁性。例如，海豚、鸽子、蜜蜂等生物就是通过其体内存在的超微磁性颗粒来辨别方向。

3.2.2　陶瓷基纳米复合材料

陶瓷材料具有高硬度、高耐磨性及较为优异的高温性能，是制备切削刀具较为理想的材料。但普通陶瓷刀具材料难以适应较高的切削速度，而陶瓷基纳米复合刀具材料具有传统陶瓷刀具材料无可比拟的优异性能，尤其适用于高速切削及难加工材料的切削，表现出高切削可靠性及较长切削寿命，同时大大提高了生产率。

陶瓷基纳米复合材料是指以陶瓷作为连续相（基体），另一相以纳米量级形态分布于基体中作为分散相（增强体）所构成的复合材料，其中陶瓷基体颗粒既可为微米尺度，又可为纳米尺度，而增强体必须为纳米尺度。陶瓷基纳米复合材料有很多分类方法，按增强体种类，可分为颗粒增强、晶须增强和纤维增强陶瓷基纳米复合材料等；按增强体形状结构，可分为零维（纳米颗粒增强）、一维（纳米晶须、纳米纤维增强）及二维（石墨烯、纳米晶片、薄层、叠层增强）陶瓷基纳米复合材料，如图3-1所示；按复合方式，可分为晶内型、晶间型、晶内－晶间型，以及纳米－纳米型陶瓷基复合材料，如图3-2所示；按用途，可分为结构型、功能型和智能型陶瓷基纳米复合材料。

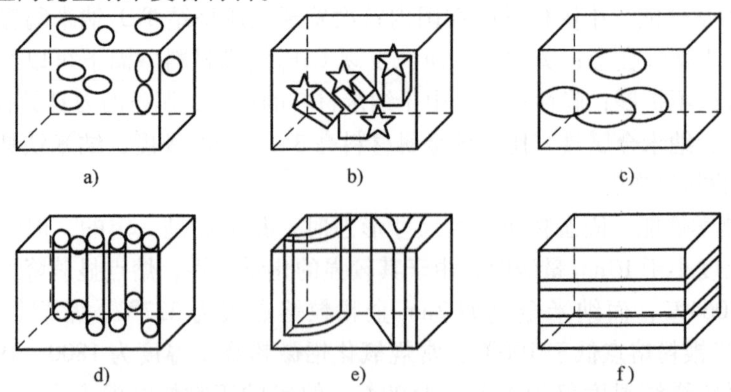

图3-1　按增强体形状结构分类的陶瓷基纳米复合材料示意图

a）球形粒子分散相（零维）　b）棒状分散相（一维）　c）片形粒子分散相（二维）
d）纤维分散相（一维）　e）薄层分散相（二维）　f）叠层（二维）

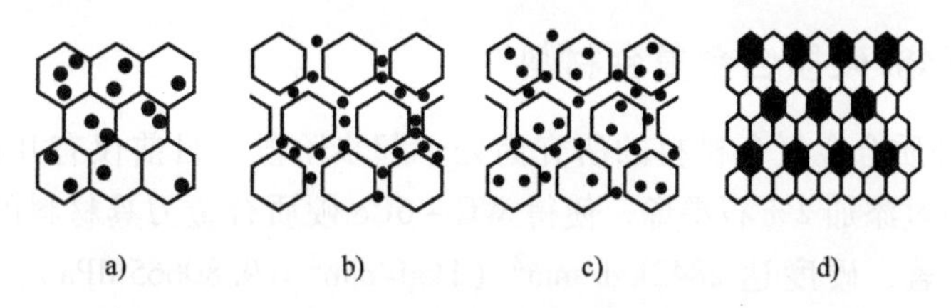

图3-2 按复合方式分类的陶瓷基纳米复合材料示意图
a）晶内型 b）晶间型 c）晶内－晶间型 d）纳米－纳米型

广义来说，陶瓷基纳米复合材料也属于纳米材料，这种材料具有非常优异的综合性能，除了具有普通陶瓷所具有的特性，同时由于其纳米尺度而具有普通陶瓷所不具有的性能：

1）协同效应，取长补短。保持各组分材料某些特性的基础上，组分间协同作用，产生单一材料所不具有的较为优异的综合性能，开创材料设计新局面。

2）性能驱动设计。陶瓷基纳米复合材料性能具有可设计性，可按照性能需求进行材料的设计和制造，例如可以通过调控纳米分散相的形貌：纳米颗粒，纳米晶须、纳米纤维、纳米石墨烯片等对陶瓷基纳米复合材料进行性能调节。

3.3 石墨烯复合材料

3.3.1 石墨烯/陶瓷复合材料

石墨烯/陶瓷复合材料的研究主要集中于力学性能、强韧化机理、摩擦学性能及减摩润滑机理等。Huang 等[1]研究发现添加6%氧化石墨烯，SiC陶瓷的断裂韧度提高97%，抗弯强度提高17.3%。Alexander 等[2]研究发现石墨烯的添加使得B_4C陶瓷的硬度、弹性模量及断裂韧度同时提高。Asl 等[3]研究发现添加5%石墨烯使得ZrB_2陶瓷的硬度提高30%，作用机理为石墨烯促进了材料致密化，并且抑制了基体晶粒增长；断裂韧度提高250%，强韧化机理为石墨烯拔出、裂纹偏转与裂纹桥联。Kvetková 等[4]研究发现热等静压烧结（HIP）制得的石墨烯/Si_3N_4陶瓷力学性能显著优于采用气压烧结（GPS）。Hvizdoš 等[5]研究发现添加石墨烯并未使得Si_3N_4陶瓷的摩擦系数降低，石墨烯未参与润滑过程。Gutierrez－Gonzalez 等[6]研究发现通过添加0.22%石墨烯，Al_2O_3陶瓷的摩擦系数降低10%，磨损率降低50%，减摩机理为摩擦过程中石墨烯被拖覆到摩擦表面，形成边界润滑薄膜，减少了摩擦副的直接接触面积。Gutiérrez－Mora 等[7]研究发现添加2.5%（体积分数）石墨烯，使得ZrO_2陶瓷的摩擦系数降低50%，磨损率降低3个数量级，作用机理为摩擦过程中石墨烯在热、压力耦合条件下被挤出到摩擦副表面，对摩擦副表面形成的犁沟进行了一定程度的修复，但未形成润滑薄膜。

3.3.2 石墨烯/硬质合金复合材料

石墨烯/硬质合金复合材料的研究尚处于起步阶段，目前仅有几篇文献报道。周小蓉等[8]通过添加2%石墨烯，使得WC－6Co硬质合金刀具材料的力学性能及耐磨性提高显著，硬度达2842kgf/mm^2（1kgf/mm^2＝9.80665MPa），抗弯强度达3418MPa，较商用WC－6Co硬质合金刀具材料提高143%，磨损率降低71%。李晓林[9]研究发现10%（体积分数）石墨烯的添加使得WC－Co硬质合金的磨损率降低80%，热疲劳寿命提高209%。刘睿等[10]研究发现石墨烯的添加可以显著提高钛合金切削刀具用硬质合金的切削性能。王西龙等[11]以石墨烯代替常规的冶金炭黑作为碳源，硬质合金的硬度及断裂韧度均提高显著。山东大学孙加林等[12－14]将石墨烯作为梯度硬质合金液相烧结过程中Co梯度稳定相及强韧化相，制备了高性能石墨烯/WC－Co梯度硬质合金刀具，其Co梯度稳定机理为：石墨烯取向分布——阻止Co迁移、石墨烯导热片作用——影响液相生成，以及石墨烯包裹基体晶粒——影响Co对WC的润湿性等，使得其刀具高速切削性能及寿命均显著优于传统硬质合金刀具。

3.4 复合粉体制备及烧结工艺

本研究采用的原料包括：碳化钨（WC，粒径为0.3μm，纯度＞99.9%，见图3-3），氧化锆（ZrO_2，粒径为100nm，纯度＞99.8%），氧化铝（Al_2O_3，粒径为80nm，纯度＞99%），多层石墨烯（MLG，厚度为1～5nm，直径为1～5μm，见图3-4），聚乙烯吡咯烷酮（PVP，纯度＞99%）及聚乙二醇（PEG，分子量为4000，纯度＞99%）。

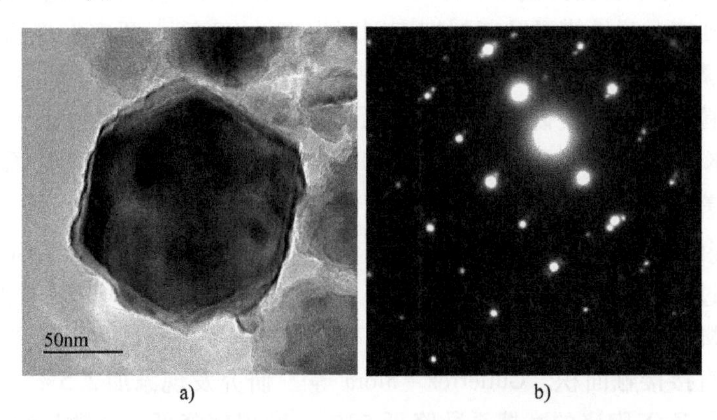

a) b)

图3-3 WC的TEM（透射电子显微镜）形貌及电子衍射图

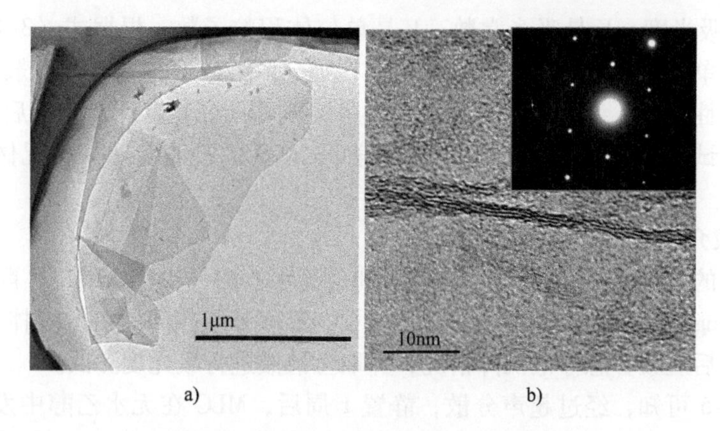

a) b)

图 3-4 MLG 的 TEM 形貌及电子衍射图

3.4.1 石墨烯的分散

通常来说，强韧化相对于刀具材料的作用效果有三个基本影响因素：材料基体的致密化程度、强韧化相与刀具材料基体的结合状态，以及强韧化相在刀具材料基体的分布均匀度。石墨烯比表面积增大，表面形态和吸附性质均不同于普通微米粉体，具有其特有的尺寸效应、表面效应及表面电子效应，极易产生软团聚与硬团聚。团聚的出现，一方面减小了石墨烯/基体界面的体积分数，另一方面削弱了石墨烯的本征性能，从而严重限制石墨烯对于刀具材料的强韧化效果。因此，在石墨烯复合刀具材料的制备过程中，石墨烯的分散问题至关重要，研发一种可控性强、普适高效、适于制备刀具材料块体的石墨烯均匀分散方法是推动石墨烯复合硬质刀具材料发展的基础和关键。

和其他纳米材料的分散相似，石墨烯在液态介质中的分散也可分为三个步骤：①石墨烯表面的润湿；②团聚体在一定条件下解离；③形成稳定的分散体系。大量研究表明 MLG 在水中的溶解度非常低，分散性非常差，因此，本小节选用多种有机溶剂［无水乙醇、NMP（N-甲基吡咯烷酮）、DMF（二甲基甲酰胺）］作为 MLG 的分散介质。此外，添加一定量的表面活性剂作为分散剂有助于进一步提高 MLG 在有机溶剂中分散的稳定性，本小节选用两种表面活性剂 PVP 和 SDBS（十二烷基苯磺酸钠）作为 MLG 在有机溶剂中的分散剂。通过观察比较 MLG 的沉淀情况和吸光度对 MLG 在各有机溶剂中的分散情况及两种分散剂对 MLG 分散效果的影响进行考察，从而定性、定量阐明其分散机理。

紫外-可见分光光度法是一种较为普遍的测定分散液浓度的方法，操作简单，较为精确。分散液的稳定性是基于测定悬浮液吸光度来表征的，可通过吸光度方程表达

$$A = KV \tag{3-1}$$

式中，A是吸光度；K是吸光常数；V是单位体积粒子数。根据式（3-1）得，吸光度正比于单位体积粒子数，吸光度越大，则分散液浓度越高，即分散程度越高，分散液稳定性越高。为表征分散效果，应用紫外可见分光度计对分散后的MLG进行吸光度测试，此外，采用TEM对分散前后MLG的形貌及团聚情况做了进一步观察。

1. 分散介质的优选

将等量的MLG分别加入三种有机溶剂（无水乙醇、NMP、DMF）配制成MLG浓度为0.5mg/ml的悬浮液。保持温度80℃，超声分散并同时机械搅拌60min。然后静置3天后观察各悬浮液沉降情况，并取上清液进行吸光度测试。

由图3-5可知，经过超声分散，静置1周后，MLG在无水乙醇中发生非常严重的团聚现象，几乎全部沉淀于容器底部，说明MLG在无水乙醇中的分散性较差；对于DMF，MLG则几乎未发生团聚，容器底部有少量絮状物存在，未有大量沉淀出现，说明MLG在DMF中的分散性尚可；对于NMP，MLG未发生团聚，容器底部未有沉淀出现，此外相对于DMF，MLG的NMP溶液颜色更深，说明MLG在NMP中分散性较好。为进一步客观地量化分散效果，对静置三天后的MLG悬浮液进行了吸光度测试，MLG的三种有机溶剂吸收光谱如图3-6所示，无水乙醇悬浮液几乎未有吸收光谱出现，NMP和DMF悬浮液都呈现出较好的吸收光谱，相对于DMF，NMP悬浮液具有更高的吸光度。

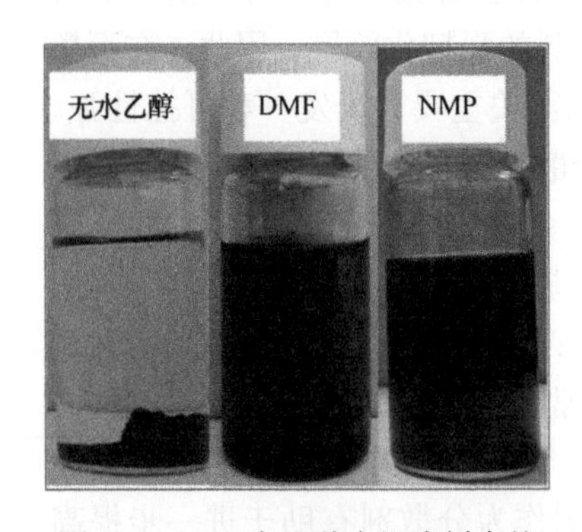

图3-5　MLG在三种有机溶剂中的分散情况（静置1周后）

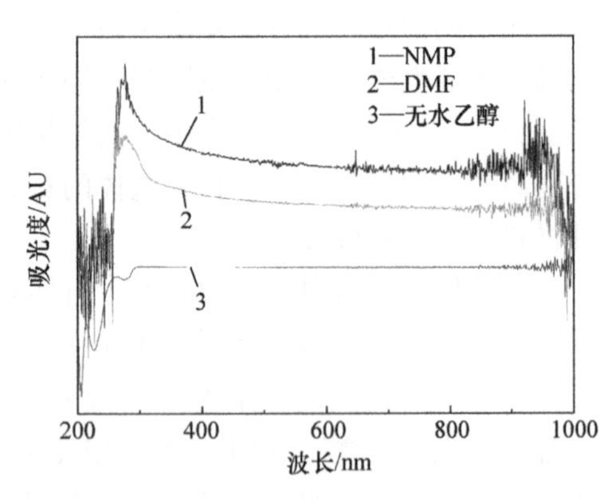

图3-6　MLG的三种有机溶剂吸收光谱

基于以上沉淀情况和吸收光谱，分析得出结论，MLG在本研究的三种有机溶剂中的分散性排序为：NMP（极性非质子溶剂）>DMF（极性非质子溶剂）>无水乙醇（极性质子溶剂）。

2. 分散剂的优选

在分散剂的优选研究中，选择NMP作为分散介质。配制分散剂与MLG质量比分别为0、25%、50%、75%和100%的MLG的有机溶剂NMP分散液，通过比较静置后沉底情况及吸光度测试，对分散效果进行比较和评价。

由图3-7可知，随着分散剂添加量的增加，MLG分散液的颜色逐渐加深，表明添加分散剂有利于MLG在NMP中的分散。同时，可以看出，添加PVP作为分散剂的悬浮液颜色比添加SDBS作为分散剂的悬浮液颜色深，表明PVP具有优于SDBS的MLG分散能力。图3-8所示为两种分散剂添加量对MLG有机溶剂NMP分散液吸光度的影响，可知，MLG分散液的吸光度随着波长（260～460nm）的增加先上升然后下降，入射波长为310nm时吸光度最大。当分散剂含量较少时，MLG分散液吸光度随着其含量的增加而逐渐增大，分散剂含量到达一定量后再继续增加，分散液吸光度降低。SDBS添加量为50%，PVP添加量为75%时，MLG分散液稳定性最好。通过比较吸光度数值可知，w(PVP)＝75%的分散效果优于w(SDBS)＝50%。PVP为一种水溶性酰胺类高分子聚合物，易于吸附在石墨烯两侧，在分散MLG时可协同发挥静电分散机制、空间位阻分散机制，同时引入双电层稳定机制，对MLG分散效果极好；SDBS的烷基链较短，空间位阻分散效果一般，对MLG分散效果一般。结合MLG分散介质的优选试验，得出结论：选用NMP作为分散介质，PVP的添加量为75%时，对MLG具有最佳分散效果。

图3-7 两种分散剂对于MLG在有机溶剂NMP中分散的影响（静置2周后）

a）未加分散剂 b）$\frac{m_{SDBS}}{m_{MLG}}=25\%$ c）$\frac{m_{SDBS}}{m_{MLG}}=50\%$ d）$\frac{m_{SDBS}}{m_{MLG}}=75\%$ e）$\frac{m_{SDBS}}{m_{MLG}}=100\%$

f）$\frac{m_{PVP}}{m_{MLG}}=25\%$ g）$\frac{m_{PVP}}{m_{MLG}}=50\%$ h）$\frac{m_{PVP}}{m_{MLG}}=75\%$ i）$\frac{m_{PVP}}{m_{MLG}}=100\%$

图3-9所示为MLG分散前的TEM形貌及电子衍射图。可知，在分散之前，MLG在范德瓦耳斯力的作用下，团聚较为严重，片层之间堆叠较为明显（见图3-9a）。图3-9b显示MLG呈现较为明显的多层结构，但由于多个石墨烯罗列在一起，导致片状结构层数较多，厚度较大。图3-9c显示分散前MLG的电子衍射图为同心圆环结构，较亮的点表现为正六边形结构，石墨烯的同心圆环电子衍射斑点图是由于石墨烯片层间出现了较为严重的旋转错位所导致，在一定程度上亦表明了石墨烯片层之间没有得到真正的分离。

图3-10所示为添加75%PVP分散后MLG的TEM形貌及电子衍射图。MLG的

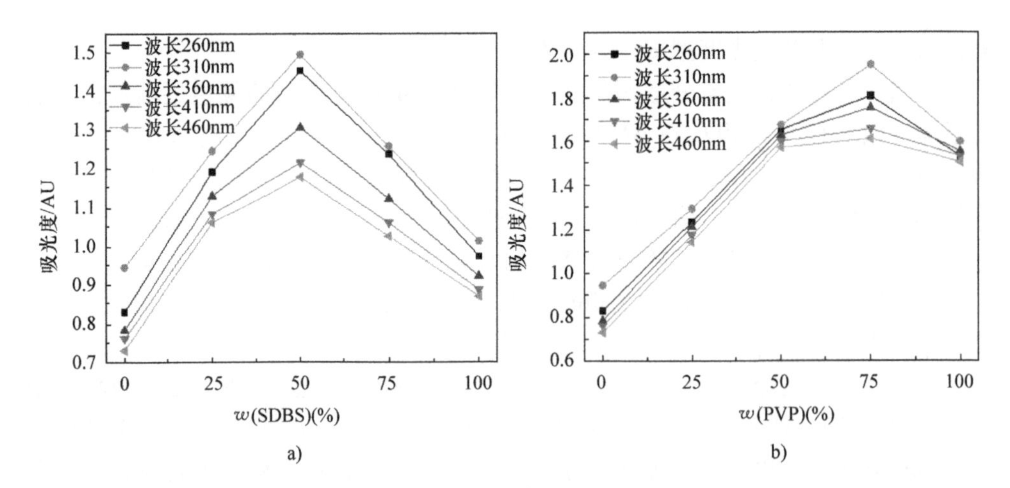

图 3-8 两种分散剂添加量对 MLG 有机溶剂 NMP 分散液吸光度的影响

a) SDBS b) PVP

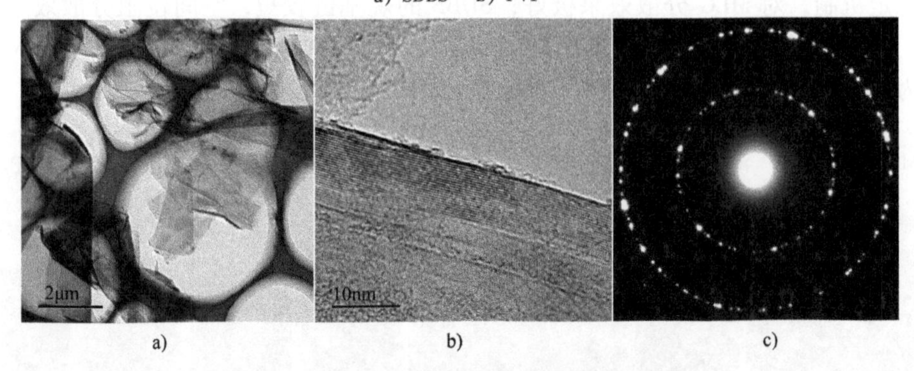

图 3-9 MLG 分散前的 TEM 形貌及电子衍射图

晶格结构六角对称且只有一套衍射斑点，表明分散后，MLG 团聚体基本消失。图 3-10b显示 MLG 薄片在 NMP 中分散均匀，状如薄纱呈层状结构铺展，且表面和边缘具有大量褶皱。相对于分散前，MLG 整体更加透明，说明 MLG 片层变薄，层数减少，此外 MLG 的衍射图并未呈现同心圆环结构，表明 MLG 薄片得到了真正的分离。

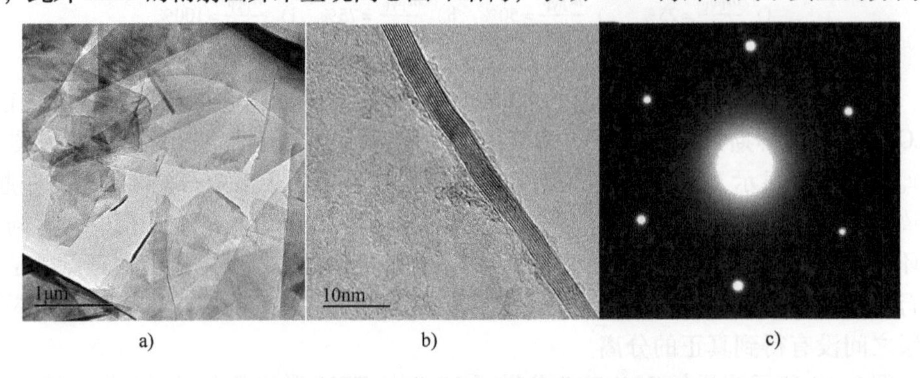

图 3-10 MLG 分散后 TEM 形貌及电子衍射图

3.4.2 石墨烯复合刀具材料粉体制备

1. 石墨烯复合刀具材料粉体制备工艺概述

减少石墨烯团聚可在石墨烯的制备过程及后续制备复合粉体两个过程中进行。在石墨烯的制备过程中，对石墨烯进行表面修饰防团聚处理，主要方法有：机械化学改性法、表面化学改性法、包裹改性法及微胶囊改性法等。石墨烯复合刀具材料粉体的制备方法主要有：粉体共混法、多相悬浮液共混法、复合粉末分散法及液相分散包裹法等。

（1）粉体共混法（机械混合法） 粉体共混法是制备石墨烯复合粉体最常见的分散工艺，即将石墨烯粉末和基体粉末以及烧结添加剂混合置于分散介质中进行高能球磨。此方法很难实现石墨烯在基体相中的均匀，尤其球磨本身难以完全阻止纳米微粒间的团聚。在球磨后的干燥过程，已分散微粒的团聚和沉降进一步加重纳米相在基体分散的不均匀性。提高质量的办法有：选择适当的分散介质增加纳米微粒的稳定性；进行大功率超声波振动破坏微粒间团聚；调节体系 pH 使分散后的复合悬浮微粒的双电层结构具有静电稳定性。Kim 等[15]采用此方法，获得两相分散均匀的纳米 Al_2O_3/石墨烯复合粉体。Kun 等[16]将基体相 Si_3N_4粉末、纳米相石墨烯粉末、燃烧助剂 Al_2O_3粉末、Y_2O_3粉直接混合，以去离子蒸馏水为溶剂，聚乙二醇为分散介质，通过高能球磨获得纳米相均匀分散的复合粉体。Shon 等[17, 18]采用粉末共混方法，分别获得纳米相石墨烯与基体相 TiN 均匀分散的两相复合粉体以及基体相纳米 AlN 粉末与增强相石墨烯粉末均匀分散的复合粉体。Zhai 等[19]采用此方法，获得两相均匀分散的 Ni_3Al/纳米石墨烯复合粉体。Nieto 等[20]以丙酮为分散溶剂，将基体相 TaC 粉末与纳米相石墨烯粉末混合，超声分散 90min 获得石墨烯均匀分布的复合粉体。

（2）多相悬浮液共混法 多相悬浮液共混法又称为半粉末冶金法，是将石墨烯和基体相分别分散得到各自分散液，然后在保证各相不会再度团聚的前提下，将分散好的石墨烯溶液与基体相溶液混合，得到复合粉末悬浮液。Ramirez 等[21, 22]通过超声分散获得石墨烯均匀分散的异丙醇悬浮液，通过高能球磨获得基体相 Si_3N_4粉末、燃烧助剂 Al_2O_3粉末、Y_2O_3粉末混合均匀的异丙醇陶瓷基体悬浮液，然后在高速搅拌与大功率超声波的辅助下，将石墨烯悬浮液与陶瓷基体悬浮液混合，最终得到各相均匀分散的复合粉体。Yun 等[23]通过超声分散制得石墨烯分散均匀的 NMP 溶液，通过高能球磨获得基体相 AlN 粉末与燃烧助剂 Y_2O_3均匀分散的乙醇溶液，然后将石墨烯溶液与陶瓷基体溶液混合超声分散一定时间获得各相均匀分散的复合粉体。Wang 等[24]将氧化石墨烯和氧化铝分别分散于去离子水，然后在高速搅拌下将氧化石墨烯溶液滴加到氧化铝悬浮液得到了石墨烯分散均匀的石墨烯/Al_2O_3复合粉体。Walker 等[25]则以甲基溴化铵作为分散介质，通过多相悬浮液共混法得到石墨烯分散均匀的石墨烯 - Si_3N_4粉体。

(3) 复合粉末分散法　复合粉末分散法是指通过化学、物理过程直接制备石墨烯均匀分散于基体相的复合粉末。通常采用化学气相沉积法、气 - 固相反应法、液相法（溶液 - 凝胶法）、激光合成法及先驱体转化法等。此种方法制得的复合粉体，各组分均匀分散。但设备复杂、成本高；助烧剂的添加仍需要通过机械混合分散法实现。

(4) 液相分散包裹法　广义的液相分散包裹法是指先采用特定溶剂配置基体粉末悬浊液，然后将石墨烯加入基体粉末悬浊液，或者先采用特定溶剂配置石墨烯悬浊液，然后将基体粉末加入石墨烯悬浊液，通过大功率超声波振动、选择合适分散剂以及调节体系 pH 等方法，实现石墨烯与基体相的均匀分散。Porwal 等[26]利用超声振动获得石墨烯分散均匀的 DMF 悬浊液，然后将基体相 Al_2O_3粉末加入石墨烯悬浊液，通过高能球磨获得各相混合均匀的复合粉体。Chen 等[27]通过超声波处理制得石墨烯均匀分散的 NMP 悬浊液，然后将基体相 Al_2O_3 粉末加入石墨烯悬浊液，通过高能球磨一段时间后获得纳米相均匀分散的复合粉体。Wu 等[28]采用此工艺通过 $NH_3 \cdot H_2O$ 调节体系 pH，成功制备了分散均匀的石墨烯/Al_2O_3 复合粉体。

2. 石墨烯梯度复合刀具材料粉体制备

基于以上分析，本章节石墨烯/陶瓷黏结相硬质合金复合粉体制备采用如图 3-11所示工艺，MLG 采用 NMP 作为分散介质，PVP 为分散剂，配置悬浮液，调节 pH = 9，将悬浮液在 80℃水浴加热超声分散及机械搅拌 30min，获得均匀分布的 MLG 悬浮液；纳米陶瓷颗粒以无水乙醇作为分散介质，选用混合分散剂（PVP 与 PEG 的质量比为 1∶1），配制成纳米粉末悬浮液，调节 pH = 9，将悬浮液在 80℃水浴加热超声分散及机械搅拌 30min，加入 WC 粉，继续超声分散及机械搅拌 30min，制得复合陶瓷粉末悬浮液。将 MLG 分散液在强烈搅拌的状态下滴加到复合陶瓷粉末悬浮液继续超声分散及机械搅拌 60min。将分散好的 MLG/陶瓷粉末进行球磨 20h，采用硬质合金磨球，球料质量比为 25∶1。然后在真空干燥箱中 116℃ 干燥，过筛即得混合均匀的 MLG/陶瓷复合粉体。

3.4.3　物理化学相容性分析

化学相容性分析。对于复合材料，在进行组分设计时需首先考虑系统在热力学上的相容性，换句话说，化学相容性是复合的前提。进行热力学计算，基于吉布斯自由能函数法判定材料各组分之间在烧结温度和使用温度发生化学反应的可能性，初步确定各组分间的相容性。通过查询热力学手册，计算吉布斯自由能，本研究所

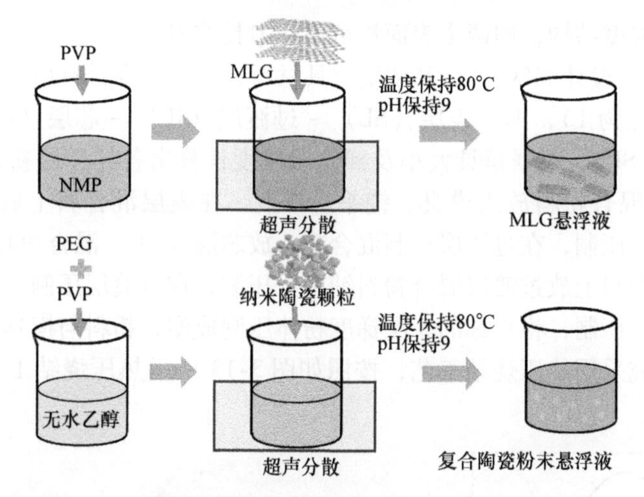

图3-11　石墨烯/陶瓷黏结相硬质合金复合粉体制备工艺

选各组分间不存在强烈的化学反应。此外，对于特定工件材料，还需考虑刀具材料与工件材料之间的相容性，确保刀具与工件间不发生化学反应。

物理相容性分析。复合材料各组分间的物理匹配性对于材料性能具有重要影响，尤其各组相的热膨胀系数和弹性模量差异是调控材料内部残余应力场及界面结合力的关键，是实现刀具材料高性能配置的重要手段。当第二相弹性模量较小，且热膨胀系数与基体相当时，可有效降低残余拉应力而提高材料强度；当第二相具有高弹性模量，且与基体存在热膨胀失配时，可实现残余应力增韧和微裂纹增韧。因此，需要根据材料的使用环境及性能需求，合理确定第二相。

3.4.4　梯度设计与烧结工艺

梯度刀具材料通过对组分和结构的合理裁剪与拼接，可实现刀具材料性能的合理分布与优化配置，从而显著提升刀具对于高速切削非均匀热-力-化学多场耦合与交互作用的适应和抵抗能力。相对于传统刀具材料，梯度刀具材料具有三个显著特征：

1）非均匀性，即组分和显微结构呈现特定空间不均匀分布。

2）多尺度性，即具有宏微纳观结构。

3）多性能性，即可实现相互矛盾性能（例如硬度与断裂韧度）的集成。

梯度复合刀具材料设计主要包括两个方面：一方面是构成梯度刀具材料的物系设计，另一方面是表面残余压应力结构设计。物系设计主要考虑各组分间的物理化学相容性（见3.4.3节），确保各梯度层材料致密化条件的同一性；表面残余压应力结构设计利用材料各组分间的热膨胀系数差异，沿梯度方向，即自表及里增大热膨胀系数，则刀具材料经过烧结及之后的冷却阶段，可形成残余压/拉应力在各梯度层交错分布，且刀具材料表层为残余压应力。此外，为提高利用率，本研究将材料设置为对称梯度结构，即两个表面均可用作刀具前刀面。

按照图3-12设计MLG/WC基硬质刀具材料，每种复合材料均为对称的5层梯度结构（层厚比为1），即：表层（SL）－过渡层（IL）－芯层（CL）－过渡层（IL）－表层（SL）。根据模具大小及梯度层厚度计算出各梯度层粉末质量，依次将表层（SL）混合粉料放入模具、铺平、压制，在表层混合料上放过渡层（IL）混合粉料铺平、压制，在过渡层压制混合料上放芯层（CL）混合粉料铺平、压制，在芯层压制混合料上放过渡层混合粉料铺平、压制，在过渡层压制混合料上放表层混合粉料铺平、压制，将对称的5层梯度粉体压制成型，粉料与模具之间采用石墨纸防粘。本研究采用热压烧结工艺，按照如图3-13所示热压烧结工艺曲线进行烧结工艺的优化。

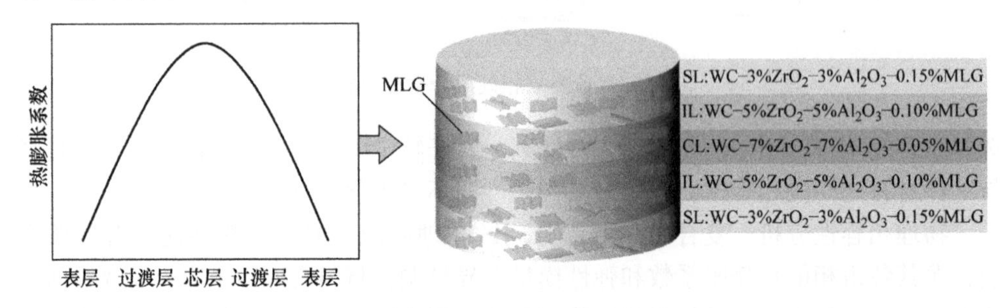

图3-12 梯度复合刀具材料组分和结构设计

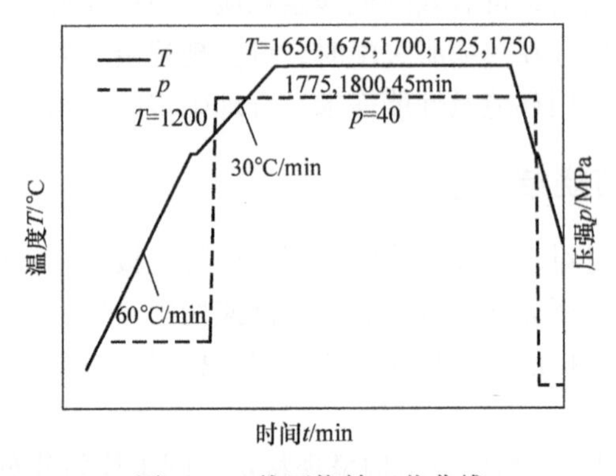

图3-13 热压烧结工艺曲线

3.4.5 显微组织观察、物相分析与性能测试方法

采用扫描电子显微镜及高分辨透射电子显微镜对材料表面及断面的微观组织形貌进行观察；采用X射线能谱仪（对材料所含元素进行检测；采用X射线衍射仪对材料物相组成进行检测；采用拉曼光谱仪对材料中的MLG进行表征；利用Image－Pro Plus软件测量500个以上WC晶粒尺寸，取平均值。

材料的实际密度采用阿基米德排水法通过AUY120分析天平测量，试样的理论密度采用混合法则计算。采用X射线应力仪测量不同样品烧结后表面残余应力。所选靶材为Cr靶，sin2Ψ法，衍射角Ψ取138.5°。每个样品测量5个不同位置，每个位置测量两个相互垂直的方向，结果取平均值。材料的横向断裂强度采用三点弯曲法，试样经研磨、精磨和抛光后，尺寸为30mm（长度）×4mm（宽度）×3mm（高度）、采用WDW-50E型微机控制电子万能试验机测定，跨距为20mm，加载速度为0.5mm/min。每组试验取10根样条进行测试，取平均值。采用下式计算横向断裂强度

$$\sigma_{\mathrm{f}}=\frac{3PL}{2bh^2} \tag{3-2}$$

式中，σ_f是材料横向断裂强度，单位为MPa；P是材料断裂时测得的最大载荷，单位为N；L是跨距，单位为mm；b是试样截面宽度，单位为mm；h是试样截面高度，单位为mm。材料的硬度（HV10）根据GB 16534—2009《精细陶瓷室温硬度试验方法》，通过MHVD-30AP型自转塔维式硬度计测得，金刚石四棱体压头对面角为136°，选择载荷为10kgf（98N），加载时间为10s，保压时间为15s。采用式（3-3）计算维式硬度

$$\mathrm{HV10}=0.102\frac{2F\sin\left(\frac{\theta}{2}\right)}{d^2}=0.102\frac{2F\sin\left(\frac{136^\circ}{2}\right)}{d^2}=0.1891\frac{F}{d^2} \tag{3-3}$$

式中，HV10是材料维式硬度，单位为$\mathrm{kgf/mm^2}$；θ是金刚石压头顶部两相对面夹角，为136°；F是试验力，为98N；d是压痕两对角线长度d_1和d_2的算术平均值，单位为mm。材料的断裂韧度采用压痕法及单边切口梁方法测量计算。压痕法测量断裂韧度的计算公式为

$$K_{\mathrm{IC}}=0.016\left(\frac{E}{\mathrm{HV}}\right)^{1/2}\frac{F}{C^{3/2}} \tag{3-4}$$

式中，K_{IC}是材料的断裂韧度，单位为$\mathrm{MPa\cdot m^{1/2}}$；$E$是材料的弹性模量，单位为GPa；HV是材料的维式硬度，单位为$\mathrm{kgf/mm^2}$；F是试验力，单位为N；C是四个尖角处四条裂纹长度之和，单位为mm。

3.5 纳米陶瓷替Co黏结相

本小节采用三种纳米陶瓷（Al_2O_3、ZrO_2、MgO）作为陶瓷黏结相，制备WC-6.0%Al_2O_3，WC-6.0%ZrO_2及WC-6.0%MgO三种陶瓷黏结相硬质合金刀具材料，通过物相分析、微观结构观察及力学性能测试，阐明纳米陶瓷代替金属Co作为硬质合金黏结相的可行性，为后续石墨烯/陶瓷黏结相梯度硬质合金研究提供依据。

3.5.1 物相组成与显微组织

图3-14所示为经1700℃热压烧结获得的三种纳米陶瓷黏结相硬质合金的XRD

图谱。显而易见，材料主相包括硬质相 WC 及陶瓷黏结相，未检测到其他物相（例如 W_2C）生成，说明在烧结过程中未有任何化学反应发生，三种陶瓷黏结相均与硬质相 WC 具有较好的热－化学相容性。从工艺上讲，引起脱碳相 W_2C 形成的因素有很多，例如原材料的纯度、氧化及烧结参数等。对于传统 WC－Co 硬质合金及纯 WC，烧结过程中，粉末表面氧化层与碳发生反应，导致 WC 脱碳形成脆性相 W_2C，严重降低材料的力学性能，尤其是强韧性。此外，相对于普通粉末，亚微米粉体颗粒尺寸较小，粉末的比表面积较大，使得吸附作用较强，粉体表面较易产生氧化层，烧结过程中与 C 发生反应，导致 C 的不平衡转变而产生脱碳相 W_2C；表界面效应及尺寸效应使得亚微米粉末具有更高的化学活性，加速了烧结过程表面上的 O 向内扩散或者 WC 中的 C 向外扩散，即加速了烧结过程中 C 的不平衡转变。本研究采用亚微米 WC，烧结过程中无脱碳相 W_2C 产生，表明纳米陶瓷黏结相可有效抑制 W_2C 脆性相的生成。基于物相分析，采用纳米陶瓷代替金属 Co 作为硬质合金黏结相是可行的。

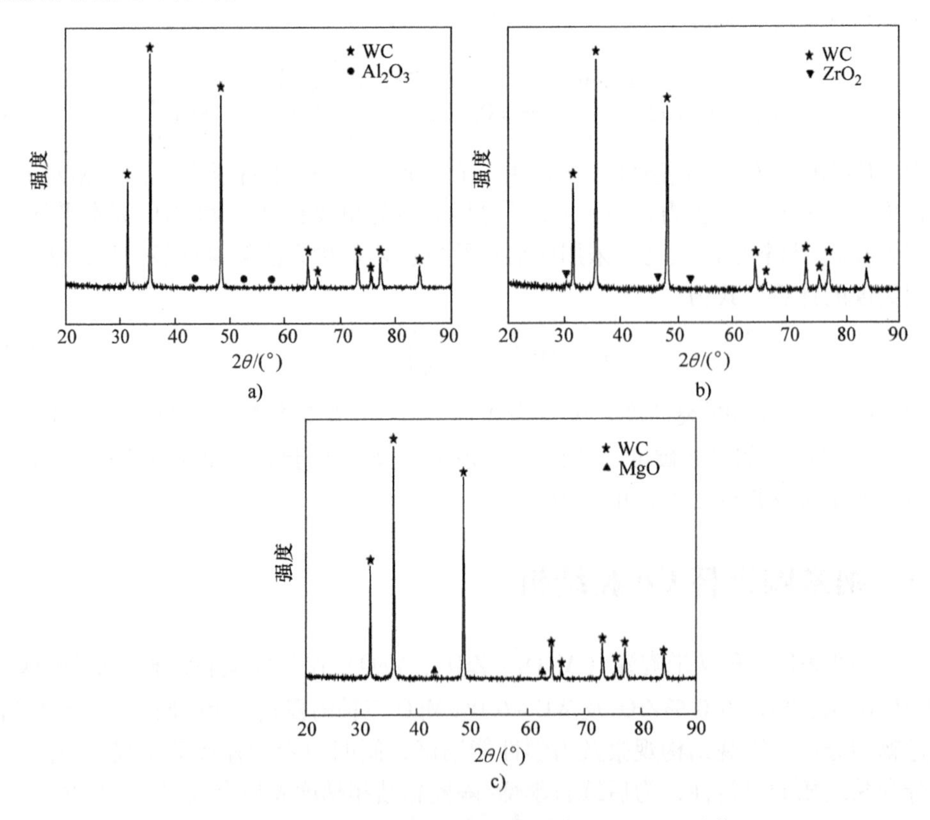

图 3-14　三种纳米陶瓷黏结相硬质合金的 XRD 图谱

a）WC－Al_2O_3　b）WC－ZrO_2　c）WC－MgO

图3-15所示为三种陶瓷黏结相硬质合金烧结后抛光表面的SEM形貌及EDS点扫描图。材料为明显的两相显微组织，结合EDS（能谱仪）分析，确定浅灰色为硬质相WC，暗黑色为陶瓷黏结相。一般来说，陶瓷黏结相与硬质相的物理化学相容性、陶瓷黏结相的粒径、性能，以及其在WC基体内的分散均匀度对于陶瓷黏结相硬质合金力学性能具有重要影响。显而易见，三种试样中WC晶粒尺寸均处于亚微米级，组织缺陷较少，陶瓷黏结相分布均匀，无明显团聚出现，对于陶瓷黏结相硬质合金高性能配置具有重要作用。图3-16所示为三种陶瓷黏结相硬质合金试样断面的SEM形貌，发现未有明显晶粒增长，且组织结构较为均匀致密。烧结驱动力来源于粉体表面能的减少，本研究采用的陶瓷黏结相均为纳米尺度，具有显著高于微细粉体的表面能，可显著促进材料致密化；此外，陶瓷黏结相具有低于硬质相WC的熔点，而纳米尺度进一步降低了黏结相熔点，可通过产生少量液相，实现微液相烧结，进而大幅度提升材料致密度。基于显微组织分析，采用纳米陶瓷代替金属Co作为硬质合金黏结相是可行的。

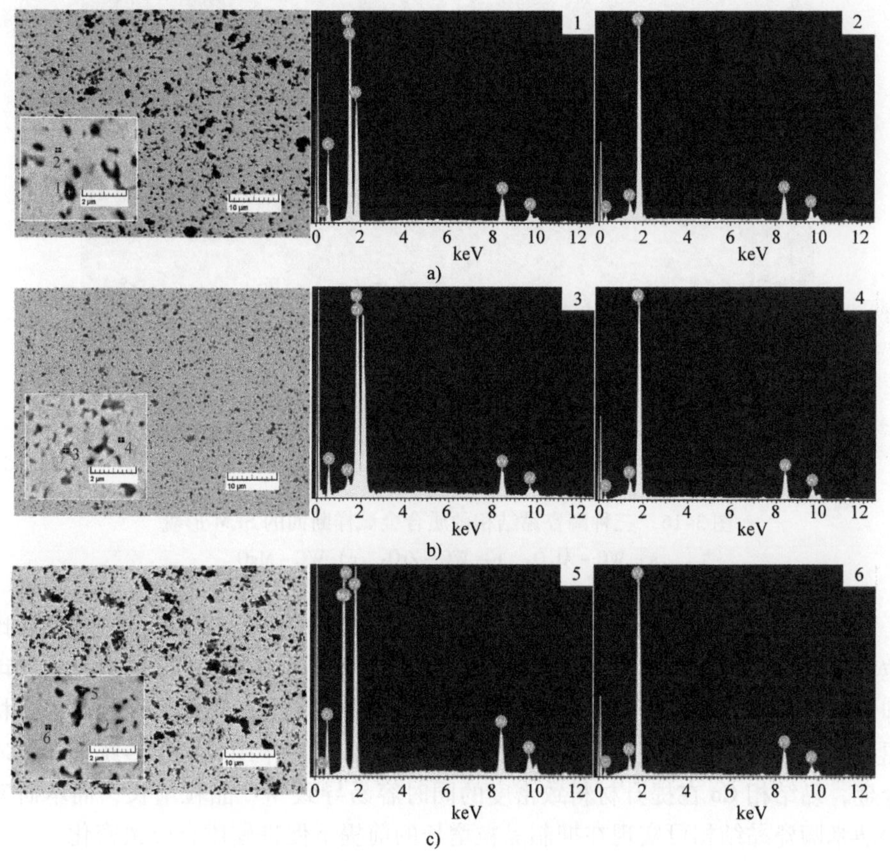

图3-15 三种陶瓷黏结相硬质合金烧结后抛光表面的SEM形貌及EDS分析

a）WC-Al_2O_3 b）WC-ZrO_2 c）WC-MgO

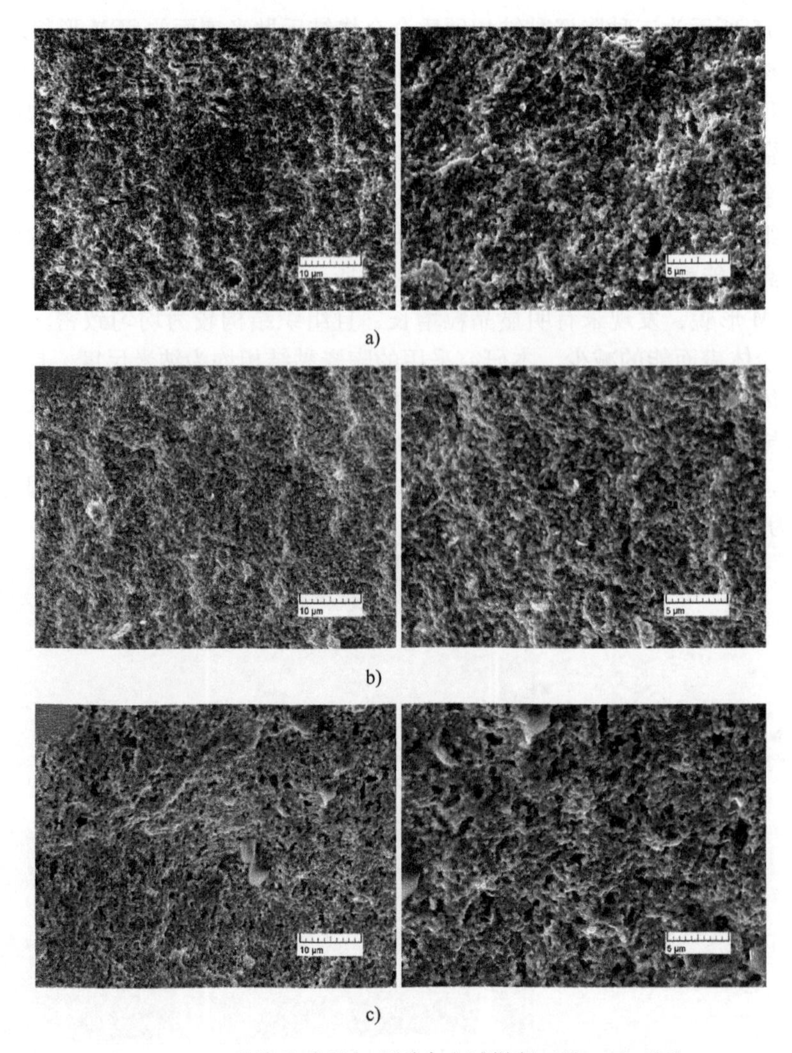

图 3-16　三种陶瓷黏结相硬质合金试样断面的 SEM 形貌

a）$WC-Al_2O_3$　b）$WC-ZrO_2$　c）WC－MgO

图 3-17 所示为三种陶瓷黏结相硬质合金的 TEM 形貌，很显然，三种试样均无晶粒异常增大现象，晶粒尺寸和初始 WC 晶粒尺寸相当，表明纳米陶瓷黏结相可显著抑制 WC 晶粒增长。由霍尔－佩奇公式可知，材料组织的细化可大幅度提升材料的屈服强度，对于提升硬质合金高速切削性能具有重要作用。对于传统 WC－Co 硬质合金，黏结相 Co 在提升材料致密度的同时容易导致 WC 晶粒增长，而本研究采用的纳米陶瓷黏结相可实现在抑制晶粒增长的前提下促进硬质合金致密化。并且由图 3-17 可知，三种试样均有位错产生，对于提升材料强韧性具有重要作用。此外，如图 3-17d，纳米陶瓷黏结相同时分布于 WC 晶粒内部和 WC 晶界，说明陶瓷黏结相与硬质相间发生了部分烧结。分布于 WC 内部的陶瓷黏结相形成内晶型结构，对

于提升材料强韧性具有重要影响，而在晶界上分布的纳米陶瓷黏结相则有效钉扎 WC 晶界，抑制 WC 晶粒异常增大，使得基体 WC 晶粒获得明显的细化。有关位错强韧化机制、内晶型强韧化机制及晶间型强韧化机制会在本章后续小节详细讨论。

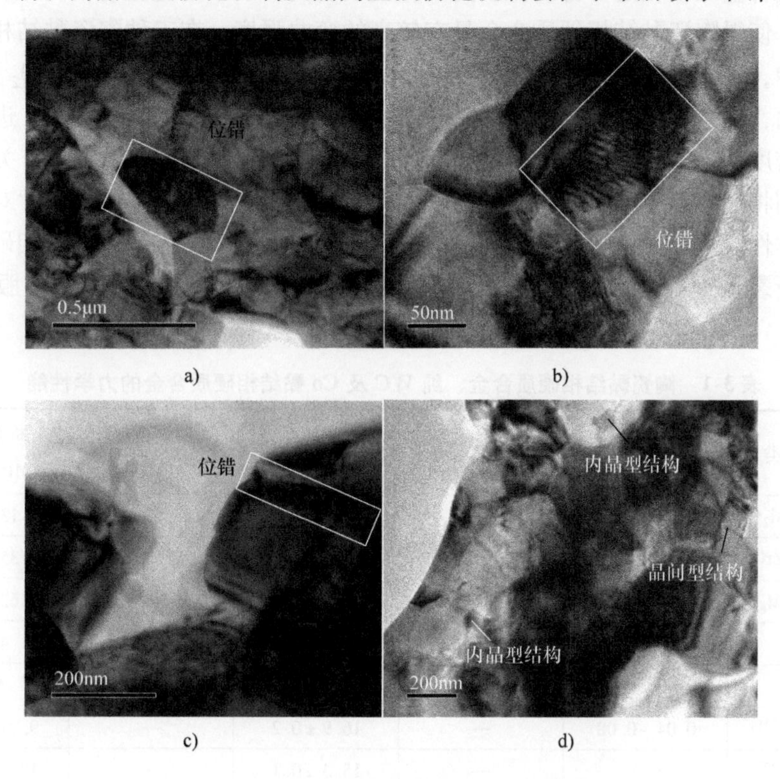

图 3-17 三种陶瓷黏结相硬质合金的 TEM 形貌

a) $WC-Al_2O_3$ b)、d) $WC-ZrO_2$ c) $WC-MgO$

3.5.2 力学性能与强韧化机理

材料的力学性能是指材料在外力作用下表现出的性能。刀具材料的力学性能是评定刀具质量的主要判据，其常用的力学性能主要包括硬度、强度及断裂韧度等。陶瓷黏结相硬质合金以离子键和共价键结合，理论上具有较高硬度，硬度高、耐磨性好是此类材料的主要特性之一。陶瓷黏结相硬质合金的理论强度非常高，但晶界的存在使得实际强度远低于理论值。陶瓷黏结相硬质合金的断裂韧度相对较低，是限制其被广泛用于高速切削的重要原因。

表 3-1 比较了陶瓷黏结相硬质合金、纯 WC 及 Co 黏结相硬质合金的力学性能。显而易见，相对于纯 WC 及 WC - Co 硬质合金，陶瓷黏结相硬质合金具有更为优异的综合力学性能，其硬度稍低于纯 WC，但却显著优于 WC - Co，其断裂韧度稍低于 WC - Co，但却大幅度高于纯 WC。金属黏结相虽然提升了 WC 的断裂韧度，但

却显著降低了材料硬度，而陶瓷黏结相则实现了在不降低 WC 硬度的同时提升材料的断裂韧度，基于改善硬质合金硬度 - 断裂韧度倒置关系，采用陶瓷替代金属 Co 作为硬质合金黏结相是可行的。较高的材料致密度及纳米陶瓷黏结相优异的晶粒细化作用，使得陶瓷黏结相硬质合金具有较高的弯曲强度。在三种陶瓷黏结相硬质合金试样中，WC - Al_2O_3具有最高硬度，一方面，Al_2O_3本身硬度高于 ZrO_2及 MgO；另一方面，Al_2O_3熔点低于 ZrO_2及 MgO，相同烧结条件可产生更多液相，进而提升材料致密度。WC - ZrO_2通过特有的相变强韧化而具有最高断裂韧度，有关相变强韧化机制将在本章后续小节讨论。表 3-2 列举了不同陶瓷黏结相晶粒尺寸对于硬质合金力学性能的影响。相对于微米陶瓷黏结相硬质合金，纳米陶瓷黏结相硬质合金硬度和断裂韧度同步大幅度提升，可显著提升硬质合金刀具高速切削服役的可靠性。

表 3-1　陶瓷黏结相硬质合金、纯 WC 及 Co 黏结相硬质合金的力学性能

材料种类	初始 WC 晶粒尺寸 /μm	相对密度（%）	硬度/GPa	抗弯强度 /MPa	断裂韧度 /MPa · $m^{1/2}$
WC - 6% Al_2O_3	0.3	99.5	23.5 ±0.5	1173.6 ±23.1	8.13 ±1.16
WC - 6% ZrO_2	0.3	99.2	22.6 ±0.6	1229.7 ±22.5	9.35 ±0.82
WC - 6% MgO	0.3	99.1	21.1 ±0.7	906.3 ±25.3	8.62 ±1.21
WC[29]	0.1	98.6	25.7	862	4.54
WC[30]	0.36	—	24.2	—	6.6
WC - 6Co[31]	0.04 ~0.08	—	16.9 ±0.2	—	9.71 ±1.14
WC - 6Co[32]	0.2	—	15.3 ±0.1	—	13.2 ±0.40
WC - 6Co[33]	0.2	—	16.8 ±0.8	—	13.9 ±0.80

表 3-2　陶瓷黏结相晶粒尺寸对于硬质合金力学性能的影响

材料种类	初始 WC 晶粒及陶瓷黏结相晶粒尺寸/μm	硬度/GPa	断裂韧度 /MPa · $m^{1/2}$
WC - 6% Al_2O_3	0.3/0.02	23.5 ±0.5	8.13 ±1.16
WC - 6% ZrO_2	0.3/0.1	22.6 ±0.6	9.35 ±0.82
WC - 6% MgO	0.3/0.05	21.1 ±0.7	8.62 ±1.21
WC - 6.8% Al_2O_3[29]（体积分数）	0.1/1	24.48	6.01
WC - 5% ZrO_2[34]（体积分数）	—/ultrafine（极其细小）	20.1	6.2
WC - 2.8% Al_2O_3 - 6.8% ZrO_2[35]	0.8/0.1/0.08	21	8.5

图 3-18 ~ 图 3-20 所示为 SEM 观察的三种陶瓷黏结相硬质合金强韧化机理。很显然，材料断裂韧度的提高是裂纹扩展与基体晶粒及晶粒周围应力场相互作用的结

果。对于三种试样，均可发现裂纹扩展遇到陶瓷黏结相发生倾斜、偏转，从而有效降低裂纹驱动力，实现强韧化。硬质相 WC 的热膨胀系数为 3.84×10^{-6}/℃，三种陶瓷黏结相的热膨胀系数分别为 8.8×10^{-6}/℃（Al_2O_3）、11.4×10^{-6}/℃（ZrO_2）及 13.8×10^{-6}/℃（MgO），因此硬质相和陶瓷黏结相间存在严重的热膨胀失配，经过烧结及之后的冷却阶段，使得陶瓷黏结相周围产生残余拉应力，进而诱导裂纹偏转，提升材料强韧性。另一方面，硬质相 WC（720 GPa）与三种陶瓷黏结相 Al_2O_3（350 GPa）、ZrO_2（240 GPa）、MgO（250 GPa）之间亦存在弹性模量适配，可诱导应力场重新分布而提高材料强韧性。由图 3-18 ~ 图 3-20 可知，三种陶瓷黏结相均可形成弹性裂纹桥，产生促使裂纹趋于闭合的力，实现裂纹桥联强韧化。此外亦有裂纹分叉出现，多个次级裂纹的出现分散弱化了主裂纹尖端扩展的驱动力。

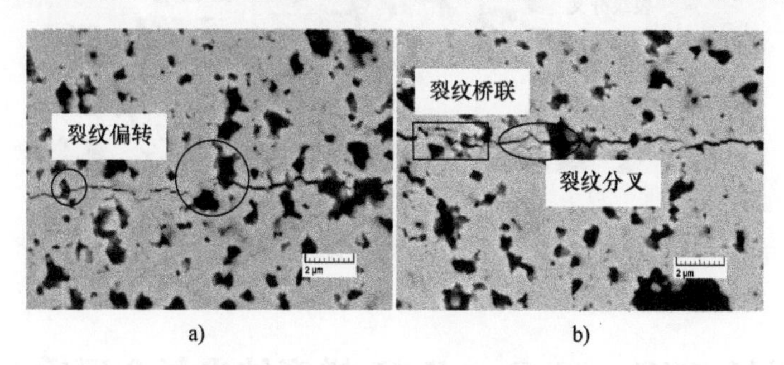

图 3-18 WC – Al_2O_3强韧化机理

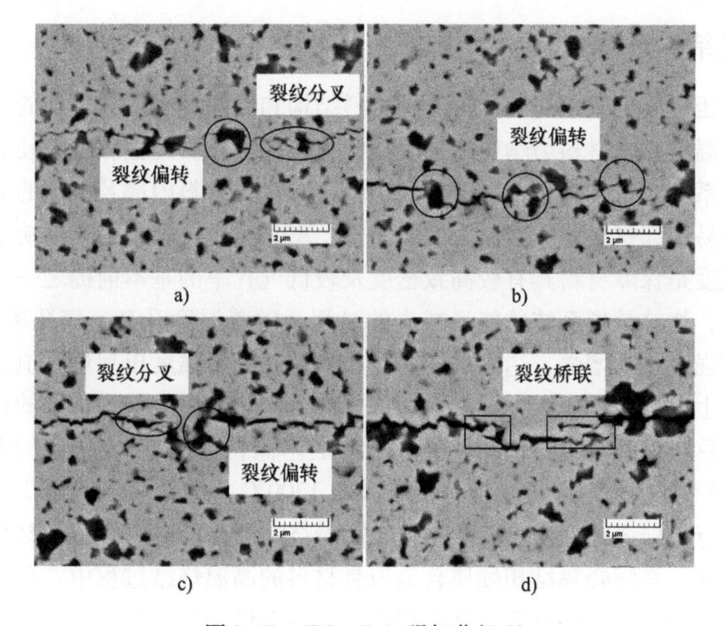

图 3-19 WC – ZrO_2强韧化机理

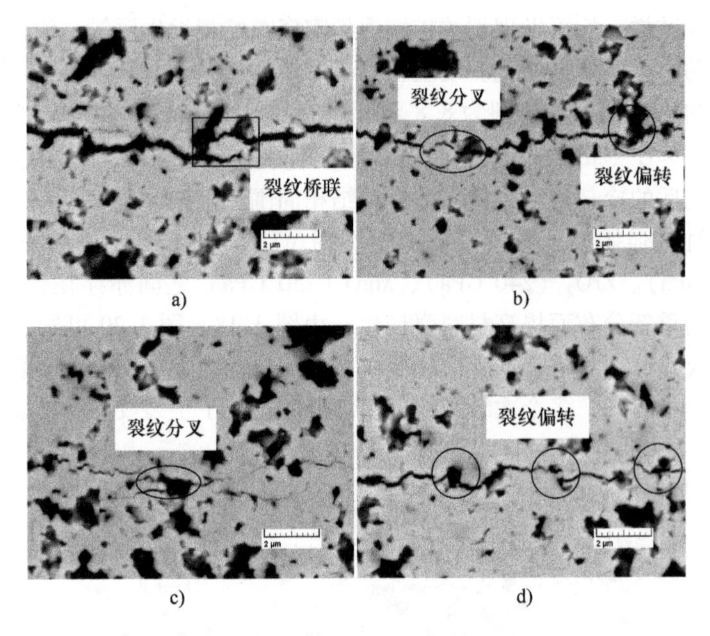

a) b)

c) d)

图 3-20 WC – MgO 强韧化机理

3.6 石墨烯/WC – Al_2O_3 – ZrO_2梯度纳米复合硬质刀具材料

3.6.1 烧结工艺优化及致密化机理

对于热压烧结工艺，烧结温度对于材料结构和性能具有最为重要的影响，采用合适的烧结温度对于材料力学性能及服役性能至关重要。陶瓷黏结相硬质合金缺少可移动滑移系，很难发生位错的滑移和增值，因此，材料内部及表面的缺陷导致的应力集中极易引起材料脆性断裂失效，而气孔率是此类材料最主要的缺陷之一，合适的烧结温度是保障材料具有较高致密度及较低气孔率的基本前提之一。从热力学的角度分析，烧结是指系统总能量减少的过程，随着温度升高，气孔率不断降低，颗粒间结合强度不断增强，达到一定温度，颗粒间结合强度出现最大值，之后就会出现气孔率上升，晶粒长大，力学性能退化。不同烧结温度获得试样的相对密度及 WC 晶粒的平均尺寸如图 3-21 所示，烧结工艺保持压力为 40MPa，保温时间为 45min，烧结温度分别为 1650℃、1675℃、1700℃、1725℃、1750℃、1775℃ 和 1800℃，进行最佳烧结温度确定。可见，随着烧结温度的提高，刀具材料相对密度先上升后下降。在陶瓷黏结相硬质合金刀具材料的高温烧结过程中，存在致密化和晶粒生长两个高温动力学方程，烧结初期，温度较低，晶粒和气孔同时增大；烧结中期，气孔的表面扩散是晶粒增长的主要机理；烧结后期，晶界迁移是晶粒生长的主要机理。随着烧结温度的提升，过高的烧结温度导致晶界迁移速率大于气孔扩散速率，使得晶界气孔被包裹在晶粒内部，而持续升高的烧结温度使得孔内气压持续升高而大于烧结驱动力，此时，气孔开始膨胀，材料孔隙率不降反升，使得刀具材料相对密度降低。烧结温度高于1700℃时，材料可以实现较高致密化，而当烧结温度高于1750℃时，WC晶粒显著增长，造成组织均匀性下降，对材料致密化产生不利影响。确定1750℃为最优烧结温度，刀具材料相对密度为99.8%，WC晶粒尺寸为376.5nm，可获得晶粒细小、组织均匀、性能优异的纳米复合硬质合金。

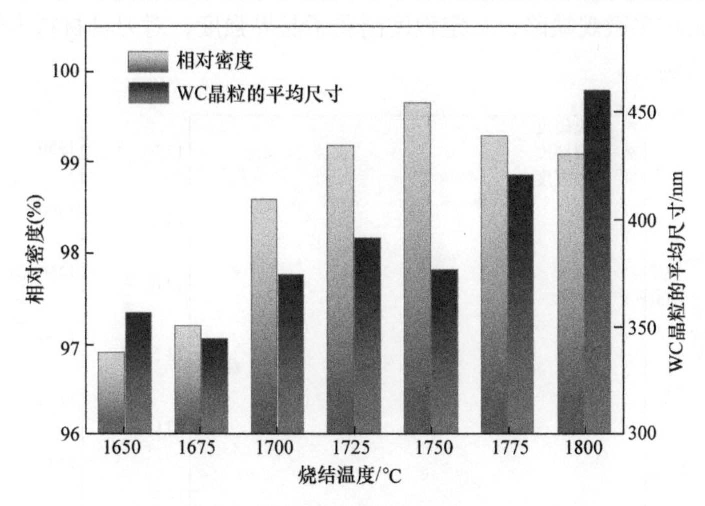

图3-21 不同烧结温度获得试样的相对密度及WC晶粒的平均尺寸

致密化机理主要包括四方面：

1）MLG促进颗粒重排。MLG具有较好自润滑作用，从而可显著促进纳米陶瓷颗粒（Al_2O_3与ZrO_2）在亚微米WC基体内部的重排，促进致密化。此外，MLG可通过去除WC表面的氧化物杂质来提升传质速率。

2）多元多尺度促进刀具材料致密化。亚微米WC颗粒被纳米Al_2O_3与ZrO_2颗粒包围，可有效填充亚微米WC颗粒重排和塑性变形产生的孔隙，从而显著改善材料致密化过程。

3）液相强化烧结。由于尺寸效应，纳米颗粒具有较高烧结活性，其熔点往往远低于相应块体材料熔点。在研究中添加的第二相均为纳米颗粒，在烧结过程中可产生少量液相，液相毛细管作用促进晶界迁移，加快传质速率，实现液相强化烧结。此外，液相的生成也可显著提高MLG与纳米陶瓷颗粒之间的结合强度。

4）MLG作为高效导热片。MLG的热导率高达$6\times10^3W\cdot m^{-1}\cdot K^{-1}$，在烧结过程中可作为导热片，显著促进热量的快速传导和均匀分布，从而促进材料致密化。

图3-22比较了不同烧结温度获得试样的力学性能。维氏硬度、抗弯强度及断

裂韧度的变化趋势基本一致，随着烧结温度的升高，先上升后下降，即当烧结温度从1650℃上升到1750℃时，材料力学性能不断提升，在1750℃时，刀具材料力学性能最优，维氏硬度为25.6GPa，抗弯强度为1269.7MPa，压痕断裂韧度为14.9MPa·$m^{1/2}$。比较图3-22和图3-21可知，刀具材料的力学性能和材料相对密度呈现正相关，随着相对密度的提高，材料力学性能不断提高。烧结温度过低（如1650℃）时，材料相对密度较低，大量气孔的存在使得刀具材料力学性能相对较低。而当烧结温度过高（如1800℃）时，材料晶粒异常长大，产生类似颗粒团聚效应，引入较多微观缺陷，一定程度削弱了晶界强度，对刀具材料力学性能产生较为不利的影响。

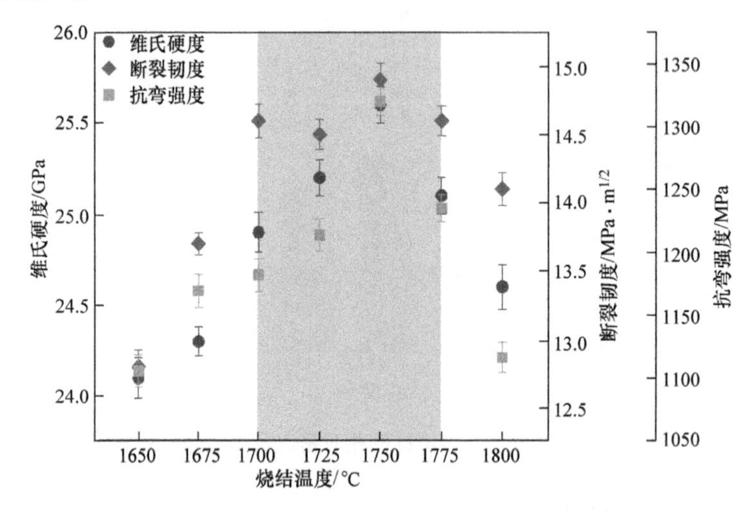

图3-22　不同烧结温度获得试样的力学性能比较

拉曼光谱是一种常见的碳材料表征方法，其基本原理是利用光子和分子之间发生非弹性碰撞获得的拉曼散射效应（见图3-23），即光照射到物质上发生弹性散射和非弹性散射，非弹性散射的散射光有比激光波长长和短的成分，散射光中在原始入射谱线（频率为ν_0）两侧伴随有频率为（$\nu_0 \pm \nu_k, k=1,2,3,\cdots$）的对称谱线，频率与入射光频率$\nu_0$相同时为瑞利散射，频率对称分布在$\nu_0$两侧的谱线即为拉曼光谱，长波侧谱线为斯托克斯线，短波侧谱线为反斯托克斯线。理论解释为：入射光子与分子发生非弹性散射，分子吸收频率为ν_0的光子，发射频率为（$\nu_0 - \nu_k$）及（$\nu_0 + \nu_k$）的光子，分别伴随分子从低能态跃迁到高能态（斯托克斯线）及分子从高能态跃迁到低能态（反斯托克斯线）。拉曼光谱的特点为快速、无损且高分辨，适于各个物理状态的试样，主要针对石墨烯及其衍生物、金刚石、石墨、碳纳米管、富勒烯等碳原子组成的材料进行表征，可以较好区分常见的碳基材料的结构特征。对于碳纳米材料，光谱看似简单，一般由几个较强特征峰和少数其他调制结构组成，谱峰的形状、强度及位置的微小变化，都与碳材料的结构息息相关。例如，可通过拉曼光谱分析材料化学成分和结构，通过拉曼峰位变化表征材料微观力学，通过拉曼偏振衡量材料结晶度和取向度，通过峰强定量分析各组分含量。

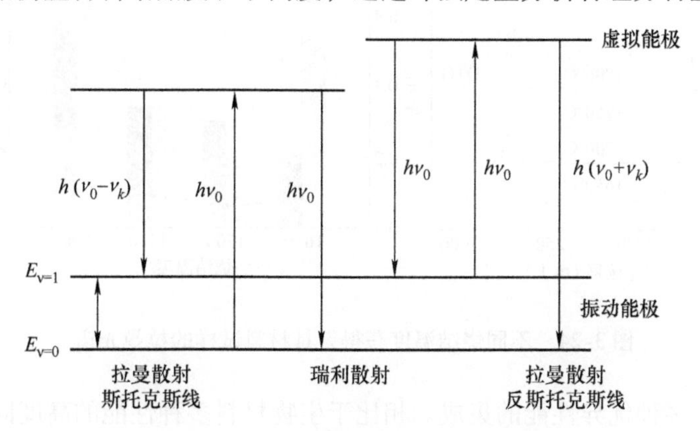

图 3-23　拉曼和瑞利散射能级示意图

图 3-24 所示为不同烧结温度获得刀具材料试样的拉曼光谱。所有烧结试样均出现了 MLG 的三个特征峰：D 峰（1350cm^{-1}）、G 峰（1580cm^{-1}）及 2D 峰（2710cm^{-1}），说明经过整个制备过程（分散、球磨、干燥及烧结等），石墨烯结构未被破坏。D 峰是缺陷峰，是由芳香环中 sp^2 碳原子的对称伸缩振动（径向呼吸模式）引起的，反映材料结构的无序性；G 峰是 sp^2 结构的特征峰，是由 sp^2 碳原子间的拉伸振动引起的，对应于布里渊区中心的 E_{2g} 拉曼活性模光学声子振动，常用来衡量结晶程度和对称性；2D 峰起源于非弹性散射和双声子双共振跃迁过程，它的移动和形状常用来表征石墨烯的层数。烧结过程对于石墨烯结构完整性的损伤很难精确量化，通常采用 D 峰强度和 G 峰强度的比值 I_D/I_G 定性确定 MLG 的缺陷密度及晶畴尺寸大小。如图 3-24 所示，在 1650～1700℃温度范围内，随着温度的升高，I_D/I_G 不断降低，二阶拉曼散射峰 D′峰强度不断降低，G 峰的半峰宽不断减小，表明烧结试样的结晶度和结构有序性不断提高。在 1700～1800℃温度范围内，尤其是 1750℃以上，随着烧结温度进一步提高，I_D/I_G 迅速增大，D′峰强度提高，G 峰半峰宽增加，说明较高温度一定程度破坏了 MLG 结构完整性，引入一定缺陷。进一步比较图 3-24 可知，随着烧结温度的升高，I_{2D}/I_G 不断增加，2D 峰的半峰宽下降，且向低波数位移，表明 MLG 层数不断减少，而成为少层石墨烯。基于以上分析可知，当烧结温度为 1750℃时，MLG 可保持较高的结构完整性。

综合不同烧结温度对于刀具材料相对密度、晶粒尺寸、力学性能及 MLG 结构完整性的影响，确定 1750℃为最优烧结温度，本章后续研究分析均针对 1750℃烧结获得的刀具材料试样。

3.6.2　多层次跨尺度结构

自然界中的生物材料例如螳螂虾外骨骼、贝壳珍珠层等普遍存在多层次跨尺度

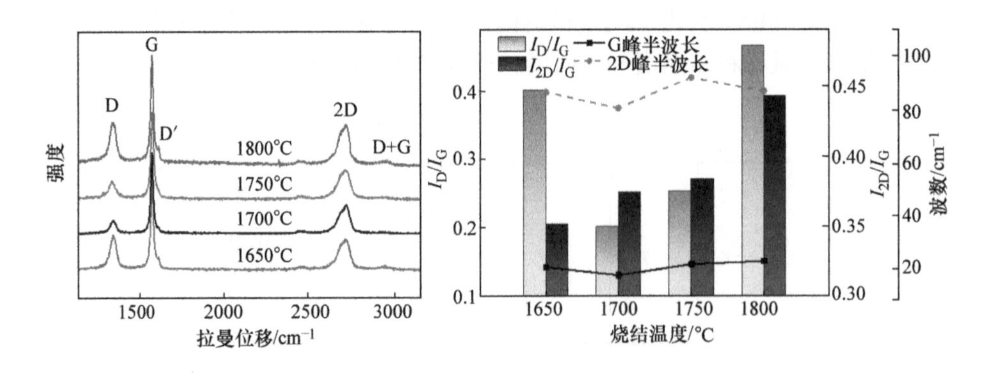

图 3-24　不同烧结温度获得刀具材料试样的拉曼光谱

结构，实现了多种优异性能的集成。相比于生物材料多种性能的高度同步化，硬质合金刀具材料的力学性能如硬度和断裂韧度却存在倒置矛盾关系。刀具材料宏微纳结构对于刀具材料宏观性能具有决定性影响，因此基于“材料－结构”一体化设计理念，充分考虑材料和结构的尺度关联性，实现微纳结构的合理拼接布局与宏观结构的拓扑优化裁剪，即对刀具材料进行多尺度结构设计构筑与调控是实现刀具材料最优性能配置的关键。早在 1971 年，德国物理学家赫尔曼·哈肯就提出了协同的概念，通过将系统的各个单元进行合理组合，可产生大于各单元单独作用效果的总和，产生“1 +1 >2”效应。在材料科学方面，也提出了“整体大于部分的总和”“微观的有序性会产生宏观的力量”等思想。在当代社会，高性能刀具材料也正向着复合化、组织结构多尺度化与仿生化、增强体多维化等方向发展，本章重点论述多尺度结构对于刀具材料组织性能的影响，提出并阐明基于多尺度结构调控的刀具材料多级强韧化机制。本书后续章节将会着重研究增强体多维化与刀具材料性能调控和集成的关联性，用“材料、设计、分析、评价”一体化的思想解析多维增强体/陶瓷黏结相硬质合金刀具材料工艺－组织－结构－性能的关联。由此可见，材料的微观和宏观是相辅相成的。作为陶瓷刀具的关键影响因素，改善刀具的微观结构和设计刀具的宏观结构可对陶瓷刀具进行协同改性，获得单独采用任一手段所不能获得的优良性能。

由图 3-25 及图 3-26 可知，MLG/WC－ZrO_2－Al_2O_3 纳米复合材料呈现宏观－微观－纳观多层次跨尺度结构：宏观结构，材料呈现五层对称梯度结构（见图 3-25a），层厚比大约为 1，自表及里，ZrO_2 及 Al_2O_3 含量增加，WC 含量降低，与材料初始组分设计保持一致；微观结构，MLG 取向分布，其 ab 面沿着垂直于烧结压力方向平行排列（见图 3-25b），呈现微观类层状结构；纳观结构，MLG 负载纳米复相陶瓷颗粒（见图 3-25c 及图 3-26）及内晶/晶间混合型结构（3.7.3 节重点介绍）。图 3-25b 显示 MLG 分布较为均匀，进一步分析可知，MLG 通过范德华力连接，形成了较为完整的 MLG 墙。MLG 为二维片状结构，且具有较高的断裂强度（理论可到130GPa）和刚度，压力烧结过程中，外加压力和切应力迫使MLG发生偏转、位移等方位变化而不破碎，直至其ab面垂直于压力轴方向。由3-25c可知，纳米颗粒在刀具材料内部分布较为均匀，且晶粒尺寸较小，未发生明显增长。鉴于MLG具有抑制晶粒增长的作用，因此均匀分布且无晶粒异常增长可以从一定程度上证实MLG在陶瓷刀具材料基体内分散较为均匀。基于刀具材料多尺度纳米复合结构的协同增效作用，其一定会大幅度提升刀具材料性能。

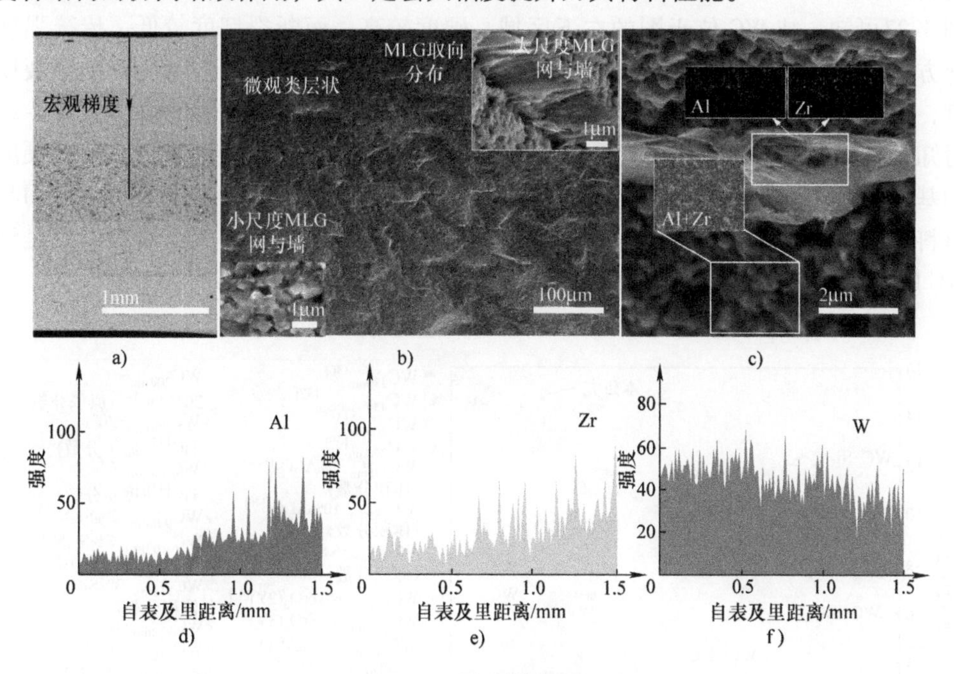

图3-25 梯度结构表征

a）梯度层SEM图 b）材料断面低放大倍数图 c）材料断面高放大倍数图 d）自表及里Al元素线扫描图 e）自表及里Zr元素线扫描图 f）自表及里W元素线扫描图

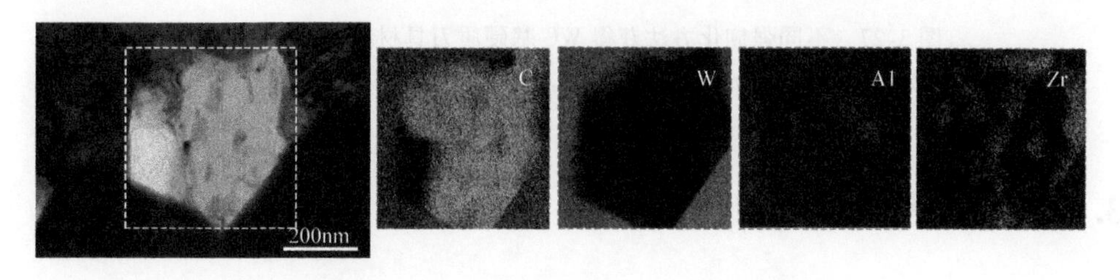

图3-26 烧结试样TEM图及元素面扫描图

3.6.3 硬度与断裂韧度

断裂韧度表征材料抵抗裂纹扩展的能力，而硬度则是抵抗变形或者破裂的能力，从摩擦磨损角度则要求刀具材料硬度高，从冲击磨损角度则要求刀具材料断裂韧度高，理想的刀具材料应该是同时具备高硬度和高断裂韧度，这是国内外长期进行研究而又难于解决的问题。就硬质合金刀具材料而言，硬度和断裂韧度是其最基本的力学性能，也是其他性能例如抗弯强度和耐磨性等的基础，对于高性能硬质合金刀具材料极为重要。然而，硬度和断裂韧度往往是一个矛盾体，实际生产中往往是根据特定应用，以牺牲一种性能达到另一种性能的优化。例如，硬度越高，刀具材料耐磨性往往约好，而强韧性则越差，刀具往往会产生脆性断裂和崩刃等。由图 3-27可知，纯 WC 位于图的右下区域，硬度较高，而断裂韧度较低。传统强韧化方法，例如颗粒弥散强韧化，Al_2O_3的引入一定程度改善了 WC 基陶瓷的断裂韧度，但却大幅度降低了材料硬度。相变强韧化往往以 ZrO_2为强韧化相，从图 3-27 可知，其增韧效果较为有限。晶须强韧化及碳纳米管强韧化也均是在牺牲材料硬度的基础上提高断裂韧度。本研究所制备的 MLG/WC－Al_2O_3－ZrO_2梯度纳米复合刀具材料位于图 3-27 的右上方，同时具有较高的硬度和断裂韧度，尤其断裂韧度是纯 WC 的 3.1 倍，其强韧化效果远远优于零维的纳米陶瓷颗粒及一维的碳纳米管等。

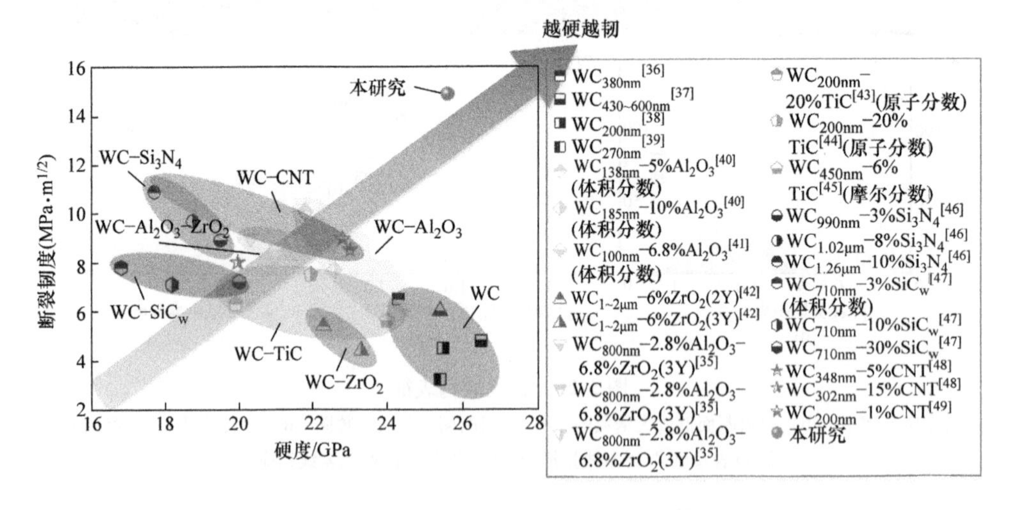

图 3-27　不同强韧化方法获得 WC 基硬质刀具材料的硬度与韧度

注：2Y 表示 ZrO_2 中溶有摩尔分数为 2% 的 Y_2O_3，3Y 表示 ZrO_2 中溶有摩尔分数为 3% 的 Y_2O_3。

3.7　宏微纳多级强韧化机理

断裂是材料主要的失效形式之一，其危害性巨大，尤其脆性断裂是在无任何明显预兆的情况下发生的突发性断裂，往往会带来灾难性后果。区别于传统单一强韧化策略，本小节同时引入多种强韧化策略，进而避免陶瓷黏结相硬质刀具材料的脆性断裂。基于时间尺度、空间尺度与作用幅度，将石墨烯/纳米陶瓷黏结相硬质合金刀具材料强韧化梳理为三级强韧化：一级宏观强韧化，梯度结构引入表面残余压应力强韧化；二级微观强韧化，石墨烯强韧化；三级纳观强韧化，多元纳米陶瓷黏结相强韧化。正是这些不同尺度的多级强韧化机制的竞争和协同作用，使得石墨烯/WC－Al_2O_3－ZrO_2梯度复合刀具材料具有优异的强韧性。

3.7.1 一级宏观强韧化——梯度结构强韧化

对于强界面梯度陶瓷材料，其机械力学性能如强度、断裂韧度、抗疲劳性能等，均与材料基体残余应力场分布密切相关。通常来说，陶瓷材料的断裂往往是由于表面微裂纹导致拉应力集中所致。根据能量平衡理论，外加载荷需要首先抵消材料表面残余压应力，进而才能提供裂纹扩展驱动力，即表面残余压应力可有效地吸收和消耗能量，此为表面残余压应力发挥表面强化增韧机制。表面残余压应力可显著降低裂纹尖端应力集中，诱导表面损伤局部屏蔽，提高材料基体承载能力。此外，表面残余压应力场可有效促进裂纹尖端闭合，从而提高材料抵抗裂纹萌生的能力，降低材料缺陷敏感性，进而提高材料可靠性和安全服役性。因此，梯度结构诱导产生表面残余压应力被定义为一级宏观强韧化，其作用区域较大。

Al_2O_3的热膨胀系数为8.8×10^{-6}/℃，ZrO_2的热膨胀系数为8.81×10^{-6}/℃，均大于WC的热膨胀系数（3.84×10^{-6}/℃），并且大于其二倍。此外有研究报道MLG的热膨胀系数为负值或非常小，因此，基于理论分析，利用刀具材料表面层与内部热膨胀系数不同，自表及里，Al_2O_3与ZrO_2含量增加，WC和MLG含量减少，可使得刀具材料芯层热膨胀系数>过渡层热膨胀系数>表层热膨胀系数，经过烧结及之后的冷却阶段，刀具材料表层可产生残余压应力。此外，四方相ZrO_2在表层发生t→m相变，伴随表面体积膨胀还可以产生表面残余压应力。图3-28所示是基于有限元仿真的梯度刀具材料残余应力分布。所建立模型尺寸和实际烧结刀具材料试样一致，形状为圆柱状，直径为42mm，每层厚度均为0.6mm，采用均匀温度场，从烧结温度1750℃冷却至室温20℃。在仿真计算过程中，做出了假设：①刀具材料物性参数为常数，不随温度发生变化；②刀具材料只出现弹性变形，无相变发生。由图3-28可以看出，模型表层为残余压应力，芯层为残余拉应力，应力沿中间层呈现对称分布。刀具材料特定梯度层中间位置残余应力几乎未有变化，靠近模型边缘位置，残余应力呈现逐渐减小的趋势。此外，本研究亦采用X射线应力仪对刀具材料表面残余应力值进行了实际测量，测量结果为残余压应力151MPa。

采用压痕法对刀具材料残余应力分布进行了实际测量（见图3-29）。压痕法操作简单灵活，测量计算也较为简便，其应用较为广泛。本研究采用压痕法对残余应力进行测量，从而与有限元仿真方法进行比较。采用压痕法测量残余应力的计算公式为[50, 51]

$$\sigma_{\mathrm{res}}=K_{\mathrm{IC}}\frac{1-(c_{\mathrm{p}}/c_{\mathrm{v}})^{3/2}}{\psi\sqrt{c_{\mathrm{v}}}} \tag{3-5}$$

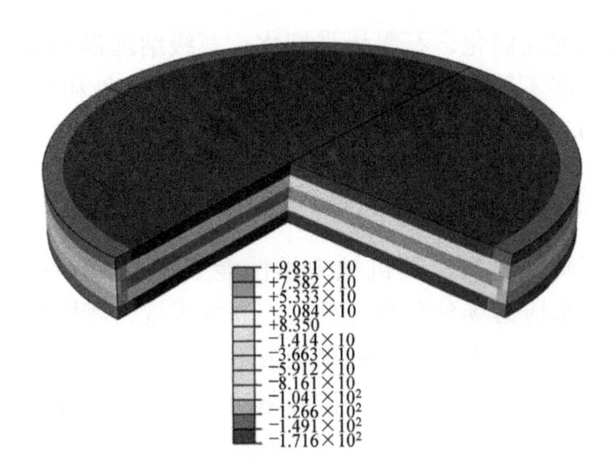

图 3-28　基于有限元仿真的梯度刀具材料残余应力分布

$$K_{\mathrm{IC}} = \eta \sqrt{\left(\frac{E}{H}\right)} \frac{p}{c_{\mathrm{p}}^{3/2}} \tag{3-6}$$

式中，c_{v}是垂直于层面的压痕长度的一半；c_{p}是平行于层面的压痕长度的一半；E是弹性模量；H是硬度；p是压痕载荷；K_{IC}是压痕的应力强度因子；ψ是裂纹形状因子，约为1.26；η是常数，约为0.016。σ_{res}的计算结果若大于零，则为残余拉应力；计算结果若小于零，则为残余压应力。由图3-29可知，刀具材料表层为残余压应力，自表及里，残余压应力数值不断减小，直至变为残余拉应力，中间层残余拉应力数值最大。比较图3-28和图3-29可以看出，采用有限元仿真和压痕法测量的残余应力分布基本一致，同时也都证实了刀具材料表层产生了残余压应力。

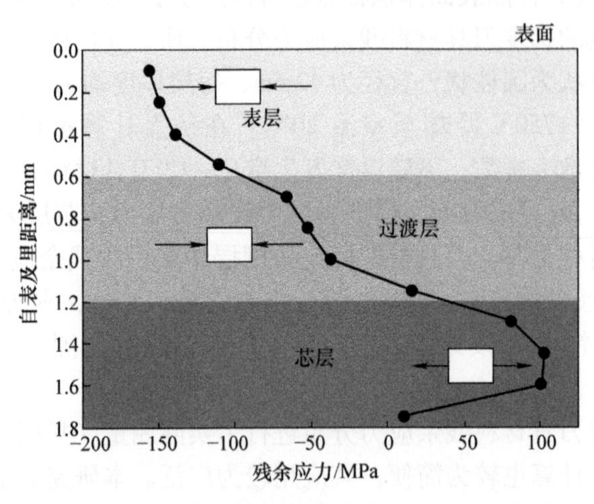

图 3-29　基于压痕法测量计算的刀具材料残余应力分布

图3-30比较了所制备梯度刀具材料各梯度层（F）和相应均质材料（H）的硬度与断裂韧度。可以看出，梯度刀具材料表层和过渡层的硬度和断裂韧度均远大

于相应均质材料，而芯层的硬度和断裂韧度与相应均质材料相差不大。梯度刀具材料各梯度层和相应均质材料组分和制备工艺相同，分析认为其力学性能差异是因为各梯度层残余应力分布不同。由图3-28和图3-29可知，梯度刀具材料表层和过渡层为残余压应力，且表层残余压应力数值大于过渡层，因此梯度材料表层和过渡层力学性能均优于相应均质材料，且表层的效果更为明显。芯层为残余拉应力，因此，其力学性能和相应均质材料相差不大。采用压痕法测量材料断裂韧度，压痕附近材料塑性变形引入的残余应力提供压痕裂纹扩展的驱动力，压痕裂纹处于平衡状态时，材料的断裂韧度 K_{IC} 在数值上等于裂纹尖端的残余应力场强度 K_r。由表面压应力 σ_s 贡献的压痕裂纹尖端的应力强度因子 K_s 可表达为[52-54]

$$K_s = \omega \sigma_s L^{1/2} \tag{3-7}$$

式中，ω 是裂纹形状因子；L 是压痕裂纹的长度。根据应力场叠加原理，对于梯度材料，平衡态的压痕裂纹的应力强度因子 K_G 可表达为

$$K_G = K_r + K_s \tag{3-8}$$

由于表面残余应力为压应力，则 $K_s > 0$，因此 $K_G > K_H$（K_H 是均质材料的应力强度因子）。

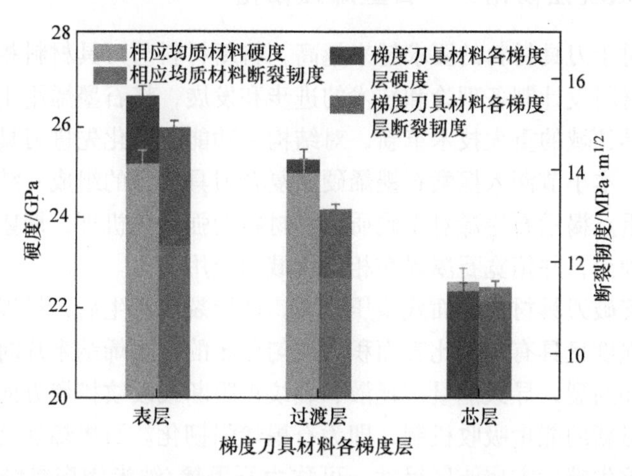

图3-30　所制备梯度刀具材料各梯度层（F）和相应均质材料（H）的硬度与断裂韧度

图3-31所示为梯度刀具材料经过三点弯曲试验后的断面SEM图，可以看出，裂纹扩展路径明显不同于传统陶瓷材料的直线状，而呈现较为曲折的形状，在表层和过渡层均出现了较大偏转，整体呈现阶梯型裂纹扩展模式。梯度层间应力场不同，使得裂纹在梯度层界面处出现较大幅度偏转，在压应力层扩展距离显著延长，使得裂纹呈阶梯型扩展，伴随裂纹扩展路径的大幅度延长，裂纹扩展面积显著增大，裂纹扩展阻力提高，消耗的裂纹扩展能显著增多，实现强韧化。

综上，宏观梯度结构经过合理设计，可引入层间强韧化和层内强韧化，大幅度消耗裂纹扩展功，赋予刀具材料“裂纹不敏感性”或者“裂纹容忍性”，其作用区

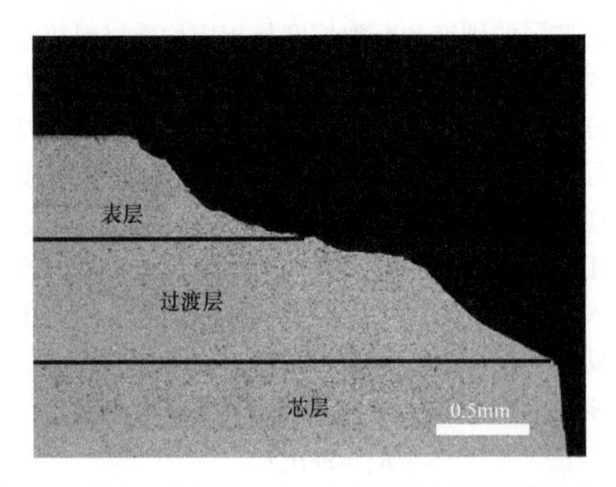

图 3-31　梯度刀具材料经过三点弯曲试验后的断面 SEM 图

域较大且效果较为显著，是石墨烯/纳米陶瓷黏结相硬质合金刀具材料的一级宏观强韧化。

3.7.2　二级微观强韧化——石墨烯强韧化

高速切削对于刀具材料的要求越来越高，将新材料与刀具材料相结合，有利于促进先进刀具材料设计制备理论和技术的进步和发展，将石墨烯用于刀具材料，无疑是高性能刀具领域的重大技术革新，对结构－功能一体化先进刀具发展具有重大而深远的意义。本小节深入探索石墨烯硬质复合刀具材料的组成－结构－性能之间的内在关系，重点揭示石墨烯对于硬质刀具材料的强韧化机理，期望丰富和发展刀具材料强韧化理论，并拓宽石墨烯在相关领域的应用。

外加载荷突破刀具材料表面残余压应力，诱导裂纹产生后，扩展到陶瓷基体遇到高弹性、高强度且具有较大比表面积的均匀分布的石墨烯纳米片时，发生石墨烯的拔出、脱黏和断裂，导致能量被耗散、裂纹被阻断或裂纹扩展方向发生改变，形成了材料断裂时新的能量吸收机制，即为石墨烯强韧化。石墨烯强韧化作用区域较大，相当于裂纹尖端后方尾流区尺寸，可称为石墨烯/纳米陶瓷黏结相硬质合金刀具材料二级微观强韧化。

图 3-32 所示为梯度刀具材料力学性能随着表层的 MLG 含量的变化曲线。材料过渡层及芯层的 MLG 含量分别为表层的 2/3 及 1/3。随着 MLG 含量的增加，刀具材料力学性能先上升后下降，当 MLG 含量为 0.15% 时，梯度刀具材料综合力学性能最优，硬度为 25.6GPa，抗弯强度为 1269.7MPa，断裂韧度为 14.9MPa · $m^{1/2}$。很显然，掺杂较少 MLG 即可有效提升刀具材料力学性能，而添加过量的 MLG 反而会降低材料性能，其原因为过量 MLG 在材料基体内发生自我团聚，影响刀具材料致密化。

图 3-33 比较了不同强韧化相的增韧效率。增韧效率 R 通过式（3-9）计算

$$R=\frac{(K_{IC,C}-K_{IC,M})}{w_f K_{IC,M}} \tag{3-9}$$

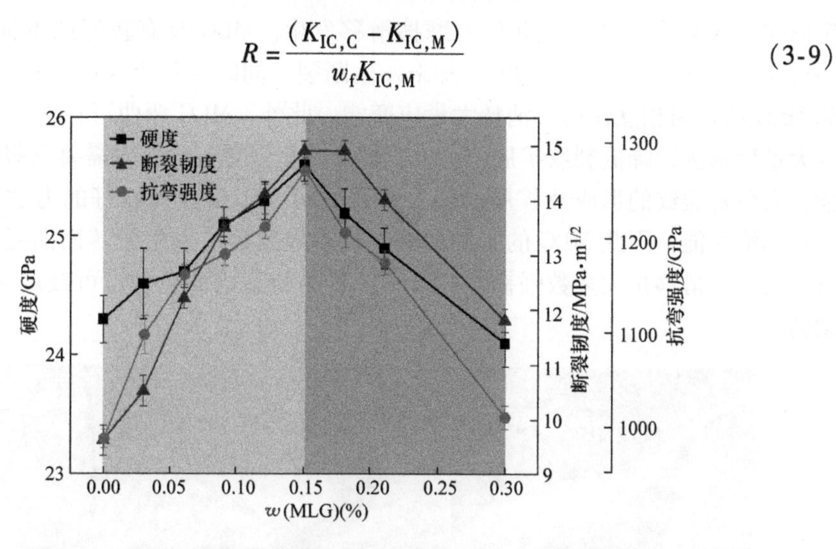

图 3-32 梯度刀具材料力学性能随着表层 MLG 含量的变化曲线

式中，$K_{IC,C}$是添加强韧化相后刀具材料的断裂韧度；$K_{IC,M}$是未添加强韧化相刀具材料的断裂韧度；w_f是强韧化相的质量分数。由图 3-33 可以看出，相对于传统强韧化相如晶须以及新型强韧化相如纳米纤维、碳纳米管等，MLG 的增韧效率要高 1～3 个数量级。其主要原因为 MLG 具有二维平面结构，且具有较大比表面积和优异的力学性能（如超高的断裂强度）。进一步观察图 3-33，可以发现本研究的 MLG 增韧效率高于相关文献报道的石墨烯增韧效率，其原因为本研究所制备材料为梯度材料，梯度结构对于 MLG 的增韧效率产生了积极影响。

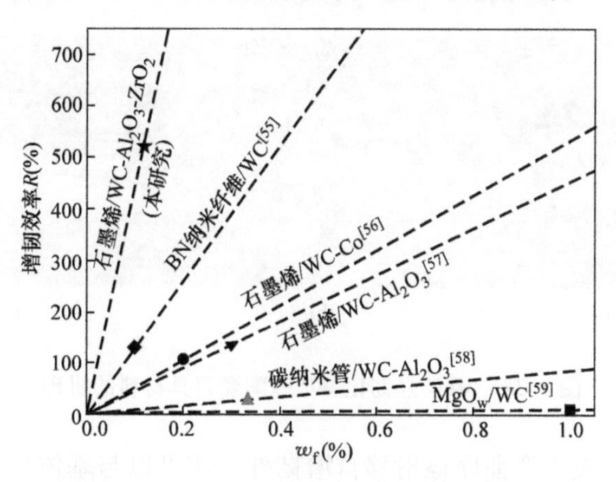

图 3-33 不同强韧化相增韧效率比较

图 3-34 所示为基于裂纹扩展路径和断口微观形貌分析总结的 MLG 强韧化 WC 基陶瓷刀具材料的机理。如图 3-34a 所示，MLG 在刀具材料基体内出现 Z 字形、U

字形或者双 U 字形弯曲，并伴有摩擦滑移发生。MLG 具有较好的本征断裂强度，使得 MLG 弯曲角度超过了 90°，却未发生断裂。同时，一个 MLG 的弯曲可以与相邻 MLG 的弯曲相互作用，消耗大量应变能。此外，MLG 弯曲可在初始裂纹周围产生大量变形区，降低裂纹扩展驱动力，即裂纹扩展单位面积时需要克服更多的形变能，实现对裂纹的形成及扩展的强力阻碍机制。MLG 具有较好的力学性能，且具有自润滑功能，因此 MLG 的摩擦滑移往往可导致裂纹发生偏转而消耗能量。MLG 弯曲及摩擦滑移是大多数强韧化相所不具备的新型增韧机理，可被定义为 MLG 自增韧。

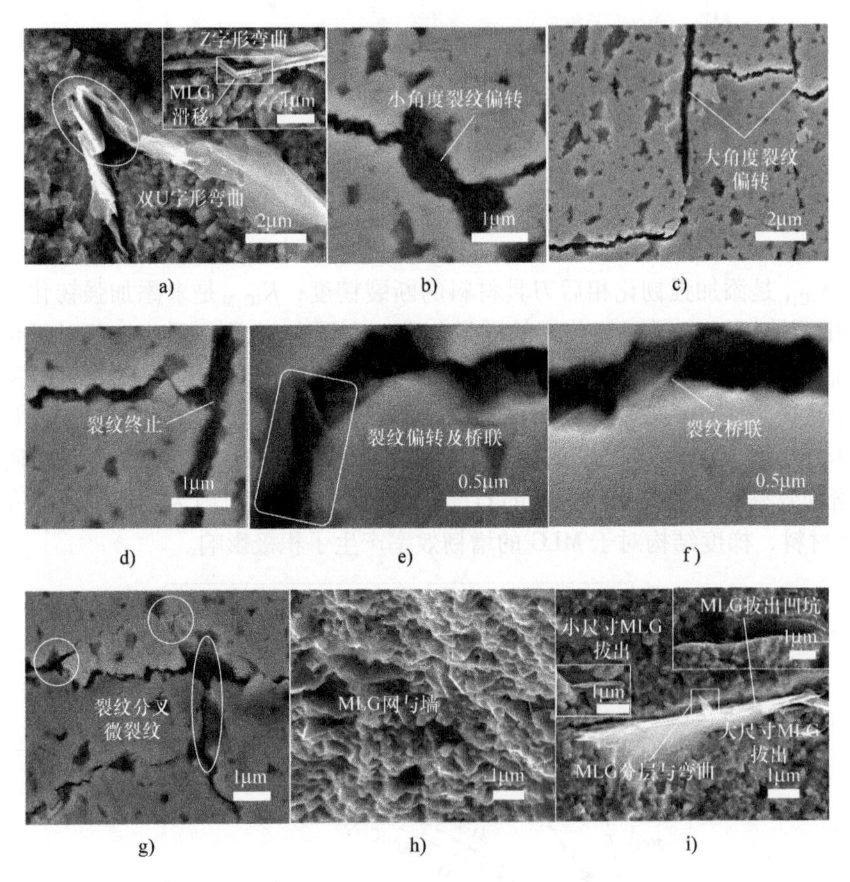

图 3-34　MLG 强韧化 WC 基陶瓷刀具材料的机理

MLG 除了可以发生弯曲摩擦滑移自增韧外，还可以与基体相互作用产生增韧。如图 3-34b、c 所示，裂纹扩展遇到小尺寸 MLG 时，发生小角度偏转；而遇到相对大尺寸 MLG 时，发生了大角度偏转，约为 90°。MLG 具有优异的断裂强度，同时具有较大比表面积，使得裂纹既无法穿透 MLG 又无法避开 MLG，从而发生裂纹偏转。此外，如果裂纹扩展驱动力不足以诱导发生裂纹偏转，就会出现图 3-34d 所示情况，裂纹遇到MLG后停止扩展，实现裂纹止裂。在图3-34e、f中，MLG连接裂纹的两个断裂面，提供裂纹闭合力，有效阻止裂纹的进一步开裂。MLG裂纹桥联增韧贡献可以表达为

$$\Delta K_{IC}=\left(\frac{{\sigma_r}^2 d_r f \gamma_r E_C}{24\,E_r\gamma_i}\right)^{\frac{1}{2}} \tag{3-10}$$

式中，σ_r是细长颗粒拉伸强度；d_r是细长颗粒直径；f是桥接颗粒体积分数；γ_r是断裂能；E_C是复合材料杨氏模量；E_r是增韧相杨氏模量；γ_i是界面脱黏能。由于石墨烯具有层状结构，其d_r远大于其他传统增韧相，此外石墨烯具有远高于其他传统增韧相的拉伸强度，约为130GPa，因此，石墨烯的桥接增韧作用远远高于其他传统增韧相。

MLG与基体相之间存在较大的杨氏模量差异，可诱导微裂纹的产生，材料应力强度因子与裂纹尺寸的关系可表达为

$$K=\varphi\,\sigma_\theta\sqrt{\pi c} \tag{3-11}$$

式中，K是应力强度因子，材料断裂时的K即为材料断裂韧度K_{IC}；φ是常数；σ_θ是外加应力；c是裂纹尺寸。纳裂纹、微裂纹的产生可显著降低主裂纹尺寸，按照式（3-13）所示，降低裂纹尺寸可明显降低应力强度因子K，而实现强韧化作用。如图3-34g所示，主裂纹附近产生大量纳米尺度裂纹（纳裂纹），纳裂纹一方面可缓解主裂纹尖端的应力集中，另一方面可促使沿晶断裂更多转变为穿晶断裂，消耗更多能量。如图3-34h所示，多个MLG平行排列，通过一种类似“自纺织”作用沿着晶界位置，相互连接形成高弹性、高强度MLG墙，可有效诱导裂纹发生三维偏转。如图3-34i所示，无论大尺寸MLG还是小尺寸MLG，均出现了拔出，增韧相拔出对于复合材料的增韧贡献可表达为

$$\Delta K_{IC}=\left(\frac{E_C A^\infty \sigma_f}{2L}\right)^{\frac{1}{2}} I_\infty \tag{3-12}$$

式中，E_C是复合材料杨氏模量；A^∞是增韧相拔出的面积分数，对于长径比比较大的增韧相，面积分数约等于体积分数；σ_f是增韧相的拉伸强度；I_∞是增韧相的拔出长度。MLG具有二维结构，具有较高的比表面积，约为$2630m^2\cdot g^{-1}$，在发生拔出增韧时，相对于其他传统增韧相，MLG拔出时A^∞远大于其他传统增韧相。此外，MLG的拉伸强度$\sigma_f=130GPa$，远大于传统增韧相。因此，MLG拔出过程中界面摩擦和撕裂所需要消耗的能量远远高于其他传统增韧相，而表现出较为优异的拔出增韧。

图3-35所示为MLG晶粒间桥接TEM形貌图，可以非常清晰地看出，MLG呈现较好的片状结构，表面褶皱较少，有利于MLG和基体实现充分接触而无孔隙，同时裂纹扩展到MLG时，需绕过的距离也较长；另外，一个MLG同时连接多个不同成分和不同平均粒径的陶瓷颗粒，形成了具有多元多尺度特征的超混杂界面，起

到了多晶粒桥接作用，尤其 MLG 对于纳米陶瓷黏结相与基体 WC 的连接作用对于提升材料整体力学性能具有重要影响。基于 Weibull 提出的最弱连接理论（WLT，weakest link theory），材料晶界断裂韧度明显低于材料晶内断裂韧度，例如 Al_2O_3 陶瓷的晶界断裂韧度仅为晶内断裂韧度的 0.1 ~0.4 倍，因此提高材料晶界断裂韧度无疑会大幅度提升材料整体断裂韧度。MLG 的多晶粒桥接作用目前尚未有文献报道，张律等[60]曾经报道过一个石墨烯桥接两个陶瓷晶粒，显著提高了材料断裂韧度。在本研究中，一个 MLG 在晶界同时桥接两个及多个陶瓷晶粒，鉴于 MLG 具有其他材料无可比拟的优异的力学性能（例如断裂强度是钢的 200 倍），定会显著改善材料晶界断裂韧度，进而显著改善材料整体断裂韧度。

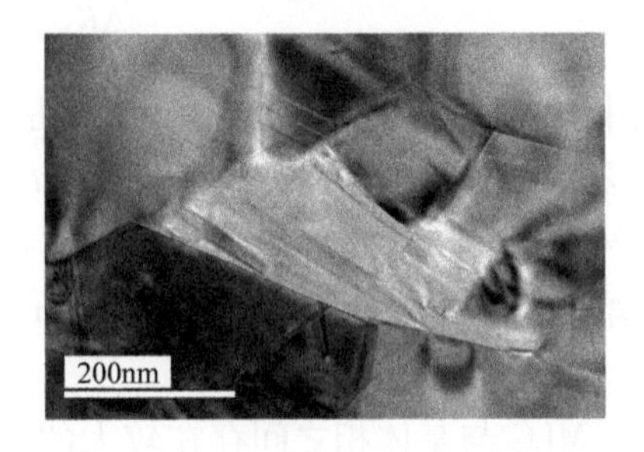

图 3-35　MLG 晶粒间桥接 TEM 形貌图

对于复合材料而言，其界面可有五种结合方式：

1）机械结合，添加相与基体相间未有化学反应发生，通过添加相与基体相间摩擦实现粗糙表面互锁，即为机械结合。

2）反应结合，添加相与基体相间通过化学反应产生界面相，使添加相和基体相结合。

3）溶解及润湿结合，添加相与基体相间可实现润湿，发生原子扩散和溶解实现结合，这种结合出现在电子等级上，意味着两相之间已进入原子尺度的接触。

4）交换反应结合，添加相与基体相发生化学反应生成界面相，同时还通过扩散实现元素交换，形成固溶体实现结合。

5）混合结合，即为以上四种结合方式中的两个或多个的组合。

由图 3-36 可知，MLG 与基体相之间界面晶格排列特别整齐干净，界面结合很好，未发现界面相存在。MLG 与基体相之间的结合为机械物理结合，一方面，由于 MLG 具有较大比表面积，与基体晶粒接触面积较大，从而可通过摩擦力实现机械锁合；另一方面，MLG 具有负热膨胀系数，可利用与基体相的热膨胀失配引起界面产生压应力结合。

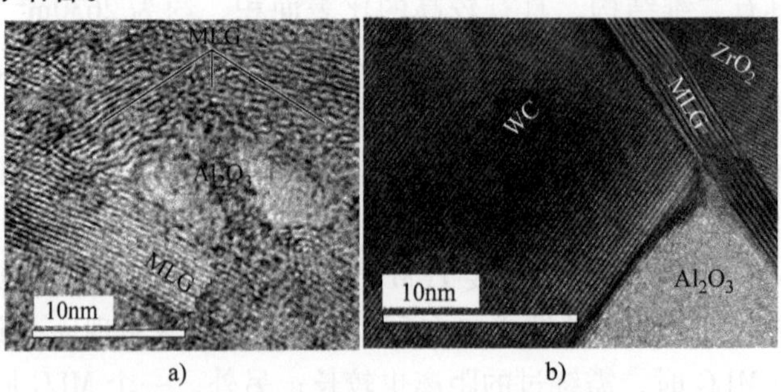

图 3-36　HRTEM 图表征 MLG 与基体相晶界

界面作为石墨烯和硬质基体的“桥梁”，对于刀具材料性能具有关键作用。石墨烯纳米复合材料与传统复合材料的显著不同就是复合材料中强韧相/基体的界面比例得到很大提高，使得界面更加成为石墨烯复合材料的核心问题。基于密度泛函理论，可通过界面上相对电子密度差对复相陶瓷界面结合强度进行定性表征。包括三个步骤：①进行键距差分析，并计算每个晶面的面积和电子总数；②计算各晶面的平均电子密度；③计算各异相界面的相对电子密度差。其计算公式为[61, 62]

$$\Delta\rho = \frac{2\left|\rho_{hkl} - \rho_{uvw}\right|}{\rho_{hkl} + \rho_{uvw}} \tag{3-13}$$

$$\rho = \frac{n_c}{S} \tag{3-14}$$

式中，n_c是某一晶面上的电子总数；S 是该晶面的面积；ρ_{hkl}、ρ_{uvw}分别是异相界面（hkl）和（uvw）上的电子密度；$\Delta\rho$ 是界面上的相对电子密度差，$\Delta\rho$ 越大，表示界面结合能力越弱，反之则越强。由表 3-3 可知，相对于 MLG - Al_2O_3，MLG - ZrO_2界面的结合强度较弱，为相对弱界面。相对于微米颗粒，纳米颗粒具有较高表面活性能，因此，MLG - Al_2O_3及 MLG - ZrO_2界面结合强度高于 MLG - WC 界面结合强度。

表 3-3　MLG 与纳米相晶面电子密度及相对电子密度差

晶面	t - ZrO_2 (110)	m - ZrO_2(100)	Al_2O_3 (0001)	Al_2O_3 - Al ($1\bar{0}10$)	Al_2O_3 - O ($1\bar{0}10$)	Al_2O_3 ($11\bar{2}0$)	C (0001)
ρ/nm^{-2}	0.0037	0.0036	1.1293	10.2676	0.1014	11.2771	76.3440
$\Delta\rho$/nm^{-2}	1.9998	1.9998	1.9417	1.5258	1.9947	1.4852	0

一般而言，界面结后过强，固然 MLG 可充分发挥承担外加载荷的作用，但断裂过程中由于缺乏其他吸收能量的机制，材料断裂主要集中于一个截面上，断裂过程表现为脆性断裂非积聚型破坏（见图 3-37b），同时很难出现 MLG 的拔出或拔出长度非常短，材料性能表现为强度高但断裂韧度低；界面结合过弱，在材料受到外力作用时，材料基体则很难有效地将载荷传递给 MLG，导致整个材料内部产生不均匀的积聚损伤（界面解离脱黏或者 MLG 断裂等），断裂过程表现为韧性断裂积聚型断裂（见图 3-37c），同时易出现 MLG 的拔出，而且拔出长度往往较长，材料性能表现为断裂韧度高但强度低。本研究通过引入强弱混合界面，即界面结合整体强度适中，断裂过程表现为混合型断裂（见图 3-37d），大多数 MLG 可同时有效承担载荷，且材料断裂时大多数 MLG 可发生一定长度的拔出，消耗断裂能，因此材料整体性能表现为高强度高断裂韧度，即实现了既增韧又补强的高效强韧化。

此外，强韧相在刀具材料内的取向，即强韧相在陶瓷基体材料中的分布排列问题，对于刀具材料的力学性能亦具有关键作用。一般来讲，强韧相在基体中具有三种排列方式（见图 3-38）：平行分布、交叉分布与杂乱分布。基于力学角度分析，

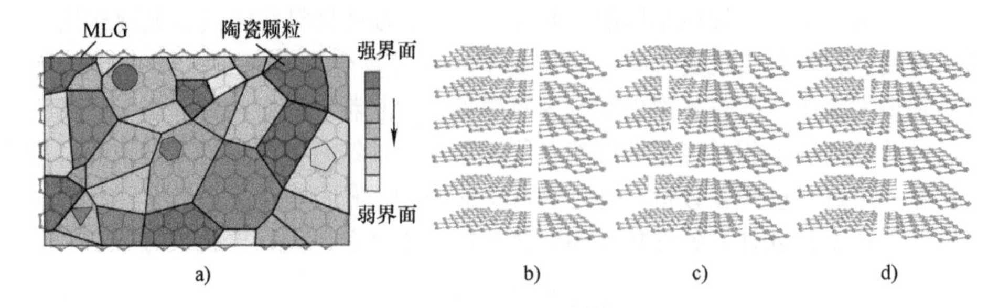

图 3-37　MLG 强韧界面结合

a）MLG 多元多尺度强度结合混杂界面示意图　b）强界面断裂模式

c）弱界面断裂模式　d）强弱混合界面断裂模式

强韧相在陶瓷基体材料中平行排列对材料最有利，可实现层状排列强韧相定向承载机制。平行排列，使得强韧相与主负荷轴方向一致，此时强韧相的全部截面承受负荷，使得强韧相得以充分利用，强韧相桥接和拔出的概率大大增加。因此，MLG 的取向分布对于提高刀具材料强韧性亦具有重要作用。

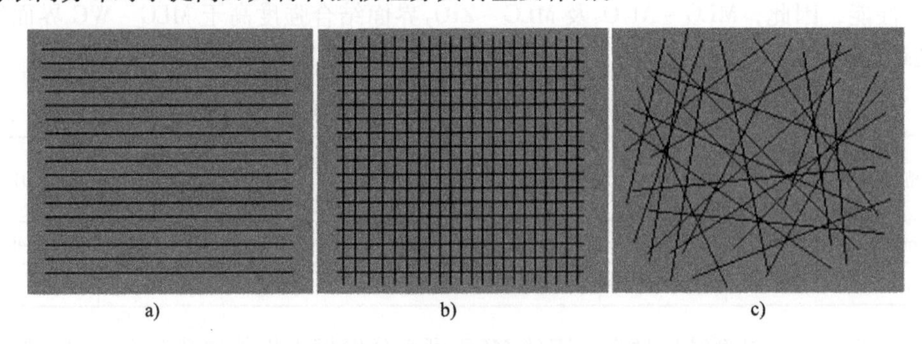

图 3-38　具有一定长径比增韧相在陶瓷基体材料中的分布

a）平行分布（取向分布）　b）交叉分布　c）杂乱分布（无序分布）

3.7.3　三级纳观强韧化——多元纳米颗粒强韧化

纳米颗粒或分布在基体晶界位置，或分布在基体晶粒内部，或负载于石墨烯纳米片，一方面可利用热膨胀和弹性模量失配增加断裂应力，另一方面可通过形成内晶型结构诱导微裂纹产生，改变主裂纹扩展方向及材料断裂模式，沿晶断裂更多地转变为穿晶断裂，实现强韧化。纳米颗粒强韧化作用区域较石墨烯强韧化有所减小，是刀具材料的三级纳观强韧化。

由图 3-39a 可知，无论是 ZrO_2 还是 Al_2O_3，大部分纳米第二相颗粒趋于以“核”的形式分布于基体 WC 晶粒内部（图 3-39a 中虚线箭头），形成“内晶型”结构（见图 3-39b）；而较大颗粒均趋于沉淀在基体 WC 晶粒之间（图 3-39a 中实线箭头），形成晶间型结构（见图 3-39c）。

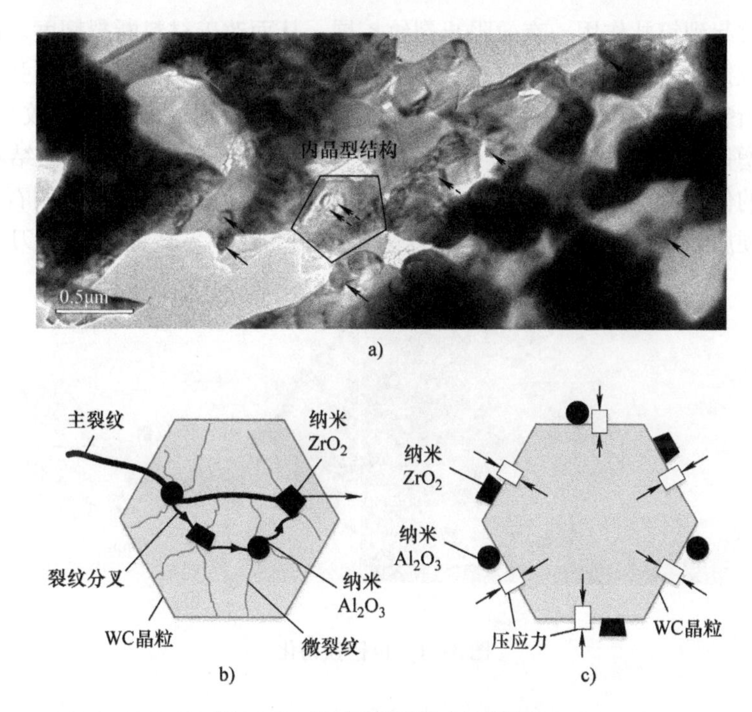

图3-39 晶内型与晶间型强韧化

内晶型结构中，WC与WC之间的晶界称为主晶界，纳米第二相与WC之间的晶界称为亚晶界。由于基体相为亚微米尺寸，添加第二相为纳米尺寸，基体相与第二相存在显著的离子半径差异，易引起原子错配，从而导致出现位错；此外，WC的热膨胀系数为$3.84\times10^{-6}/℃$，Al_2O_3的热膨胀系数为$8.8\times10^{-6}/℃$，ZrO_2的热膨胀系数为$8.81\times10^{-6}/℃$，基体WC与纳米第二相Al_2O_3及ZrO_2存在严重的热膨胀失配，材料冷却过程中收缩量的不同导致晶界尤其内晶型结构中的亚晶界位置及基体上产生残余内应力，从而导致微裂纹的产生（见图3-40）。当主裂纹扩展遇到微裂纹区域，其裂纹尖端应力集中得到缓解，从而使得主裂纹发生偏转或者分叉。此外，晶内纳米陶瓷颗粒也可诱导裂纹发生二次偏转或桥接等，对刀具材料断裂韧度提高显著。

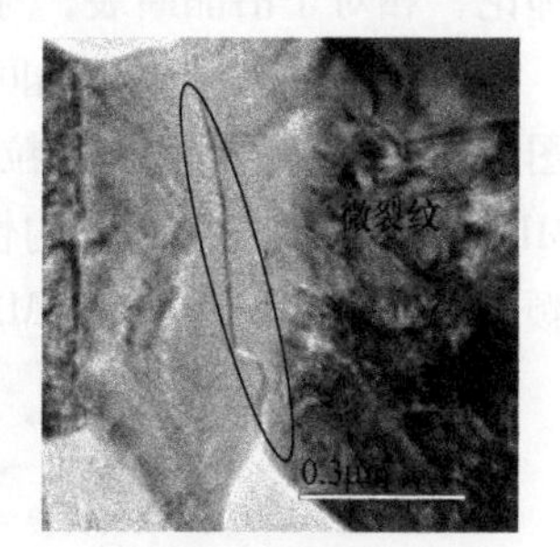

图3-40 微裂纹强韧化

此外，残余内应力的存在也加速了大量纳米级位错在晶界尤其亚晶界位置萌生，然后逐渐扩展进入晶粒内部。位错强韧化如图3-41所示，可以看出，无论是晶内位错还是晶间位错，位错组态均呈现规则近似同距离的平行条纹。位错储存应变能，基于能量趋小原则，一方面位错通过自身收缩降低能量；另一方面当裂纹扩展到位错时，位错通过自身形变吸收断裂能，使得裂纹前端松弛，降低新裂纹面萌生，对裂纹起到钉扎作用，有效阻止裂纹扩展，从而改善材料断裂韧度。此外，大量纳米级位错通过钉扎效应及位错赛积群可有效强化主晶界、降低晶内强度，从而诱发穿晶断裂。相对于沿晶断裂，穿晶断裂消耗更多能量，提高了裂纹扩展势垒，从而起到增韧作用。对比图 3-17 和图 3-41 可以看出，石墨烯/陶瓷黏结相硬质合金界面处的位错密度显著高于不含石墨烯的陶瓷黏结相硬质合金，表明石墨烯与陶瓷黏结相硬质合金的界面可以一定程度阻碍位错的运动，从而实现对刀具材料的强化。

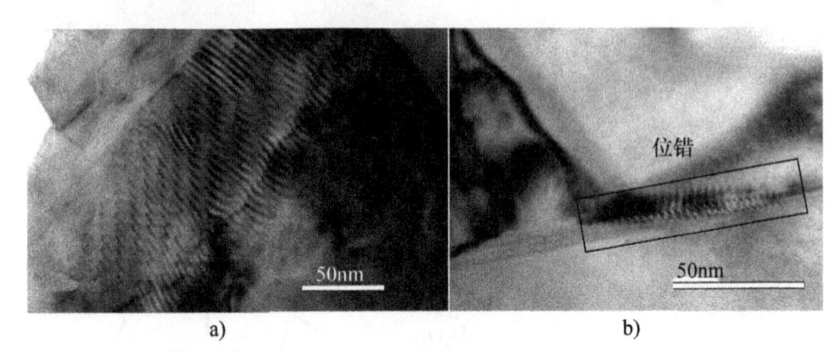

图 3-41　位错强韧化

在图 3-39c 所示晶间型结构中，基体相与纳米相之间的热膨胀失配，可导致基体晶界位置产生残余压应力，显著提高界面结合强度和抗裂纹扩展能力，对沿晶裂纹起到钉扎作用，使得刀具材料断裂模式由沿晶断裂转变为穿晶断裂，并且有助于诱导裂纹二次偏转与分叉（见图 3-42a），使得裂纹呈锯齿状扩展。基于最弱连接理论，相对于沿晶断裂，穿晶断裂消耗更多能量，从而显著提高材料断裂韧度。

除了内晶型结构和晶间型结构，另一种结构是纳米颗粒负载在 MLG 表面（见图 3-42d）。纳米陶瓷颗粒负载在 MLG 表面，可有效阻止 MLG 发生团聚，提高 MLG 在材料内部分布均匀性。此外，MLG 具有较大的比表面积，可有效抑制纳米颗粒增长。如图 3-42d，MLG 负载纳米陶瓷颗粒较好地实现了裂纹桥联作用。

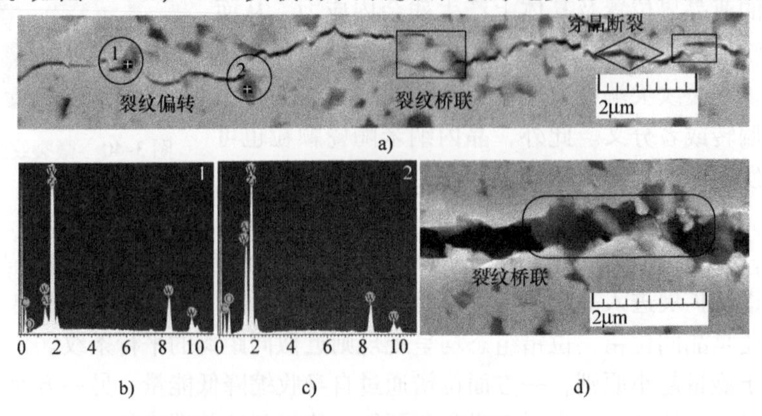

图 3-42　裂纹扩展路径

对于常规纯ZrO_2，在不同温度可有三种同质异构体，其晶体结构及物理参数见表3-4及表3-5。从高温到室温经历相变过程如下：液相（L）$\xrightarrow{2680℃}$立方相（c）$\xrightarrow{2400℃}$四方相（t）$\xrightarrow{1100℃}$单斜相（m）。若能将四方相稳定或者亚稳定至室温，材料承载时外加载荷诱导四方相向单斜相转变，伴随的体积效应和形状效应吸收能量，大幅度提升材料强韧性，即相变强韧化的根本出发点是相变伴随的体积膨胀产生裂纹屏蔽及残余应力强韧化。在ZrO_2中掺杂稳定剂（Y_2O_3、MgO、CaO、Al_2O_3等），可显著降低同素异构转变温度，同时合理调控原料粒径、分布状态、加热及冷却等因素，实现高温相亚稳于室温，即形成部分稳定化（PSZ，partially stabilized zirconia）ZrO_2。图3-43所示为材料抛光面和断面的XRD图谱，可以发现在抛光面上只有t－ZrO_2存在，而在断面上只有m－ZrO_2。ZrO_2陶瓷颗粒具有一个特性，其相变初始温度随着颗粒尺寸的减小而降低，除了稳定剂的作用，本研究中ZrO_2为纳米尺度，也是刀具材料内ZrO_2以四方相结构被保留至室温的一个重要原因。此外，Al_2O_3的热膨胀系数大，弹性模量高，冷却过程亦可对ZrO_2颗粒产生较强束缚，从而使得更多四方相ZrO_2可有效地保留至室温。外应力作用下，裂纹尖端产生应力集中，解除了基体对于ZrO_2的约束力，诱导发生t－ZrO_2到单斜晶系m－ZrO_2的马氏体相变，促使裂纹尖端应力松弛，阻碍裂纹扩展，相变引起的体积膨胀使得周围基体受压，促使其他裂纹闭合。此外，体积膨胀一旦超过晶粒的弹性形变，或者说体积膨胀造成周围基体中的拉应力超过其断裂强度，则会诱导产生残余应力（大颗粒）和微裂纹（小颗粒），残余应力和微裂纹的出现可有效分散主裂纹尖端能量，起到残余应力强韧化微裂纹强韧化。其增韧效果可表达为

$$\Delta K_{IC} \propto (V\gamma/d)^{1/2} \tag{3-15}$$

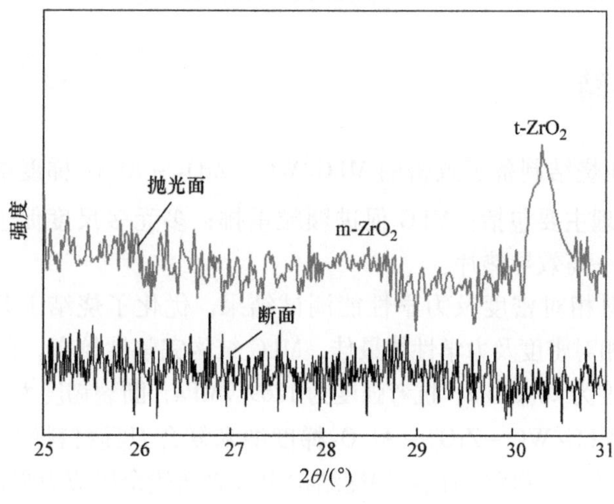

图3-43 材料抛光面和断面的XRD图谱

式中，V是材料中ZrO_2颗粒的体积分数；d是ZrO_2颗粒的尺寸；γ是微裂纹的表面能。其他方面，在刀具材料研磨抛光过程中，如果发生$t-ZrO_2$到$m-ZrO_2$相变，可促使表面层产生压应力，起到表面强韧化。从材料设计及制备过程的角度通过充分考虑以下四个方面可实现相变强韧化效果最大化：①获得尽可能高的亚稳定四方相体积分数；②基体应具有高弹性模量；③应力诱导相变所做的功要大；④相变区要大或相变临界应力要小。

表3-4　ZrO_2的晶体结构

表达式	相	晶格常数				原子位置			
		a/nm	b/nm	c/nm	β/(°)	原子	x	y	z
$m-ZrO_2$	单斜相(monoclinic)	0.51507	0.52028	0.53156	99.2	Zr	0.2754	0.0395	0.2083
						O Ⅰ	0.0700	0.3317	0.3477
						O Ⅱ	0.4416	0.7596	0.4792
$t-ZrO_2$	四方相(tetragonal)	0.5074	0.5074	0.5188	90	Zr	0	0	0
						O	0.25	0.25	0.2044
$c-ZrO_2$	立方相(cubic)	0.5117	0.5117	0.5117	90	Zr	0	0	0
						O	0.25	0.25	0.25

表3-5　ZrO_2的物理参数

ZrO_2	密度/$g\cdot cm^{-3}$	线热膨胀系数/$℃^{-1}$
单斜相$m-ZrO_2$	5.83	7×10^{-10}
四方相$t-ZrO_2$	6.10	11.6×10^{-10}
立方相$c-ZrO_2$	6.09	13×10^{-10}

3.8　本章小结

1）采用热压烧结制备了致密的$MLG/WC-ZrO_2-Al_2O_3$梯度纳米复合刀具材料，其致密化机理主要包括：MLG促进颗粒重排；多元多尺度促进致密化；液相强化烧结；MLG-高效导热片。

2）基于材料相对密度及力学性能测试结果，优化了烧结工艺，烧结温度为1750℃时，材料相对密度及力学性能最佳，MLG结构完整性较高。在此烧结工艺下，刀具材料表层硬度为26.6GPa，抗弯强度为1269.7MPa，断裂韧度为14.9$MPa\cdot m^{1/2}$。

3）分析了$MLG/WC-ZrO_2-Al_2O_3$梯度纳米复合刀具材料的强韧化机理，提出三级强韧化机理。一级强韧化：梯度结构引入表面残余压应力强韧化；二级强韧化：MLG强韧化，包括MLG“Z字形”“U字形”“双U字形”弯曲自增韧，MLG“自纺织”墙，MLG桥联基体晶粒，强弱界面结合，MLG拔出，裂纹偏转、桥联、终止与微裂纹等；三级强韧化：多元纳米颗粒强韧化，包括内晶/晶间混合型强韧化、位错强韧化、微裂纹强韧化及相变强韧化等。

参考文献

[1] HUANG Y, JIANG D, ZHANG X, et al. Enhancing toughness and strength of SiC ceramics with reduced graphene oxide by HP sintering [J]. Journal of the European Ceramic Society, 2018, 38 (13): 4329 - 4337.

[2] ALEXANDER R, MURTHY T S R C, RAVIKANTH K V, et al. Effect of graphene nano - platelet reinforcement on the mechanical properties of hot pressed boron carbide based composite [J]. Ceramics International, 2018, 44 (8): 9830 - 9838.

[3] ASL M S, KAKROUDI M G. Characterization of hot - pressed graphene reinforced ZrB_2 - SiC composite [J]. Materials Science and Engineering: A, 2015, 625: 385 - 392.

[4] KVETKOVÁ L, DUSZOVÁ A, KAŠIAROVÁ M, et al. Influence of processing on fracture toughness of Si_3N_4 + graphene platelet composites [J]. Journal of the European Ceramic Society, 2013, 33 (12): 2299 - 2304.

[5] HVIZDOŠ P, DUSZA J, BALÁZSI C. Tribological properties of Si_3N_4 - graphene nanocomposites [J]. Journal of the European Ceramic Society, 2013, 33 (12): 2359 - 2364.

[6] GUTIERREZ - GONZALEZ C F, SMIRNOV A, CENTENO A, et al. Wear behavior of graphene/alumina composite [J]. Ceramics International, 2015, 41 (6): 7434 - 7438.

[7] GUTIÉRREZ - MORA F, MORALES - RODRÍGUEZ A, GALLARDO - LÓPEZ A, et al. Tribological behavior of graphene nanoplatelet reinforced 3YTZP composites [J]. Journal of the European Ceramic Society, 2019, 39 (4): 1381 - 1388.

[8] 周小蓉，黄立东，杨旭静，等．石墨烯含量对 WC - 6Co 硬质合金组织与性能的影响研究 [J]．稀有金属与硬质合金，2017，45 (3)：76 - 80.

[9] 李晓林．石墨烯含量对齿轮用复合材料性能的影响研究 [J]．热加工工艺，2016，45 (4)：101 - 103.

[10] 刘睿，刘晶．钛合金切削刀具用复合材料的制备与性能研究 [J]．铸造技术，2016，37 (9)：1824 - 1826.

[11] 王西龙，宋晓艳，张哲旭，等．以石墨烯为碳源的硬质合金制备与性能 [J]．稀有金属材料与工程，2016，45 (12)：230 - 234.

[12] SUN J, ZHAO J. Multi - layer graphene reinforced nano - laminated WC - Co composites [J]. Materials Science and Engineering: A, 2018, 723: 1 - 7.

[13] SUN J, ZHAO J, GONG F, et al. Design, fabrication and characterization of multi - layer graphene reinforced nanostructured functionally graded cemented carbides [J]. Journal of Alloys and Compounds, 2018, 750: 972 - 979.

[14] SUN J, HUANG Z, ZHAO J, et al. Nano - laminated graphene - carbide for green machining [J]. Journal of Cleaner Production, 2021, 293: 126158.

[15] KIM W, OH H S, SHON I J. The effect of graphene reinforcement on the mechanical properties of Al_2O_3 ceramics rapidly sintered by high - frequency induction heating [J]. International Journal of Refractory Metals and Hard Materials, 2015, 48: 376 - 381.

[16] KUN P, TAPASZTÓ O, WÉBER F, et al. Determination of structural and mechanical properties of

multilayer graphene added silicon nitride – based composites [J]. Ceramics International, 2012, 38 (1): 211 –216.

[17] SHON I J. Enhanced mechanical properties of TiN – graphene composites rapidly sintered by high – frequency induction heating [J]. Ceramics International, 2017, 43 (1): 890 –896.

[18] SHON I J. Enhanced mechanical properties of the nanostructured AlN – graphene composites rapidly sintered by high – frequency induction heating [J]. Ceramics International, 2016, 42 (14): 16336 –16342.

[19] ZHAI W, SHI X, YAO J, et al. Investigation of mechanical and tribological behaviors of multilayer graphene reinforced Ni_3Al matrix composites [J]. Composites Part B: Engineering, 2015, 70: 149 –155.

[20] NIETO A, LAHIRI D, AGARWAL A. Graphene nano platelets reinforced tantalum carbide consolidated by spark plasma sintering [J]. Materials Science and Engineering: A, 2013, 582: 338 –346.

[21] RAMIREZ C, GARZÓN L, MIRANZO P, et al. Electrical conductivity maps in graphene nanoplatelet/silicon nitride composites using conducting scanning force microscopy [J]. Carbon, 2011, 49 (12): 3873 –3880.

[22] RAMIREZ C, FIGUEIREDO F M, MIRANZO P, et al. Graphene nanoplatelet/silicon nitride composites with high electrical conductivity [J]. Carbon, 2012, 50 (10): 3607 –3615.

[23] YUN C, FENG Y, QIU T, et al. Mechanical, electrical, and thermal properties of graphene nanosheet/aluminum nitride composites [J]. Ceramics International, 2015, 41 (7): 8643 –8649.

[24] WANG K, WANG Y, FAN Z, et al. Preparation of graphene nanosheet/alumina composites by spark plasma sintering [J]. Materials Research Bulletin, 2011, 46 (2): 315 –318.

[25] WALKER L S, MAROTTO V R, Rafiee M A, et al. Toughening in graphene ceramic composites [J]. ACS nano, 2011, 5 (4): 3182 –3190.

[26] PORWAL H, TATARKO P, GRASSO S, et al. Graphene reinforced alumina nano – composites [J]. Carbon, 2013, 64: 359 –369.

[27] CHEN Y F, BI J Q, YIN C L, et al. Microstructure and fracture toughness of graphene nanosheets/alumina composites [J]. Ceramics International, 2014, 40 (9): 13883 –13889.

[28] WU W, GUI J, SAI W, et al. The reinforcing effect of graphene nano – platelets on the cryogenic mechanical properties of GNPs/Al_2O_3 composites [J]. Journal of Alloys and compounds, 2017, 691: 778 –785.

[29] ZHENG D, LI X, AI X, et al. Bulk WC – Al_2O_3 composites prepared by spark plasma sintering [J]. International Journal of Refractory Metals and Hard Materials, 2012, 30 (1): 51 –56.

[30] SUN J, ZHAO J, HUANG Z, et al. A review on binderless tungsten carbide: development and application [J]. Nano – Micro Letters, 2020, 12 (1): 1 –37.

[31] SIWAK P, GARBIEC D, ROGALEWICZ M. The effect of Cr_3C_2 and TaC additives on microstructure, hardness and fracture toughness of WC –6Co tool material fabricated by spark plasma sintering [J]. Materials Research, 2017, 20: 780 –785.

[32] BASU B, LEE J H, KIM D Y. Development of WC – ZrO_2 nanocomposites by spark plasma sintering [J]. Journal of the American Ceramic Society, 2004, 87 (2): 317 –319.

[33] BASU B, VENKATESWARAN T, SARKAR D. Pressureless sintering and tribological properties of WC – ZrO_2 composites [J]. Journal of the European Ceramic Society, 2005, 25 (9): 1603 – 1610.

[34] MALEK O, LAUWERS B, PEREZ Y, et al. Processing of ultrafine ZrO_2 toughened WC composites [J]. Journal of the European Ceramic Society, 2009, 29 (16): 3371 – 3378.

[35] XIA X, LI X, LI J, et al. Microstructure and characterization of WC – 2.8 wt% Al_2O_3 – 6.8 wt% ZrO_2 composites produced by spark plasma sintering [J]. Ceramics International, 2016, 42 (12): 14182 – 14188.

[36] KIM H C, SHON I J, YOON J K, et al. Consolidation of ultrafine WC and WC – Co hard materials by pulsed current activated sintering and its mechanical properties [J]. International Journal of Refractory Metals and Hard Materials, 2007, 25 (1): 46 – 52.

[37] KIM H C, SHON I J, YOON J K, et al. One step synthesis and densification of ultra – fine WC by high – frequency induction combustion [J]. International Journal of Refractory Metals and Hard Materials, 2006, 24 (3): 202 – 209.

[38] GIRARDINI L, ZADRA M, CASARI F, et al. SPS, binderless WC powders, and the problem of sub carbide [J]. Metal Powder Report, 2008, 63 (4): 18 – 22.

[39] SUN S K, KAN Y M, ZHANG G J. Fabrication of nanosized tungsten carbide ceramics by reactive spark plasma sintering [J]. Journal of the American Ceramic Society, 2011, 94 (10): 3230 – 3233.

[40] OH S J, KIM B S, SHON I J. Mechanical properties and rapid consolidation of nanostructured WC and WC – Al_2O_3 composites by high – frequency induction – heated sintering [J]. International Journal of Refractory Metals and Hard Materials, 2016, 58: 189 – 195.

[41] ZHENG D, LI X, AI X, et al. Bulk WC – Al_2O_3 composites prepared by spark plasma sintering [J]. International Journal of Refractory Metals and Hard Materials, 2012, 30 (1): 51 – 56.

[42] BASU B, VENKATESWARAN T, SARKAR D. Pressureless sintering and tribological properties of WC – ZrO_2 composites [J]. Journal of the European Ceramic Society, 2005, 25 (9): 1603 – 1610.

[43] KIM H C, KIM D K, WOO K D, et al. Consolidation of binderless WC – TiC by high frequency induction heating sintering [J]. International Journal of Refractory Metals and Hard Materials, 2008, 26 (1): 48 – 54.

[44] KIM H, KIM D, KO I, et al. Sintering behavior and mechanical properties of binderless WC – TiC produced by pulsed current activated sintering [J]. Journal of Ceramic Processing Research, 2007, 8 (2): 91 – 97.

[45] NINO A, IZU Y, SEKINE T, et al. Effects of TaC and TiC addition on the microstructures and mechanical properties of Binderless WC [J]. International Journal of Refractory Metals and Hard Materials, 2019, 82: 167 – 173.

[46] ZHENG D, LI X, TANG Y, et al. WC – Si_3N_4 composites prepared by two – step spark plasma sintering [J]. International Journal of Refractory Metals and Hard Materials, 2015, 50: 133 – 139.

[47] SUGIYAMA S, KUDO D, TAIMATSU H. Preparation of WC – SiC whisker composites by hot pressing and their mechanical properties [J]. Materials Transactions, 2008, 49 (7): 1644 –

1649.

[48] JANG J H, OH I H, LIM J W, et al. Fabrication and mechanical properties of binderless – WC and WC – CNT hard materials by pulsed current activated sintering method [J]. Journal of Ceramics Processing Research, 2017, 18 (7): 477 – 482.

[49] CAO T, LI X, LI J, et al. Effect of sintering temperature on phase constitution and mechanical properties of WC – 1.0 wt% carbon nanotube composites [J]. Ceramics International, 2018, 44 (1): 164 – 169.

[50] CAI P Z, GREEN D J, MESSING G L. Mechanical characterization of Al_2O_3/ZrO_2 hybrid laminates [J]. Journal of the European Ceramic Society, 1998, 18 (14): 2025 – 2034.

[51] GREEN D J, CAI P Z, MESSING G L. Residual stresses in alumina – zirconia laminates [J]. Journal of the European Ceramic society, 1999, 19 (13 – 14): 2511 – 2517.

[52] MARSHALL D B, LAWN B R. Residual stress effects in sharp contact cracking [J]. Journal of Materials Science, 1979, 14 (8): 2001 – 2012.

[53] 陈蓓，程川，王里奥，等．氧化锆层状复合陶瓷表面压应力与相变增韧的关系 [J]．材料科学与工程学报，2005, 23 (6): 806 – 809.

[54] BAO Y, SU S, HUANG JL. Residual stress and interface stress in symmetric laminated composites [J]. Cailiao Yanjiu Xuebao/Chinese Journal of Materials Research, 2002, 16 (5): 449 – 457.

[55] LI X, CAO T, ZHANG M, et al. Ultrafine porous boron nitride nanofiber - toughened WC composites [J]. International Journal of Applied Ceramic Technology, 2020, 17 (3): 941 – 948.

[56] GORTI V K, GOLLA S, BHAVANI S B, et al. Fabrication and characterization of graphene reinforced tungsten carbide – cobalt composite [J]. The Journal of Advances in Mechanical and Materials Engineering, 2018, 1: 12 – 22.

[57] ZHANG X, ZHU S, DING H, et al. Fabrication and properties of hot – pressing sintered WC – Al_2O_3 composites reinforced by graphene platelets [J]. International Journal of Refractory Metals and Hard Materials, 2019, 82: 81 – 90.

[58] BAI T, XIE T. Fabrication and mechanical properties of WC – Al_2O_3 cemented carbide reinforced by CNTs [J]. Materials Chemistry and Physics, 2017, 201: 113 – 119.

[59] FAN B, ZHU S, DING H, et al. Influence of MgO whisker addition on microstructures and mechanical properties of WC – MgO composite [J]. Materials Chemistry and Physics, 2019, 238: 121907.

[60] 张律．石墨烯增韧羟基磷灰石复合材料力学与生物学性能研究 [D]．苏州：苏州大学，2014.

[61] PANG L, SUN K, REN S, et al. Valence electron structure analysis of interface of feal/tin composites [J]. Surface Review Letter, 2007, 14 (1): 17 – 21.

[62] LI Z, ZHAO J, SUN J, et al. Reinforcement of Al_2O_3/TiC ceramic tool material by multi – layer graphene [J]. Ceramics International, 2017, 43 (14): 11421 – 11427.

第4章

热压烧结石墨烯-碳化硅晶须/陶瓷黏结相硬质合金刀具材料

4.1 引言

石墨烯作为复合材料的新生力，是目前公认的最薄、最强且最硬的材料，凭借其小尺寸化、高性能化和多性能化等优势，已成为新一代的纳米复合材料强韧化相。第3章已充分证明石墨烯可作为刀具材料的优异强韧化相，然而由于石墨烯具有较大的比表面积，片层间的接触面积较大，引入大的范德瓦耳斯力，导致石墨烯较易在复合材料内部发生聚集，一定程度影响了石墨烯的强韧化效果。石墨烯在刀具材料基体中的分散效果和状态直接影响刀具材料的性能提升，在不破坏或少破坏石墨烯结构的前提下，提高石墨烯在硬质刀具材料基体的分散均匀性是石墨烯复合硬质刀具材料性能提升的关键因素。因此，本章采用一维的碳化硅晶须（SiC_w）掺杂二维的多层石墨烯（MLG）作为协同强韧化相，充分发挥石墨烯强韧化和碳化硅晶须强韧化的耦合作用。MLG具有较大的比表面积，可以为SiC_w提供负载体，而SiC_w则分布在MLG表面，可起到MLG聚集阻隔剂的作用，从而显著增大SiC_w-MLG与刀具材料基体的接触面积且相容性较好。通过设计构筑SiC_w/MLG/复相陶瓷界面，引入基于多元多尺度强弱混杂界面调控的协同强韧化，显著提高刀具材料力学性能，对于硬质合金刀具的绿色制造、刀具材料强韧化等具有重要的理论意义和实用价值，为切削刀具的设计与制备提供了新思路和新途径，可推动难加工材料（例如钛合金、铝合金等）的高速、高效切削加工。

4.2 复合粉体制备及烧结工艺

20世纪40年代，美国电话系统经常发生短路故障，检查发现在电池极板表面出现一种与基体极板相似的针状结晶体，但其强度及弹性模量更高，且呈晶须状，因而得名晶须。晶须强韧化硬质刀具材料对晶须和刀具材料基体的各项性能须有一定的适配原则，即晶须应与刀具材料基体具有良好的物理化学相容性：

1）所选晶须需具有较好的力学性能，尤其具有高强度和弹性模量。

2）所选晶须需具有和刀具材料基体相匹配的线胀系数。

3）所选晶须应具有合适的长径比，其直径应与刀具材料基体晶粒直径相当。

4）所选晶须在刀具材料基体容易分散。

5）所选晶须与刀具材料基体间不发生化学反应，刀具材料基体不会破坏晶须结构。

目前最常用的晶须为碳化硅晶须，其力学性能优异，且相对易均匀掺杂于材料基体，因此本研究选择碳化硅晶须作为硬质刀具材料的协同强韧相。

本研究采用的原料规格见表4-1，材料基体为WC，TiC、TiN与Al_2O_3为替Co相，MLG与SiC_w为协同强韧化相。七种WC基复合刀具材料的组分设计见表4-2。使用无水乙醇作为陶瓷粉末的分散介质，加入PEG/PVP复试分散剂，超声分散30min。使用NMP作为MLG/SiC_w的分散介质，加入PVP作为分散剂，超声分散及机械搅拌1h。将MLG/SiC_w悬浮液与陶瓷悬浮液混合后超声分散和机械搅拌1h，制得刀具材料复合粉体的分散液。随后，以WC球作为磨球，将完成分散的悬浮液行星球磨20h。之后进行真空干燥，过筛，最后即可得到各相混合均匀的刀具材料复合粉体。

表4-1　本研究采用的原料规格

材料	规格	纯度（%）
MLG	厚度：1～5nm，直径：1～5μm	>99.6
SiC_w	直径：0.1～0.5μm，长度：0.5～5μm	>99.6
WC	400nm	>99.8
Al_2O_3	80nm	>99.8
TiC	40nm	>99.8
TiN	20nm	>99.8

表4-2　七种WC基复合刀具材料的组分设计

刀具材料	组分（质量分数,%）					
	WC	Al_2O_3	TiC	TiN	SiC_w	MLG
WA	91	9	0	0	0	0
WAC	85	9	6	0	0	0
WAN	85	9	0	6	0	0
WACN	85	9	3	3	0	0
WACNSi	84.7	9	3	3	0.3	0
WACNM	84.9	9	3	3	0	0.1
WACNSiM	84.8	9	3	3	0.15	0.05

根据模具大小及梯度层厚度计算所需粉末重量，将粉料放入模具、铺平、压制成型，粉料与模具之间采用石墨纸防粘。第 2 章已介绍了二步烧结工艺，通过短时间高温烧结 + 长时间低温烧结，可实现在抑制晶粒长大的情况下完成材料的高致密化或者完全致密化。其基本步骤包括：①将试样快速加热到特定高温，短时间保温或者不保温，使材料获得一定致密度；②快速冷却至一个较低温度，较长时间保温，此温度下，晶界运动受到抑制，但晶界扩散仍处于活跃状态。图 4-1 所示为本研究所采用的二步热压烧结工艺曲线，首先将试样加热到 1700℃ 保温 4min，然后快速降温至 1600℃ 保温 60min。升温速率为 60℃/min，压强为 40MPa。

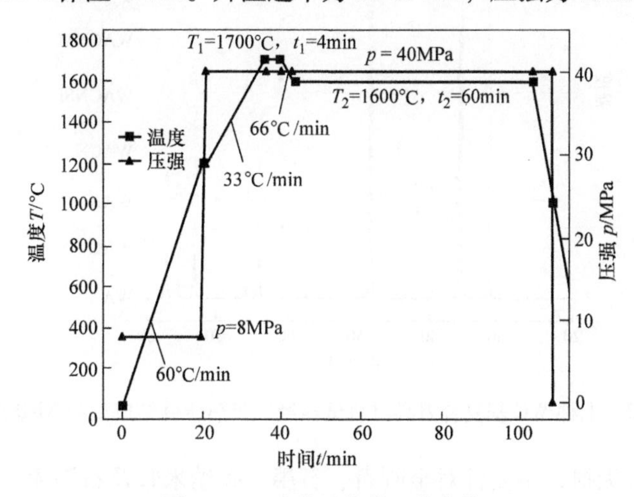

图 4-1　二步热压烧结工艺曲线

4.3　相组成和显微组织分析

图 4-2 所示为七种 WC 基复合刀具材料试样经二步热压烧结成型的 XRD 衍射图谱。从图上可以看出，所有试样的主晶相均为 WC 和 Al_2O_3，同时图谱中未检测到 W_2C 相、游离碳或 η 相等不利于材料力学性能的相，表明 Al_2O_3 与 WC 之间没有任何化学反应发生，具有较好的化学相容性。对于掺杂了 TiC 的 WAC 试样，检测发现有少量（$Ti_{0.8}$，$W_{0.2}$）C 固溶体的生成。掺杂了 TiC 及 TiN 的试样中，检测发现有（$Ti_{0.8}$，$W_{0.2}$）C 固溶体的生成，还检测到了 Ti（$C_{0.7}$，$N_{0.3}$）固溶体和次晶相 AlN 的衍射峰，说明在烧结过程中 TiN 与 Al_2O_3 发生了反应。AlN 可抑制 WC 的脱碳行为，且有助于固溶相的形成。此外，AlN 具有较高的热导率，烧结过程中可一定程度促进 WC 基刀具材料致密化过程。对于 WACNSi 和 WACNSiM 试样，检测到了少量的 SiC 相。

在 XRD 图谱中，MLG 的衍射峰强度较低，难以进行观测，因此，本研究对于 MLG 的分析采用拉曼光谱进行表征分析。拉曼光谱是一种常见的碳材料表征方法，

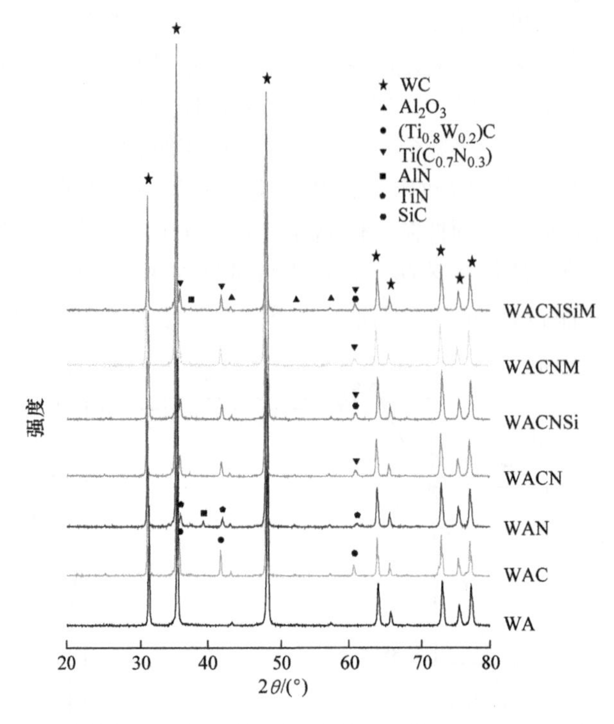

图 4-2　七种 WC 基复合刀具材料试样经二步热压烧结成型的 XRD 图谱

其特点为快速且无损，主要针对金刚石、石墨、碳纳米管及石墨烯等由碳原子构成的材料进行表征，可以实现对常见的碳基材料的结构特征进行较为精准的区分。WACNM 和 WACNSiM 刀具材料的拉曼光谱如图 4-3 所示。本研究利用拉曼光谱对烧结后的 WACNM 和 WACNSiM 试样中 MLG 的结构完整性进行表征。在 WACNM 和 WACNSiM 试样中，MLG 均呈现出三个特征峰：D 峰（$1350cm^{-1}$）、G 峰（$1580cm^{-1}$），以及 2D 峰（$2710cm^{-1}$），说明 MLG 在经历了超声分散、混合、球磨以及二步烧结后，在陶瓷刀具材料中保持了较好的结构完整性。石墨烯的缺陷密度 n_D可以由式（4-1）计算[1]

$$n_D = (7.3 \pm 2.2) \times 10^9 E_L^4 \left(\frac{I_D}{I_G}\right) \tag{4-1}$$

式中，E_L是激光能量。根据式（4-1）可知，I_D/I_G的比值越大，表明 MLG 结构的损伤程度越大；比值越小，表明烧结材料中 MLG 的结构完整性保持较好。由图 4-3可知，两种刀具材料的 I_D/I_G比值均较小，说明本研究设计的刀具材料制备过程对于 MLG 结构完整性的损伤较小。

图 4-4 所示为二步热压烧结后不同试样抛光表面 Al 元素的 EDS 面扫描图。由该图可以看出，纳米 Al_2O_3在含有不同烧结试样中表现出了不同的分布均匀性。比较图 4-4a、b、c 可以看出，纳米 TiC 和 TiN 均可显著改善纳米 Al_2O_3在 WC 基体内

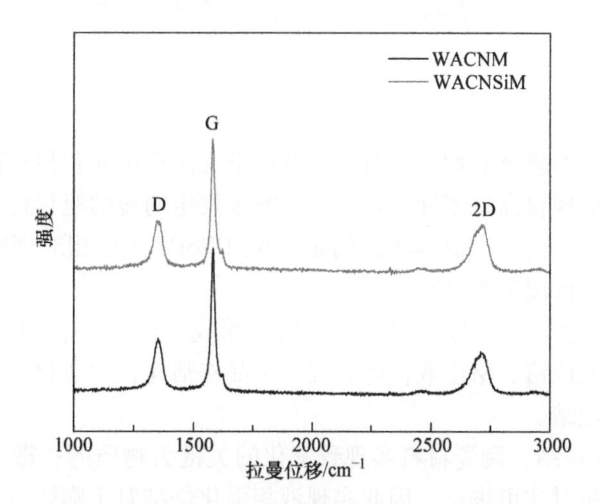

图 4-3　WACNM 和 WACNSiM 刀具材料的拉曼光谱

的分布均匀性，且 TiN 效果更为显著。进一步比较图 4-4b、c、d 可以看出，相对于单一 TiC 或单一 TiN，TiC/TiN 复式掺杂对于改善纳米 Al_2O_3 在 WC 基体中的分布均匀性最有效。分析认为，其改善机理与 TiC/TiN 复式掺杂改善 WC 陶瓷刀具材料致密化密切相关。纳米 TiC 与 TiN 晶粒较小，相互交织在一起，一方面可形成 Ti（$C_{0.7}$，$N_{0.3}$）固溶体，基于固溶活化烧结（缺陷强化烧结）促进材料致密化过程；另一方面可显著抑制基体晶粒增长，晶粒尺寸分布宽度较窄，即晶粒尺寸均匀度较高。纳米第二相在陶瓷刀具材料基体内的均匀性分布对于材料力学性能，尤其是强度具有非常重要的影响，因此，基于图 4-4 可以推测，相对单一 TiC 或 TiN，纳米 TiC/TiN 复式掺杂可产生协同效应，进一步提升 WC 基复合刀具材料的力学性能。

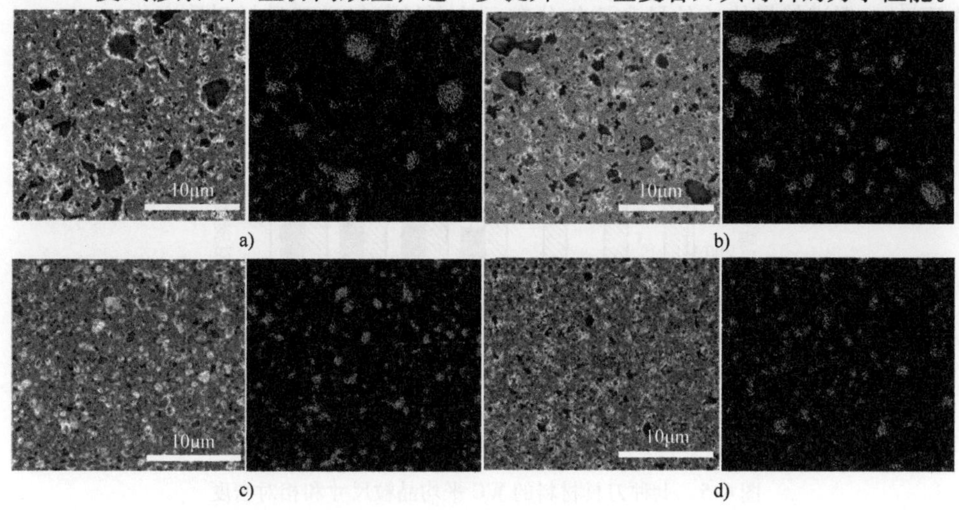

图 4-4　二步热压烧结后不同试样抛光表面 Al 元素的 EDS 面扫描图

a）WA　b）WAC　c）WAN　d）WACN

4.4 致密化

图4-5比较了本研究七种刀具材料的WC平均晶粒尺寸和相对密度。由该图可见，所有试样均呈现较高致密度，且WC晶粒未发生明显的粗化行为，进一步证实了二步烧结工艺的先进性。值得注意的是，WACNSiM试样相对密度最高，达到了99.9%，其致密化机理主要包括：

1）固溶活化烧结，TiC与TiN的复式掺杂，形成（$Ti_{0.8}$，$W_{0.2}$）C与Ti($C_{0.7}$，$N_{0.3}$)两种固溶体，引入位错、格位取代等，促进了晶格活化，加速材料致密化过程，即实现了固溶活化烧结。

2）液相强化烧结，陶瓷材料实现致密化的关键为物质的扩散和流动，而流动则只能在出现液相时才可进行，因此实现液相强化烧结对于陶瓷材料致密化是非常重要的。陶瓷颗粒的熔点会受到其直径大小的影响，陶瓷颗粒的熔点比与其相对应的块状材料的熔点低得多，这是由于颗粒粉体表面能较大，从而可在低于块体材料熔点的温度下熔化。在本研究中，添加的第二相（Al_2O_3、TiC和TiN）均为纳米级尺寸，与常规粉体材料相比，纳米颗粒表面所含有的原子数多，而且近邻配位不全，有较大的活性，以致其在熔化时所需要增加的内能比常规粉体熔化时所需要增加的内能进一步减小，从而在烧结过程中产生少量液相，促进刀具材料致密化，即实现了液相强化烧结。

3）SiC_w促进材料致密化，例如文献［2］发现SiC_w的引入有利于降低无金属黏结相硬质合金的致密化起始温度。

4）MLG-导热片，MLG具有超高的热导率，在烧结过程中可发挥“导热片”作用[3]，促进热量快速传导和均匀分布，从而显著促进刀具材料致密化。

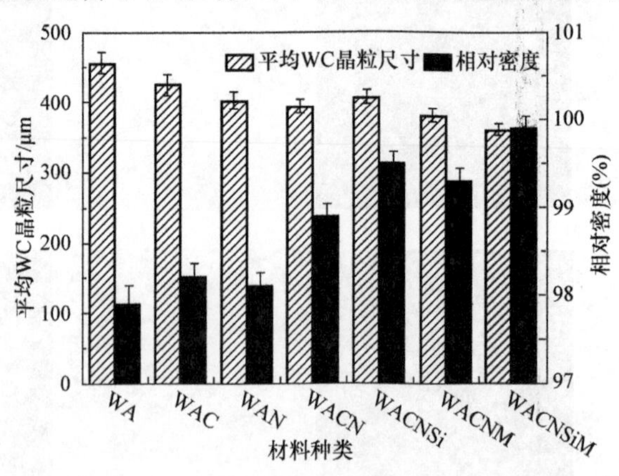

图4-5　七种刀具材料的WC平均晶粒尺寸和相对密度

4.5　力学性能

图4-6比较了七种刀具材料的力学性能。对比WAC、WAN与WACN三种刀具材料的力学性能，发现WACN比另两种刀具材料具有更好的力学性能。这表明TiC和TiN在改善力学性能方面具有协同效应：① TiC比TiN的硬度高，而TiN比TiC的断裂韧度好且具有更为优异的晶粒细化能力（见图4-5）；② 相对于单一的TiC或单一的TiN，TiC/TiN的复式掺杂在促进纳米Al_2O_3在WC基体中的分布均匀性方面的效果更加显著。基于以上分析，相对于单一TiC获单一TiN，TiC/TiN的复式掺杂在提高WC基刀具材料力学性能上的效果更为显著。比较WACNSi、WACNM和WACNSiM三种刀具材料的力学性能可以看出，WACNSiM刀具材料的力学性能显著优于其他两种，其维氏硬度为22.8GPa，断裂韧度为12.7MPa·$m^{1/2}$，抗弯强度为1174.3MPa。相对于WC-Al_2O_3，WACNSiM刀具材料的硬度提高了4.1%，断裂韧度提高了54.9%，抗弯强度提高了23.8%，实现了“双高”WC基刀具材料的成功制备。一方面，SiC_w具有高于基体WC的硬度和强度，因此加入SiC_w可提

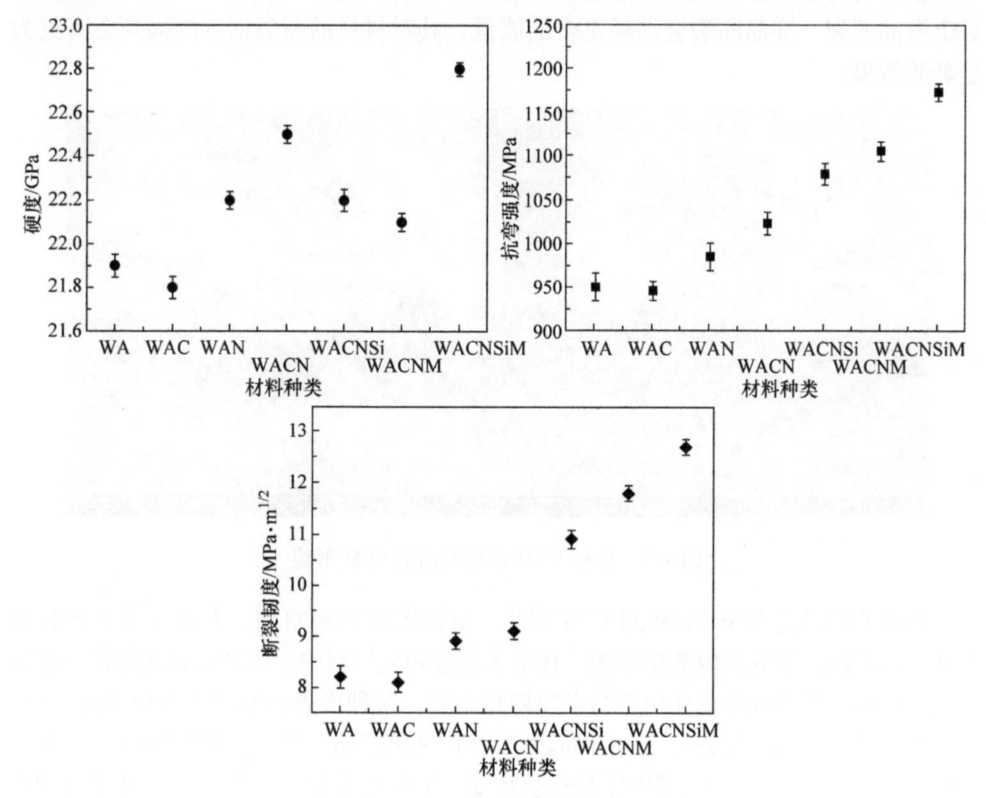

图4-6　七种刀具材料的力学性能

高刀具材料的硬度和强度；MLG 具有显著优于传统增韧相的增韧效果，MLG 的掺杂可显著提高刀具材料的断裂韧度。另一方面，MLG 和 SiC_w 的复合引入可显著提高两种强韧化相在刀具材料内部分布的均匀性，进一步提升刀具材料的综合力学性能。

4.6 强韧化机理

WACNSiM 试样断面的 SEM 形貌如图 4-7 所示，MLG 与 SiC_w 在刀具材料基体分布较为均匀，未发现明显团聚。MLG 主要分布在晶界位置、两个陶瓷颗粒间、两个 SiC_w 间或 SiC_w 与陶瓷颗粒间。一个 MLG 纳米片的两侧与多个陶瓷颗粒及 SiC_w 相接触，可形成多元多尺度界面，对于提高材料强韧性具有重要作用。MLG 与 SiC_w 分布在晶界位置，可起到抑制晶粒增长的作用，对于提高刀具材料强韧性亦具有一定贡献。大量研究表明，纯 WC 刀具材料的断裂方式往往以沿晶断裂为主，而本研究得出的 WACNSiM 纳米复合刀具材料断口较为粗糙，出现了大量的穿晶断裂，该材料的断裂方式属于穿晶断裂和沿晶断裂的混合形式，以穿晶断裂为主。相对于沿晶断裂，穿晶断裂会消耗更多的能量，其对材料的断裂韧度的提高会有更为显著的效果。

图 4-7 WACNSiM 试样断面的 SEM 形貌

图 4-8 所示为 WACNSiM 的 TEM 照片。由该图可以观察到，大部分纳米颗粒嵌入 WC 晶粒内，形成了内晶型结构。在纳米复合陶瓷材料中，大量次界面存在于除基体相之间的主晶界外的基体相与纳米强韧相之间，这种次界面有助于细化基体晶粒，实现刀具材料“纳米化效应”，从而起到较好强韧化作用。基于内晶型结构“纳米化效应”，可显著诱导沿晶断裂向穿晶断裂转变，消耗更多能量。此外，内晶型结构的 WC 颗粒发生穿晶断裂，进入 WC 晶粒内部的主裂纹受到内晶型中纳米颗粒的影响，发生偏转，消耗了断裂能量，即实现了裂纹在 WC 晶粒内部的二次偏转。

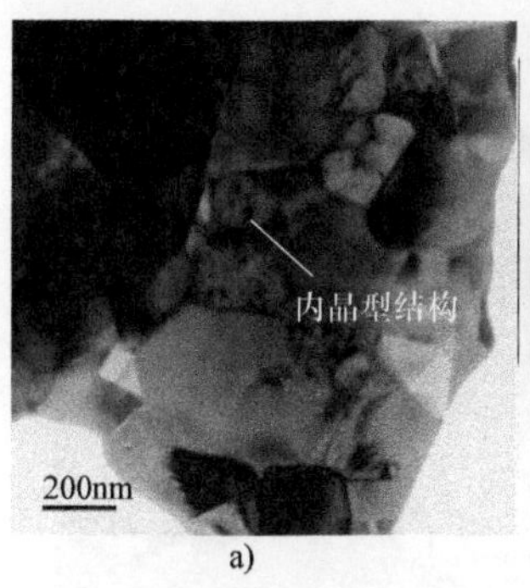

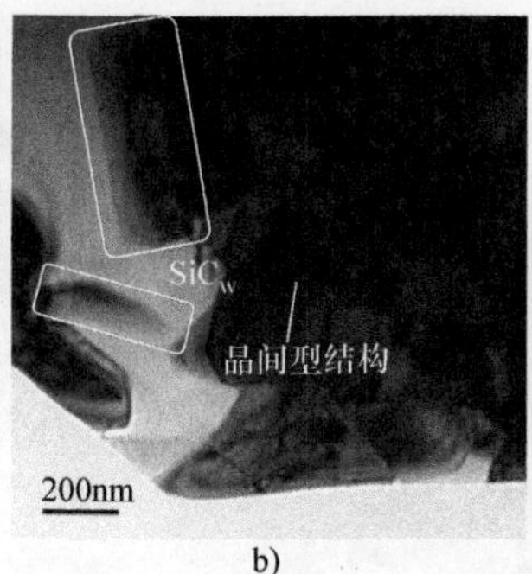

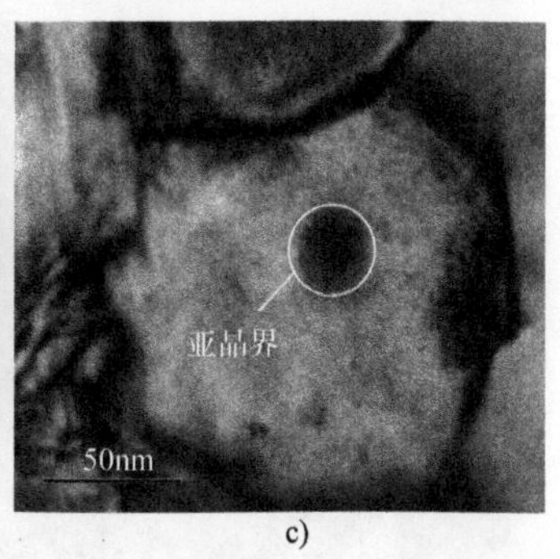

a)　　b)　　c)

图 4-8　WACNSiM 的 TEM 照片

a）内晶型结构　b）晶间型结构　c）单个晶内结构放大的 TEM 照片

WACNSiM 断裂面和裂纹扩展路径的 SEM 图如图 4-9 所示。该图基于断裂路径和断口的微观形貌分析总结出了典型强韧化机理。很明显，裂纹并不是沿直线扩展，而是呈现出比较弯曲的形貌。如图 4-9a、b 所示，SiC_w和 MLG 拔出现象非常明显。具有一定长径比的强韧相发生拔出时，其脱黏界面剪切摩擦阻力 τ_i与拔出长度的关系可描述为

$$\tau_i = \frac{\sigma_f d}{4L} \tag{4-2}$$

式中，τ_i是脱黏界面剪切摩擦阻力；σ_f是强韧相的拉伸强度；d 是强韧相的直径；L 是强韧相的拔出长度。

由于石墨烯的拉伸强度为 130GPa，远远大于传统增韧相，因此，被拔出同样长度时，石墨烯所需要的脱黏界面剪切摩擦阻力远远大于其他传统增韧相。此外，MLG 与 SiC_w的复式掺杂，可显著促进 MLG 与 SiC_w在刀具材料基体内部分布的均匀性，从而大幅度地增大了其与材料基体之间的接触面积，也大幅度地增加了 MLG 拔出所需要的能量。

由于 MLG、SiC_w与基体之间存在弹性模量及热膨胀系数差异，从而引起界面效应。当裂纹扩展遇到 MLG 或晶须时，裂纹尖端应力场将发生改变，从而裂纹扩展路径发生改变。如图 4-9c、d 所示，如果裂纹尖端前缘区域存在一个与裂纹扩展方向垂直或者近似垂直的弱界面或者脱黏面，并且在这个弱界面或者脱黏面具有适宜的结合强度的情况下，那么会由于二次微裂纹的产生而使得此弱界面或脱黏面可以强迫偏转主裂纹。如图 4-9e 所示，主裂纹遇到 MLG 未停止扩展，且未穿透 MLG 导致 MLG 断裂，也未发现裂纹沿二维平面发生偏转，说明裂纹沿着石墨烯 ab 面发生了三维方向的偏转，相对于传统裂纹偏转，MLG 引入的裂纹三维偏转对于提高材料强韧性作用更加显著。MLG 引入裂纹桥联如图 4-9f 所示，MLG 连接裂纹的两个表面，产生桥联作用。这种在断开的两个裂纹面之间架桥的 MLG 由于其与基体结合界面处受压应力，与基体间有一定的结合强度，因此可以承受外载荷并产生促

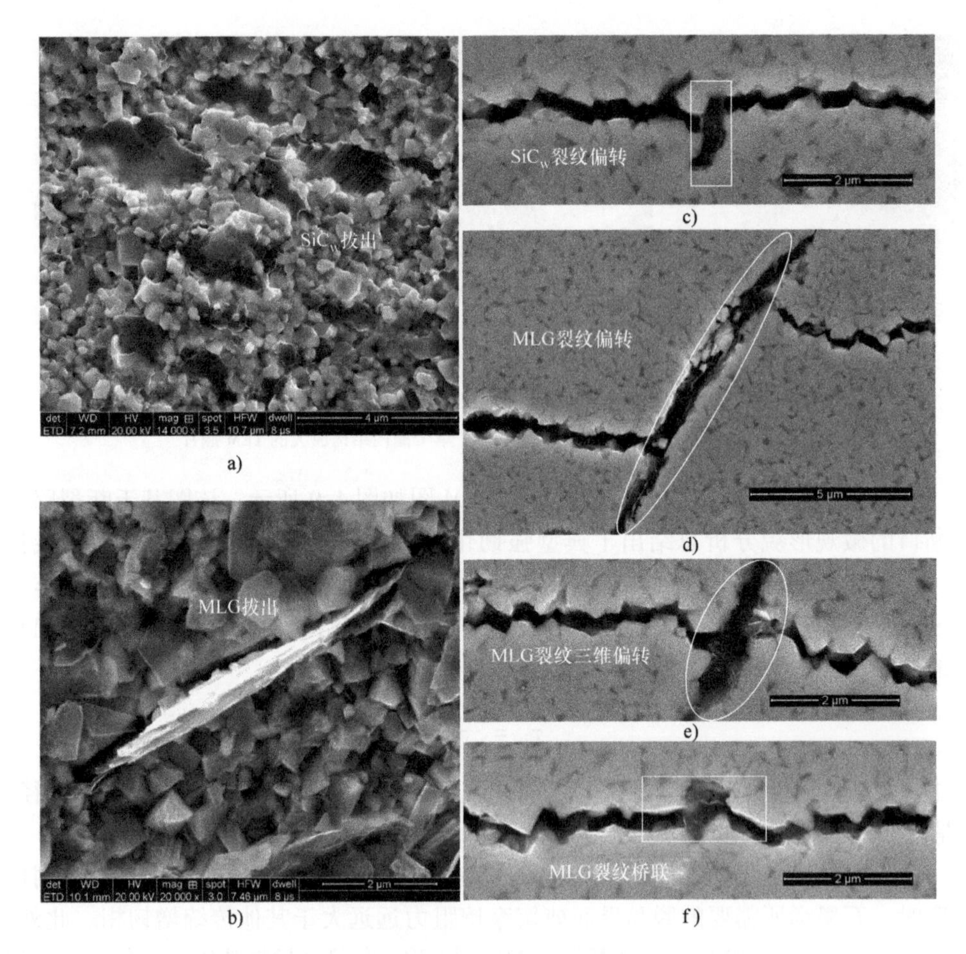

a) b) c) d) e) f)

图 4-9 WACNSiM 断裂面和裂纹扩展路径的 SEM 图

a) SiC_w拔出 b) MLG 拔出 c) SiC_w裂纹偏转 d) MLG 裂纹偏转

e) MLG 裂纹三维偏转结构 f) MLG 裂纹桥联

使裂纹趋于闭合的力，进而提高断裂功，由此起到强韧化的作用。

4.7 本章小结

本章针对传统硬质合金刀具材料以金属 Co 为黏结相的弊端，设计 TiC/TiN 与 Al_2O_3复式掺杂替代硬质合金传统金属黏结相 Co，以 MLG 与 SiC_w作为新型强韧化相，同时提出二步热压烧结工艺，成功制备了“双高”WC 基复合刀具材料。主要结论如下：

1）二步烧结工艺可在抑制晶粒增长的情况下完成纳米复合刀具材料的致密化；纳米 TiC/TiN 通过与基体 WC 形成固溶体，促进晶格活化，实现固溶强化烧结；纳米 Al_2O_3 通过形成少量液相，实现液相强化烧结。

2）TiC 与 TiN 在改善 WC 基复合刀具材料微观结构和力学性能方面具有协同作用。相对于单一 TiC 或单一 TiN 的引入，纳米 TiC 与 TiN 的复式引入可提高纳米 Al_2O_3 在刀具材料内部分布的均匀性，表明二者在促进纳米 Al_2O_3 在 WC 基体内的分布均匀性方面具有协同作用；TiC 的硬度高于 TiN，而 TiN 的断裂韧度高于 TiC，TiC 与 TiN 的复式引入可同时提高刀具材料的硬度和断裂韧度。

3）MLG 与 SiC_w 可作为彼此的分散剂，通过抑制 MLG 与 SiC_w 的聚集，增加它们与刀具材料基本的结合面积，可形成多元多尺度界面。刀具材料的强韧化机理，主要包括内晶型强韧化、MLG/SiC_w 拔出、裂纹偏转、裂纹桥联等。

4）MLG - SiC_w/WC - Al_2O_3 - TiC - TiN 纳米复合硬质合金刀具材料的力学性能最优，维氏硬度为 24.1GPa，断裂韧度为 12.7MPa · $m^{1/2}$，抗弯强度为 1246.3MPa。相对于 WC - Al_2O_3，MLG - SiC_w/WC - Al_2O_3 - TiC - TiN 纳米复合刀具材料的硬度提高了 7.2%，断裂韧度提高了 54.9%，抗弯强度提高了 29.8%。

参考文献

[1] CANCADO L G, JORIO A, FERREIRA E. Quantifying defects in graphene via raman spectroscopy at different excitation energies [J]. Nano Letter, 2011, 11 (8): 3190 - 3196.

[2] SUGIYAMA S, KUDO D, TAIMATSU H. Preparation of WC - SiC whisker composites by hot pressing and their mechanical properties [J]. Materials Transactions, 2008, 49 (7): 1644 - 1649.

[3] GEIM A K. Graphene: status and prospects [J]. Science, 2009, 324 (5934): 1530 - 1534.

第5章 放电等离子烧结石墨烯-碳化硅晶须/无黏结相硬质合金刀具材料

5.1 引言

第3章和第4章采用纳米碳化物和纳米氧化物陶瓷作为替Co黏结相，实现了WC基刀具材料的高致密化，然而纳米陶瓷粉体价格相对较为昂贵。碳化硅晶须（SiC_w）具有高硬度、高耐磨性、高导热性、高抗热冲击性、高抗氧化性等优点，且其价格便宜，材料来源广泛。本章基于进一步提高刀具材料性价比，不掺杂任何纳米陶瓷黏结相，通过引入高含量碳化硅晶须（SiC_w）与多层石墨烯（MLG），同时采用放电等离子烧结（SPS），获得高致密、高强韧性的WC-SiC_w-MLG刀具材料。基于SiC_w-MLG作为协同强韧化相，可引入多种强韧化机制，提高材料的力学性能，同时利用石墨烯自组织纳米润滑叠膜效应，使摩擦发生在润滑膜内部，提高材料的摩擦学性能。研究SiC_w-MLG含量调控、复合粉体制备及烧结工艺、力学及摩擦性能调控，揭示刀具材料致密化机理、强韧化机理及减摩润滑机理，对于丰富刀具设计理论、提高刀具寿命及工件表面加工质量具有重要的理论和实际意义。

5.2 复合粉体制备及烧结工艺

本研究采用的原料规格见表5-1，材料基体为WC，MLG与SiC_w为协同强韧化相。五种WC基刀具材料组分设计见表5-2。采用各相悬浮液混合法制备MLG-SiC_w混合悬浮液，以无水乙醇作为分散介质，以PEG/PVP作为复试分散剂，超声分散30min，制得MLG悬浮液和SiC_w悬浮液，然后在超声及机械搅拌的条件下，将MLG悬浮液滴入SiC_w悬浮液，继续超声分散30min，获得MLG-SiC_w混合悬浮液。将WC粉末加入MLG-SiC_w混合悬浮液，继续超声分散30min，获得各相均匀分散的刀具材料粉体悬浮液。随后，以 WC 球作为磨球，将完成分散的悬浮液行星球磨 24h。之后进行真空干燥、过筛，最后即可得到各相混合均匀的刀具材料复合粉体。

表 5-1　本研究采用的原料规格

材料	规格	纯度（%）
MLG	厚度：1～5nm，直径：1～5μm	>99.6
SiC_w	直径：0.1～0.5μm，长度：0.5～5μm	>99.6
WC	400nm	>99.8

表 5-2　五种 WC 基刀具材料组分设计

刀具材料	组分（质量分数，%）		
	WC	SiC_w	MLG
BTC－A	100	0	0
BTC－B	97	3	0
BTC－C	99.9	0	0.1
BTC－D	96.9	3	0.1
BTC－E	96.8	3	0.2

根据模具大小及梯度层厚度计算所需粉末重量，将粉料放入模具、铺平、压制成型，粉料与模具之间采用石墨纸防粘。第 2 章已介绍了二步烧结工艺，通过短时间高温烧结加长时间低温烧结，可实现在抑制晶粒长大的情况下完成材料的高致密化或者完全致密化。此外，SPS 作为一种“压制－烧结”一体化的成型技术，具有升温速率快等优点，亦可实现在抑制晶粒增长的情况下完成刀具致密化。本研究采用二步放电等离子烧结（TSSPS）进行刀具材料的制备。图 5-1 所示为二步放电等离子烧结工艺曲线，首先将试样加热到 1950℃ 保温 5min，然后快速降温至 1850℃ 保温 20min。升温速率为 130℃/min，压强为 40MPa。

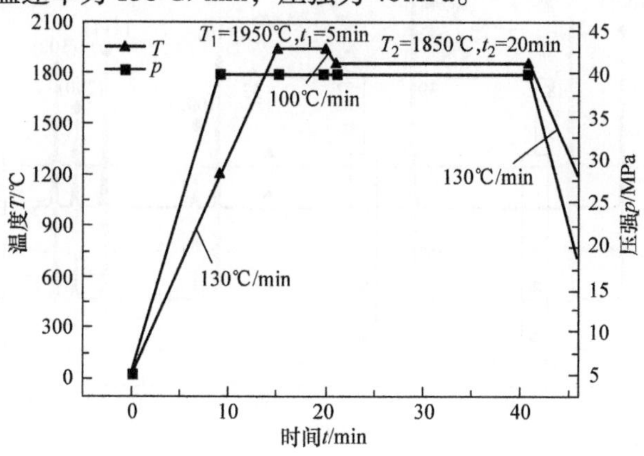

图 5-1　二步放电等离子烧结工艺曲线

5.3 相组成和显微组织分析

图 5-2 所示为五种刀具材料抛光面的 XRD 图谱，可以看出所有试样的主峰均为 WC 的衍射峰。在 XRD 局部放大图中，可以清晰看出对于 BTC－A 和 BTC－B 试样，除了 WC，还检测到脱碳相 W_2C 的微弱衍射峰。我们之前的研究发现，相对于传统 WC－Co 硬质合金，WC 陶瓷的碳窗口更窄[1,2]。WC 基陶瓷烧结过程中形成 W_2C 的原因主要包括 WC 的脱碳（$2WC \rightarrow W_2C + C$）和 WC 的氧化（$2WC + O_2 \rightarrow W_2C + CO_2$）。脱碳机制为：W 原子和 C 原子在 WC 中具有不同的扩散速率，W 原子比较大，为置换型溶质原子，其扩散发生在 WC 晶格内部，从 WC 晶格中的一个 W 原子位置迁移到另一个 W 原子位置；而 C 原子比较小，通过间隙机制扩散，脱落 WC 晶格，从一个间隙位置迁移到邻近的另一个间隙位置，从而使得 WC 晶格缺少 C 原子而形成 W_2C。W_2C 为六方结构，是一种脆性相，对 WC 基刀具材料力学性能尤其是断裂韧度会产生负面影响，严重影响了材料的服役性能。总体来说，本研究所制备试样 W_2C 脆性相的产生量均较少，分析认为和 TSSPS 烧结方式有关，TSSPS 烧结过程中局部电火花有助于除去 WC 表面的氧化层，从而对于减少 W_2C 产生量具有积极作用。BTC－C、BTC－D 和 BTC－E 对应的样品中没有检测到 W_2C 相，表明 MLG 的引入有助于抑制 WC 陶瓷烧结过程中 W_2C 的产生。在 BTC－B、BTC－D 和 BTC－E 样品中观察到 SiC 衍射峰，这与表 5-2 中的成分设计一致。

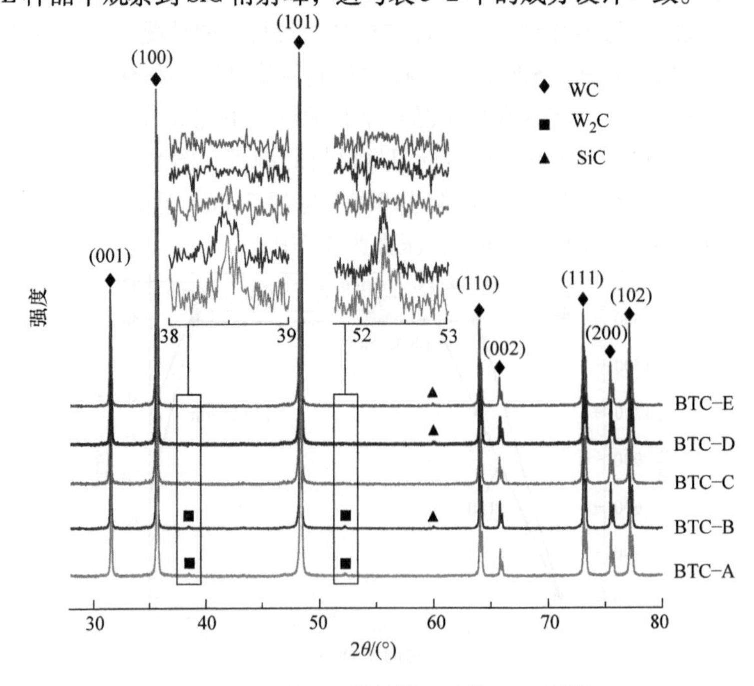

图 5-2　五种刀具材料抛光面的 XRD 图谱

图5-3a所示为五种刀具材料的相对密度和WC平均晶粒尺寸。相对于第3章和第4章设计的刀具材料，尽管本章节研究的刀具材料无陶瓷黏结相掺杂，但观察图5-3a可以发现，所有试样均具有较高相对密度，即使纯WC陶瓷刀具材料的相对密度也达到了96.5%，充分说明了SPS对于陶瓷材料致密化具有显著的促进作用。比较BTC－A、BTC－B与BTC－C三种刀具材料试样的相对密度，发现单一添加MLG及单一添加SiC_w均有助于WC基陶瓷刀具材料的致密化过程。BTC－D呈现最高相对密度。对于WC平均晶粒尺寸，BTC－B晶粒最大，其次是BTC－A，其他三种试样晶粒尺寸较小，表明SiC_w导致了晶粒增长，在烧结过程中，SiC_w退化形成SiC颗粒，且发生团聚，使得基体晶粒增长。BTC－D晶粒尺寸最小，约为0.37μm，相对于BTC－A，晶粒细化了43.1%，表明MLG具有较好的抑制晶粒增长作用，使得烧结试样具有晶粒细小且均匀的晶体结构。比较BTC－B和BTC－D试样，发现MLG和SiC_w在促进刀具材料致密化和抑制晶粒增长方面具有协同作用。相对于BTC－D，BTC－B试样中晶须之间接触的机会较多，发生晶须团聚和架桥作用，影响了SiC_w对于致密化的促进作用。MLG的添加提高了SiC_w的分布均匀性，从而发挥了SiC优异的促进刀具材料致密化作用。鉴于所有试样的相对密度均较高，不同试样的晶粒尺寸差异是导致不同试样力学性能差异的主要原因。

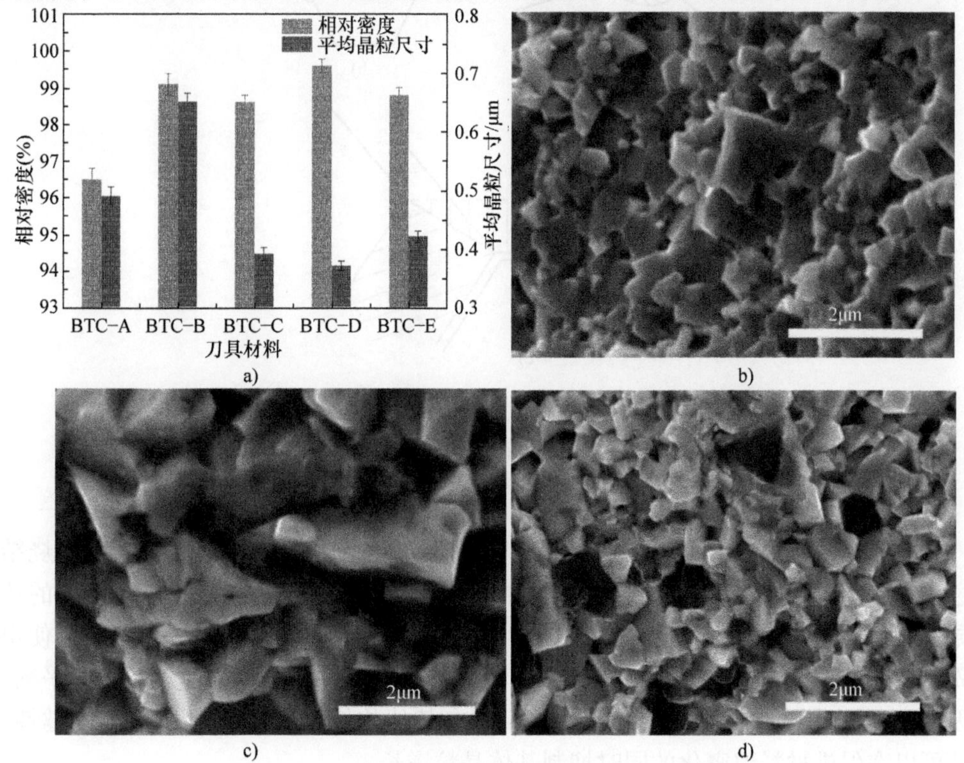

a)　　b)

c)　　d)

图5-3　不同烧结试样相对密度和晶粒大小比较

a）五种材料相对密度及平均晶粒尺寸　b）BTC－A断面　c）BTC－B断面　d）BTC－D断面

综合图 5-3 可知，MLG 的添加在促进材料致密化的基础上抑制了 WC 基体晶粒的增长。范宇驰等[3,4]通过类比液相烧结对添加第二相抑制晶粒粗化作用做了较好的解释（见图 5-4）。以传统颗粒状作为第二相，其与基体形成 120°~180°的二面角，在一定程度阻碍了晶界移动，但晶界仍有移动趋势；对于传统颗粒状第二相，有液相存在时，其与基体形成的二面角更小，当且仅当液相完全润湿固相时，形成 0°二面角。低微固态第二相因为具有较大的长径比，在某一或者某些维度上，可产生类似液相存在的效果。例如，一维碳纳米管和 45°二面角情况相似，二维石墨烯几乎等同于 0°二面角。但值得注意的是，此种类液相的固态第二相起阻碍原子扩散的作用，阻碍作用正比于第二相比表面积，而不能提供促使基体颗粒重排的毛细管力，亦不可提供扩散－淀析路径。此外，石墨烯的热导率可达 6000W/(m·K)，分析认为在降温过程中，石墨烯可起到“散热片”作用，从而加快降温速率，在一定程度上抑制了晶粒增长。

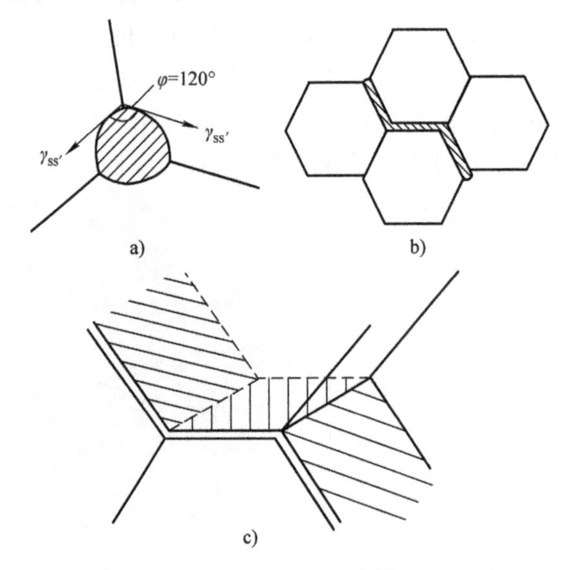

图 5-4　不同添加第二相抑制晶粒粗化作用[4]

a）零维掺杂相（如纳米颗粒）　b）一维掺杂相（如碳纳米管）　c）二维掺杂相（如石墨烯）

注：图中 φ 是二面角，$\gamma_{ss'}$ 是基体晶粒与掺杂第二相间的表面能。

石墨烯的电阻率低至 $10^{-6}\Omega\cdot cm$，热导率可达 6000W/(m·K)，因此在烧结过程中，石墨烯可以起到“导热片”与“导流片”的作用，促进热量和电流的传导，从而促进材料致密化过程。但同时由于石墨烯阻碍晶界移动的作用，从而使得 MLG/WC 刀具材料在实现高或者完全致密化时，仍有许多晶界未达到热力学平衡。因此，MLG 作为 WC 基刀具材料添加相具有其他传统添加相无可比拟的优越性，其可以在促进材料致密化的同时抑制基体晶粒增长。

图 5-5 所示为 SiC_w 在不同烧结试样基体的分布情况，可见，所有试样表面均

无明显气孔，和图 5-3 中所有试样表现的高致密性相一致。可以看到清晰的两种相，颜色较浅的为基体 WC，颜色较深的针状组织为 SiC_w。单一掺杂 SiC_w 的情况如图 5-5a 所示，SiC_w 在 WC 基体内出现较多团聚，且部分退化为 SiC 颗粒。而图 5-5b 中 SiC_w 的分布较为均匀，无明显团聚出现，表明 MLG 的添加有助于改善 SiC_w 在刀具材料内部分布的均匀性。相对于图 5-5b，图 5-5c 中 SiC_w 的分布均匀性并无较大改善，分析认为是由于 MLG 含量过高导致了 MLG 的团聚出现。

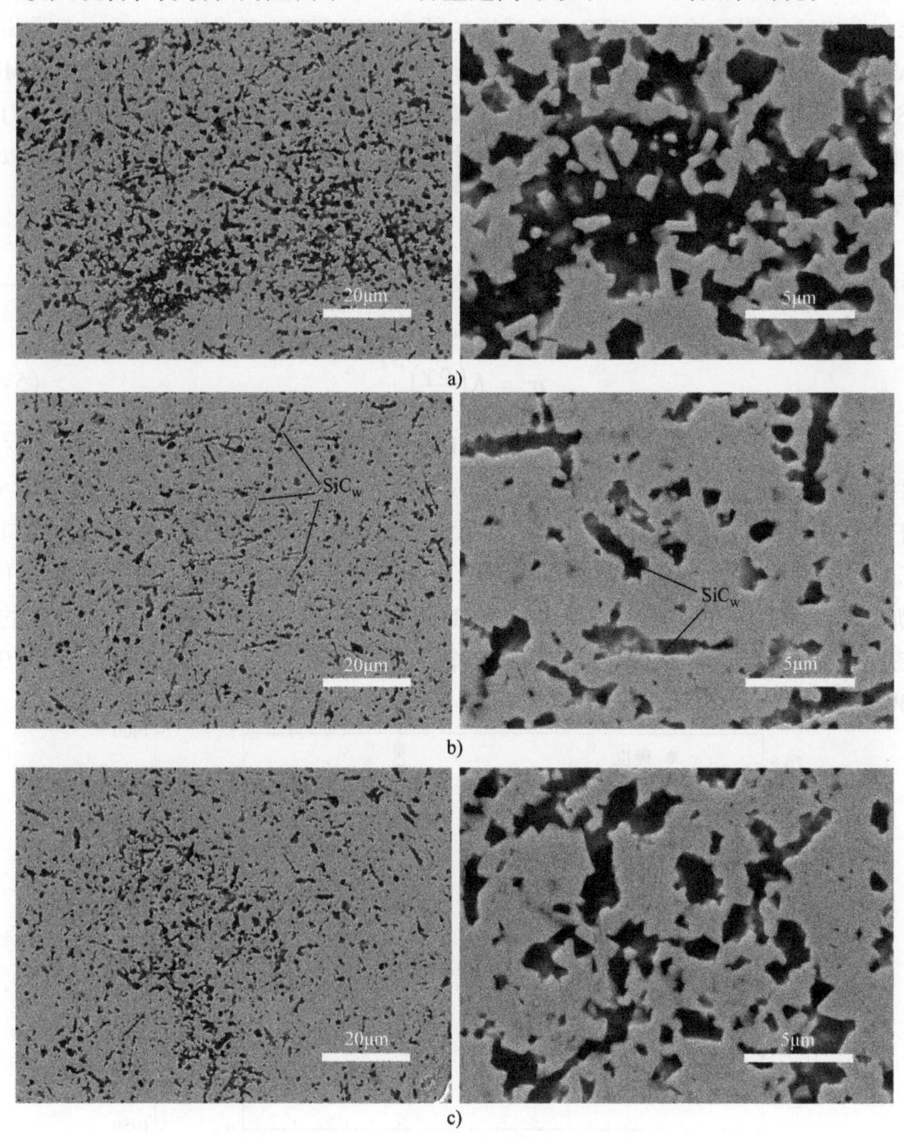

图 5-5 SiC_w 在不同烧结试样基体的分布情况

a）BTC－B b）BTC－D c）BTC－E

5.4 力学性能和强韧化机理

图5-6所示为不同烧结试样的力学性能。所有试样的硬度均在24~26GPa，显著优于热压烧结试样。也可以清晰看出WC基复合刀具材料的硬度均低于纯WC陶瓷刀具材料，尤其BTC-B的硬度降低较为明显，这是因为BTC-B晶粒相对于BTC-A出现了明显长大。BTC-D试样的硬度高于BTC-B及BTC-C，表明SiC_w与MLG在提高刀具材料硬度方面具有协同作用。BTC-E较低的硬度是由于MLG及SiC_w团聚阻止了陶瓷颗粒之间强共价键的形成。对于抗弯强度，四种复合刀具材料均优于纯WC陶瓷刀具材料。刀具材料的强度与其致密度之间的关系可以表达为

$$\sigma=\sigma_0 e^{-\alpha p} \tag{5-1}$$

式中，σ是材料的强度；p是材料的孔隙率；σ_0是$p=0$时材料的强度；α是一常数，其值为4~7。刀具材料的强度与其晶粒尺寸间的关系可以表达为

$$\sigma = K\left(\frac{E\gamma}{G}\right)^{1/2} \tag{5-2}$$

$$K = [\pi/2(1-v^2)]^{1/2} \tag{5-3}$$

式中，σ是材料的强度；E是弹性模量；v是泊松比；γ是断裂能；G是晶粒尺寸。基于上式，提高材料致密度及降低晶粒尺寸可显著提高材料强度。采用单边切口梁（SENB）法和压痕法对材料断裂韧度进行了测量计算。纯WC陶瓷刀具材料的压痕法断裂韧度为$7.2\text{MPa}\cdot\text{m}^{1/2}$，SENB法的断裂韧度为$6.9\text{MPa}\cdot\text{m}^{1/2}$。BTC-D的断裂韧度最高，其SENB法的断裂韧度数值较BTC-A和BTC-B分别提高了81.9%和40.9%。

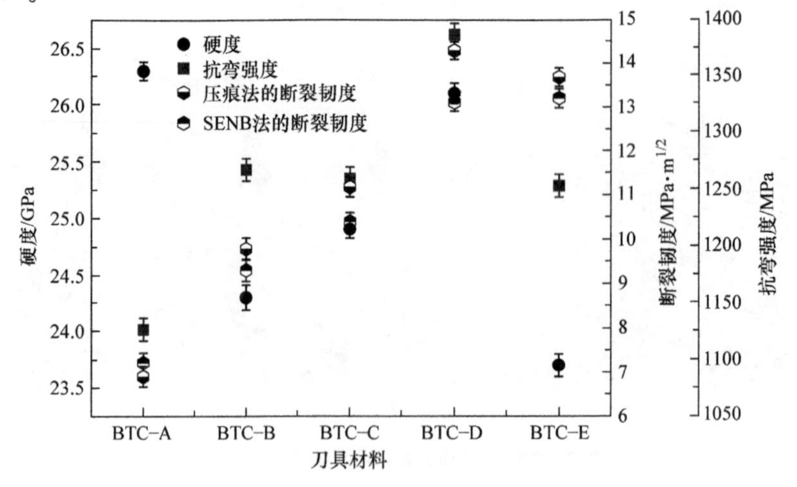

图5-6 不同烧结试样的力学性能

图5-7所示为BTC－A和BTC－D两种刀具材料经过三点弯曲试验后的SENB断面。由图5-7a可以看出，纯WC陶瓷刀具材料，其断裂较为平直和光滑，这与BTC－A的低断裂韧度一致。对于BTC－D，MLG和SiC_w在BTC－D材料基体中的均匀分布显著提高了裂纹扩展中遇到强韧化相（MLG和SiC_w）的频率，使得BTC－D表现出非脆性断裂行为，并且通过外部增韧机制使裂纹显著偏转（见图5-7b）。

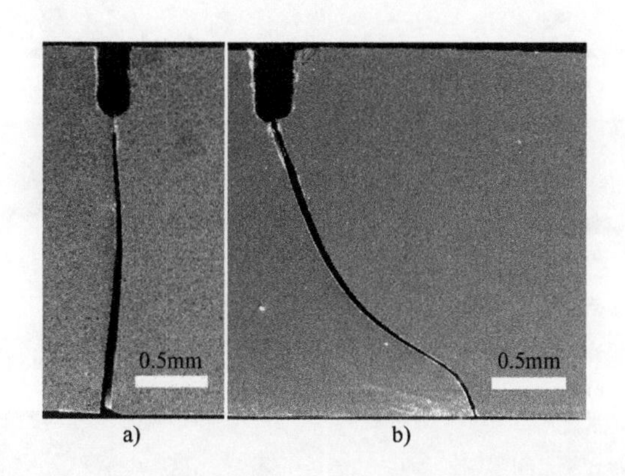

图5-7 BTC－A和BTC－D两种刀具材料经过三点弯曲试验后的SENB断面

a）BTC－A b）BTC－D

图5-8所示是基于裂纹扩展路径和断口的微观形貌分析总结出的BTC－D试样强韧化机理。除了SiC_w穿晶断裂（见图5-8a、b）出现，SiC_w诱导了大量裂纹偏转、裂纹分叉与裂纹桥联（见图5-8c、d），对于提高材料强韧性具有重要贡献。图5-8e、f所示为MLG诱导裂纹偏转、分叉与桥联的强韧化机理。由图5-8g可以看出，大量MLG在晶界位置凸出。MLG具有二维平面结构且具有优异的断裂强度，因此，大量凸出的MLG可以有效诱导裂纹发生三维偏转。从图5-8h可以看出，断面表面出现了一定长度MLG和SiC_w的拔出，说明MLG、SiC_w与刀具材料基体的结合强度适中。通常来说，强韧相与刀具材料基体之间的结合强度影响着强韧相对于刀具材料的强韧化效果。一方面，如果强韧相与基体结合强度过强，则强韧相无法发生拔出，从而无法实现拔出增韧；另一方面，如果强韧相与基体结合强度过弱，则强韧相将无法将外界载荷转移到强韧相上，无法实现增强作用。由图5-8h可以看出一定长度的SiC_w、MLG从刀具材料基体拔出，同时SiC_w、MLG具有高弹性及高强度，它们的弹性变形和断裂可有效提高刀具材料基体的强韧性。详细强韧化机理见4.6节。

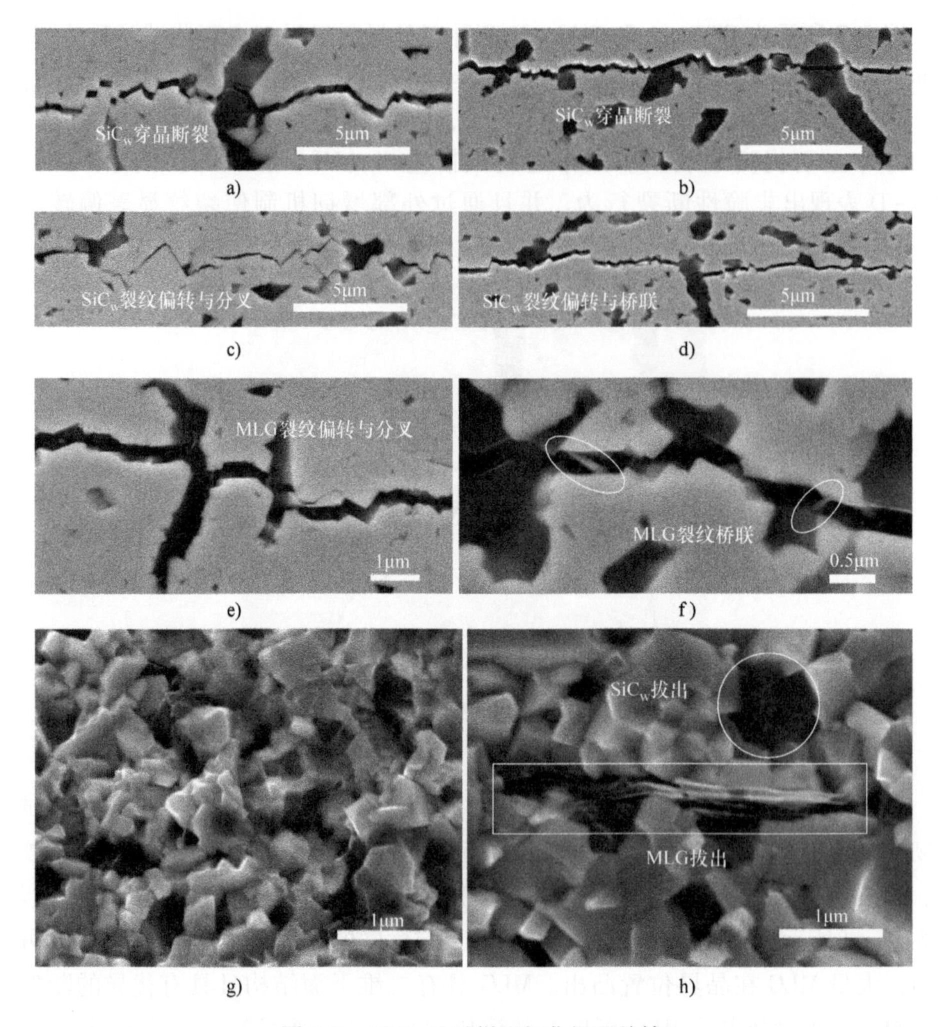

图 5-8　BTC－D 试样强韧化机理总结

5.5　摩擦性能研究

基于 MLG 作为 WC 基陶瓷刀具材料的润滑相，摩擦试验可有效揭示 MLG/WC 基陶瓷刀具材料磨损现象本质与 MLG 对材料表面摩擦磨损性能的影响机理。机械零件间的相对运动通常可分为纯滑动形式、纯滚动形式及滚动伴随滑动形式，按照接触形式可分为点接触、线接触及面接触。就试样的单位面积压力而言，面接触通常为 80～100MPa，适用于磨粒磨损试验；线接触相对较高，可达 1000MPa，点接触则更高，可达 5000MPa，适用于粘着磨损等需较大接触力的试验[5]。虽然金属切削过程中刀－屑接触区为面接触形式，但基于刀－屑间较大的接触压力，本试验选择点接触摩擦试验，采用球－盘往复滑动形式。

选用美国 CETR 公司制造的 UMT－2 多功能摩擦磨损试验机，试验环境为大气室温，相对滑动速度为 20mm/s，施加载荷为 30N，行程为 5mm，滑动时间为 600s。将 MLG 试样固定在工作台表面，对磨件采用 $\Phi=9.525$mm 的 GCr15 球，表面粗糙度 $Ra<0.1\mu$m，使用前在丙酮及酒精中依次超声清洗 15min，干燥后使用。试验过程中，测力传感器可实时采集试验加载载荷及摩擦力，并通过控制系统的 Viewer 软件记录数据，自动绘制摩擦系数及摩擦力变化曲线保存于计算机中。磨损率采用式（5-4）计算[6]

$$W=\frac{V}{PS} \tag{5-4}$$

式中，V 是磨损体积，单位为 mm^3；P 是施加载荷，单位为 N；S 是摩擦总距离，单位为 mm。

$$S=AL \tag{5-5}$$

式中，A 是磨损截面积，单位为 mm^2，采用白光干涉仪及激光共聚焦显微镜测量磨损区截面积，测 10 处，取平均值；L 是磨痕长度，单位为 mm。

5.5.1　摩擦系数

图 5-9 所示为五种 WC 基陶瓷刀具材料的平均摩擦系数，单纯添加 SiC_w 对摩擦系数几乎没有影响，添加 MLG 可显著降低 WC 基陶瓷刀具材料摩擦系数。纯 WC 陶瓷刀具的摩擦系数为 0.49，BTC－D 的摩擦系数最低为 0.19，较 BTC－A 降低了 61.2%。总体而言，添加 MLG 的材料的摩擦系数均在 0.25 以下，因此 MLG/WC 基复合刀具材料可视为自润滑刀具材料。MLG 具有减摩作用，可起到自润滑作用，其减摩效果与 MLG 含量具有一定关系。

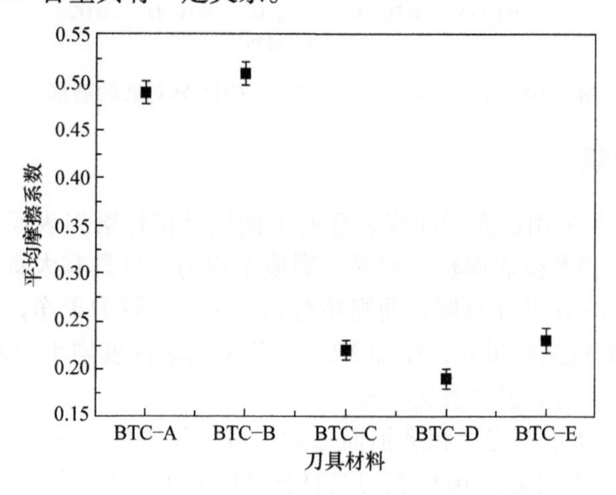

图 5-9　五种 WC 基陶瓷刀具的平均摩擦系数

5.5.2 磨损率

在滑动速度为20mm/s、施加载荷为30N、滑动时间为600s的条件下，不同MLG含量试样与GCr15球对磨的磨损率如图5-10所示。纯WC陶瓷刀具材料磨损率最大为$1.75\times10^{-6}mm^3\cdot N^{-1}\cdot m^{-1}$；单一添加$SiC_w$的刀具材料磨损率稍有降低，为$1.01\times10^{-6}mm^3\cdot N^{-1}\cdot m^{-1}$；单一添加MLG的刀具材料磨损率降低明显，为$6.92\times10^{-7}mm^3\cdot N^{-1}\cdot m^{-1}$。MLG与$SiC_w$的同时添加进一步降低了磨损率，例如BTC-D磨损率最低，为$3.27\times10^{-7}mm^3\cdot N^{-1}\cdot m^{-1}$，相对于BTC-A，磨损率降低了81.3%。磨损率可一定程度反映摩擦过程的剧烈程度，磨损率越小说明对磨副间润滑条件越好，摩擦越轻微。基于以上试验结果，可得出MLG有利于改善材料的摩擦磨损性能。但过量的MLG对材料摩擦磨损性能不利，MLG为片层状纳米材料，其表面能超高，因此，随着MLG含量的增多，MLG发生团聚影响其减摩抗磨效果。

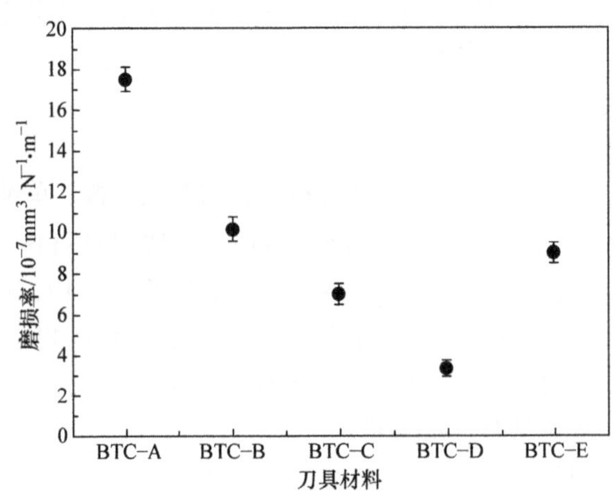

图5-10 不同MLG含量试样与GCr15球对磨的磨损率

5.5.3 磨损形貌

图5-11所示为采用白光干涉仪表征的不同烧结试样磨损表面的三维形貌。很明显，BTC-A试样摩擦表面较为粗糙，磨痕不均匀，且具有大量黏结，因此其摩擦系数较高；BTC-D试样摩擦表面则相对光滑平整，较为干净，几乎无黏结和剥落坑存在。对比磨痕深度可知，添加MLG试样的磨痕深度均小于未添加MLG试样的，和图5-10所示的磨损率表现一致。

比较图5-12a所示抛光面和磨损面形貌，可以发现磨损面浮现大量深色组织，为MLG。由图5-12b可知，MLG在刀具材料基体分布较为均匀，其ab面平行于摩擦副，因此在摩擦过程中，MLG易发生剪切滑移。随着发生剪切滑移MLG数量的增多，由于MLG的大π键作用，大量单层或者少数层石墨烯吸附或者富集在摩擦

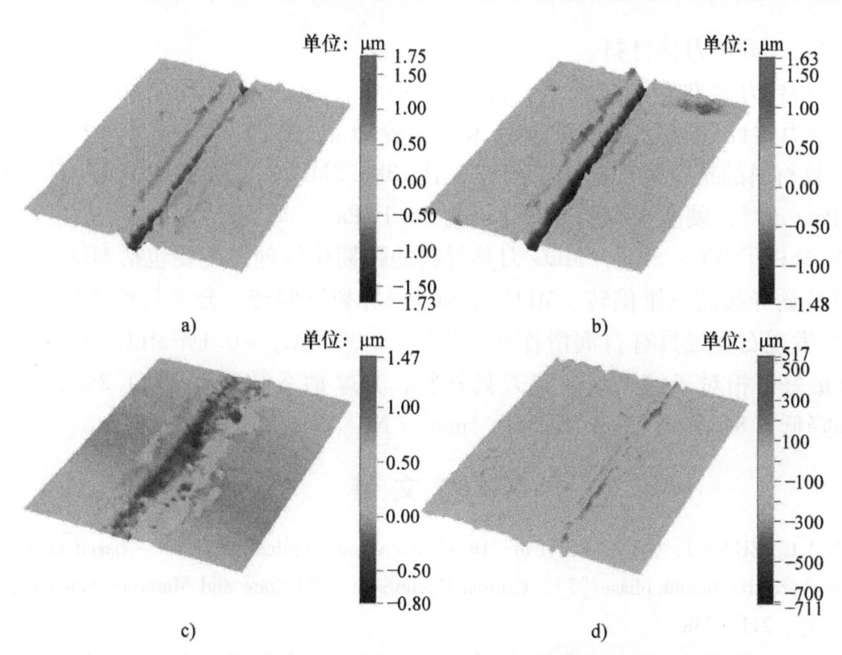

图 5-11　采用白光干涉仪表征的不同烧结试样磨损表面的三维形貌

a）BTC－A　b）BTC－B　c）BTC－C　d）BTC－D

副表面，形成一定面积的石墨烯薄层。此外，由于摩擦应力的存在，不断有 MLG 从 WC 基体材料内被挤出到摩擦表面，加速了 MLG 在摩擦副接触界面的产生，随着摩擦的进行，多个 MLG 相互连接成一个完整的、连续的、更加致密的石墨烯薄层，即石墨烯润滑膜。

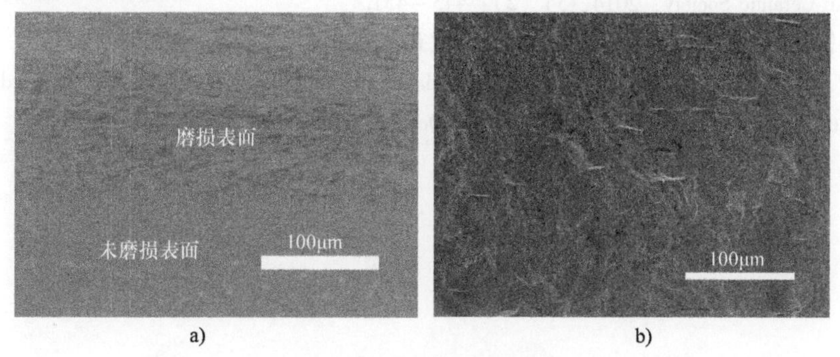

图 5-12　润滑膜形成分析

a）BTC－D 表面磨损形貌　b）BTC－D 基体 MLG 的取向分布

5.6　本章小结

本章不掺杂任何陶瓷颗粒替 Co 黏结相，通过引入高含量碳化硅晶须（SiC_w）与多层石墨烯（MLG），同时采用放电等离子烧结（SPS），获得了高致密、高性能

WC - SiC_w - MLG 刀具材料。

1）结合力学性能测试结果，优化了 MLG 含量，当 MLG 添加量为 0. 1% 时，材料综合力学性能较好。相对于纯 WC 陶瓷刀具材料，WC - 3. 0% SiC_w - 0. 1% MLG 刀具材料的抗弯强度提高 23. 1%，达 1386. 2MPa，断裂韧度提高 107. 2%，达 14. 3MPa · $m^{1/2}$，硬度未有明显变化，为 26. 1GPa。

2）分析了 WC - SiC_w - MLG 刀具材料的强韧化机理，主要包括 MLG 与 SiC_w 拔出、MLG 诱导裂纹三维偏转、MLG 与 SiC_w 诱导裂纹偏转、分叉与桥联。

3）发现石墨烯具有自润滑作用，WC - 3. 0% SiC_w - 0. 1% MLG 刀具材料的摩擦性能最好，相对于纯 WC 陶瓷刀具材料，其摩擦系数降低了 61. 2%，为 0. 19，磨损率降低了 81. 3%，为 $3.27 \times 10^{-7} mm^3 \cdot N^{-1} \cdot m^{-1}$。

参考文献

[1] SUN J L, ZHAO J, GONG F, et al. Development and application of WC - based alloys bonded with alternative binder phase [J]. Critical Reviews in Solid State and Materials Sciences, 2019, 44 (3): 211 - 238.

[2] SUN J L, ZHAO J, HUANG Z F, et al. A review on binderless tungsten carbide: development and application [J]. Nano - Micro Letters, 2020, 12 (1): 13.

[3] 范宇驰，王连军，江莞. 基于石墨烯的结构功能一体化氧化物陶瓷复合材料：从制备到性能 [J]. 无机材料学报，2018，33 (2)：138 - 145.

[4] FAN Y, ESTILI M, IGARASHI G, et al. The effect of homogeneously dispersed few - layer graphene on microstructure and mechanical properties of Al_2O_3 nanocomposites [J]. Journal of the European Ceramic Society, 2014, 34 (2): 443 - 451.

[5] 温诗铸，黄平. 摩擦学原理 [M]. 4 版. 北京：清华大学出版社，2012.

[6] SUN J L, ZHAO J, CHEN M J, et al. Multilayer graphene reinforced functionally graded tungsten carbide nano - composites [J]. Materials & Design, 2017, 134: 171 - 180.

第6章

多维强韧化无黏结相梯度纳米复合硬质合金刀具材料

6.1 引言

石墨烯和碳纳米管作为复合材料的新生力，凭借其小尺寸化、高性能化与多性能化等优势，已成为新一代硬质刀具材料强韧化相，呈现出显著优于传统强韧化相的强韧化效果。但石墨烯容易在刀具材料基体内发生层间堆叠，严重影响了其强韧化效果。此外，石墨烯具有二维层状结构，为层内导热，作为刀具材料强韧化相，往往会导致烧结过程中热量沿垂直石墨烯平面方向分布不均匀，阻碍刀具材料实现高致密化，同时影响刀具的散热能力。碳纳米管具有一维柱状结构，为轴向导热，将其作为刀具材料强韧化相，同样存在团聚和热传导不均匀的问题。实际上，如果能够将二维的石墨烯纳米片和一维的碳纳米管自组装形成石墨烯-碳纳米管三维空间拓扑结构，石墨烯负载碳纳米管，碳纳米管支撑石墨烯，构筑三维强韧化和快速导热网络（见图6-1)，使二者互为彼此的分散剂，增加石墨烯-碳纳米管与硬质刀具材料基体的接触面积且在功能方面形成石墨烯与碳纳米管协同强韧化机制与协同导热机制，那么将有可能为高致密、高强韧、良导热硬质刀具的研制提供新方法

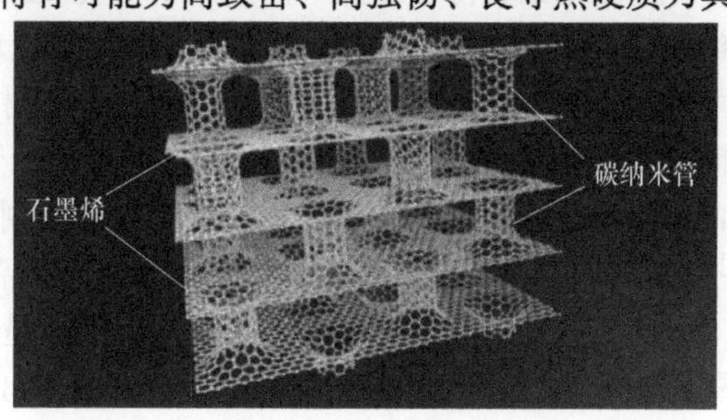

图6-1　石墨烯-碳纳米管三维空间结构

和新途径。在第3章多级强韧化的基础上，本章提出多维强韧化相，通过二维石墨烯和一维碳纳米材料复合，将二维强韧相和一维强韧相各自的长处充分发挥，同时又将其各自的短处隐藏起来，进一步提升硬质刀具材料性能，实现高性能硬质刀具材料的设计制备。同时赋予材料梯度结构，研制成功了更为复杂的多级结构的仿生构型多维强韧化梯度纳米复合硬质刀具材料。

6.2 石墨烯-碳纳米管/复合材料

将二维的石墨烯纳米片与一维的碳纳米管进行组装，基于片与片间和管与管间 π-π 键作用，石墨烯和碳纳米管有可能自发地构筑具有三维空间结构的石墨烯-碳纳米管杂化体，促进其在复合材料基体中的分散，协同发挥石墨烯优异的面向性能与碳纳米管优异的轴向性能，最大化发挥石墨烯-碳纳米管的协同强韧化。

1. 石墨烯-碳纳米管的功能化改性及其陶瓷复合粉体制备

石墨烯-碳纳米管的功能化改性是指通过物理化学等方法，在不引入杂质的前提下，在边缘碳原子处选择性地修饰特定官能团，从而改善其分散性及自组装行为。石墨烯-碳纳米管/陶瓷复合粉体的制备方法主要有：粉体共混法、多相悬浮液共混法、液相分散包裹法及原位化学还原法等。粉体共混法是将石墨烯、碳纳米管、烧结助剂与陶瓷基体粉末机械混合置于分散介质中进行高能球磨，已成功应用于制备石墨烯-碳纳米管/Al_2O_3[1]、石墨烯-碳纳米管/Fe_3O_4[2]陶瓷复合粉体。多相悬浮液共混法是将石墨烯、碳纳米管、陶瓷粉体分别分散获得各自悬浮液，然后将各悬浮液混合，已成功应用于制备石墨烯-碳纳米管/Al_2O_3[3,4]、石墨烯-碳纳米管/磷酸钙[5]陶瓷复合粉体。液相分散包裹法是指先采用特定溶剂配置陶瓷基体粉末悬浮液，然后将石墨烯、碳纳米管依次加入到陶瓷基体粉末悬浮液或者先采用特定溶剂配置石墨烯-碳纳米管悬浮液，然后将陶瓷基体粉末加入石墨烯-碳纳米管悬浮液，通过选择合适分散剂及超声分散，实现各相的均匀混合。原位化学还原法是首先制备各相混合均匀的氧化石墨烯-碳纳米管/陶瓷复合分散液，然后通过添加适当的还原剂，原位还原获得石墨烯-碳纳米管/陶瓷复合粉体。

2. 石墨烯-碳纳米管/陶瓷复合材料的力学性能及强韧化机理

近年来，石墨烯-碳纳米管作为协同强韧化相，对聚合物材料进行改性处理以提高其机械力学性能，其效果显著优于单一的石墨烯或碳纳米管，已成为研究热点。而石墨烯-碳纳米管协同强韧化陶瓷复合材料的研究则刚刚起步，尚处于探索阶段。Rahman 等[6]发现同时添加1.0%碳纳米管和0.5%石墨烯，可使 Al_2O_3 陶瓷的断裂韧度提高250%，其主要原因是碳纳米管垂直分布在石墨烯层间，有效阻止了石墨烯的层间堆叠，强韧化机理主要为石墨烯-碳纳米管拔出、裂纹偏转与桥联等。Yazdani 等[3,4]研究发现相比石墨烯/Al_2O_3陶瓷及碳纳米管/Al_2O_3陶瓷，石墨烯-碳纳米管协同改性的 Al_2O_3陶瓷的硬度、抗弯强度及断裂韧度均显著提高。石

墨烯 - 碳纳米管作为协同强韧化相，可实现在抑制陶瓷基体晶粒增长的前提下显著提高陶瓷材料的致密性，并能够有效强化石墨烯 - 碳纳米管和基体晶界，而且石墨烯和碳纳米管能够起到相互分散和保护的作用，协同强韧化效果较为显著[5,7-10]。秦卢梦、赵永武等[1,11]研究发现相对于单一添加石墨烯或碳纳米管，石墨烯和碳纳米管的同时添加可以显著提高 Al_2O_3 陶瓷的耐磨性，原因是石墨烯 - 碳纳米管在材料内部形成三维空间结构，有效阻止了裂纹扩展，提高了陶瓷耐磨性。

可见，石墨烯 - 碳纳米管/陶瓷复合材料的研究刚刚起步，尚处于探索阶段，以简单的力学性能研究为主，很难揭示石墨烯 - 碳纳米管对于刀具材料的协同强韧化机理。

6.3　复合粉体制备及烧结工艺

本研究采用的原料包括：碳化钨（WC，粒径为 0.4μm，纯度 >99.9%），多层石墨烯（MLG，厚度为 1 ~ 5nm，直径为 0.5 ~ 5μm），碳纳米管（CNT，外径为 4 ~ 6nm，长度为 0.5 ~ 2μm），碳化硅纳米线（SiC_{nw}，直径为 100 ~ 200nm，长度为 0.5 ~ 5μm），聚乙烯吡咯烷酮（PVP，纯度 >99%），聚乙二醇（PEG，分子量为 4000，纯度 >99%）及 N - 甲基 - 2 - 吡咯烷酮（NMP，分析纯）。

6.3.1　复合粉体制备

本节采用二维的石墨烯纳米片和一维的碳纳米管及碳化硅纳米线复合形成三维强韧相，实现多维强韧化机制。采用超声波和表面活性剂相结合的方法进行 G - CNT - SiC_{nw} 三维空间结构制备的示意图如图 6-2 所示。G 采用 NMP 作为分散介质，PVP 为分散剂，配置悬浮液，将悬浮液在 80℃ 水浴中加热，超声分散及机械搅拌 1h，获得均匀分布的 G 分散液；加入 CNT，继续超声分散及机械搅拌 1h，制得 G - CNT 复合悬浮液；加入 SiC_{nw} 继续超声分散 3h，获得 G - CNT - SiC_{nw} 复合悬浮液。通过调整悬浮液中 G、CNT 及 SiC_{nw} 的比例即可制备出不同比例的三维杂化材料。由三维结构示意图可以推断，这种结构可有效抑制 G 或 CNT 的缠绕团聚，增大比表面积及其与材料基体的接触面积，同时具有较好的机械力学性能于导热/导电性，对于硬质刀具材料的致密化和强韧化均有积极作用。

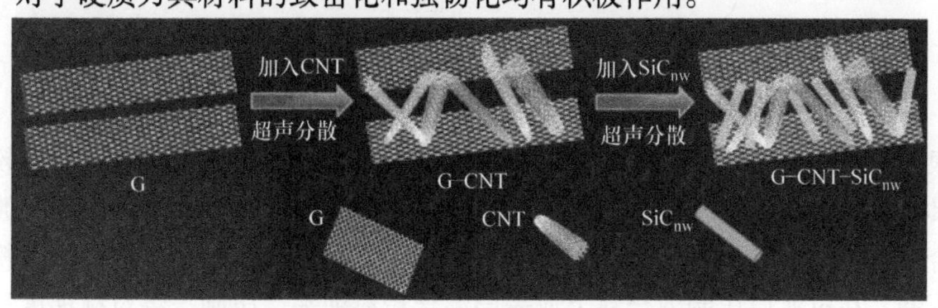

图 6-2　G - CNT - SiC_{nw} 三维空间结构制备的示意图

采用溶液共混法结合高能球磨制备 G－CNT－SiC_{nw}/WC 硬质刀具材料复合粉体。WC 颗粒以无水乙醇作为分散介质，选用混合分散剂（PVP 与 PEG 的质量比为 1∶1）配制成纳米粉悬浮液，调节 PH＝9，将悬浮液在 80℃水浴中加热，超声分散及机械搅拌 1h，制得 WC 粉体分散液。将 G－CNT－SiC_{nw} 分散液在强烈搅拌的状态下滴加到 WC 分散液中继续超声分散及机械搅拌 1h。将分散好的复合粉末悬浮液行星球磨 30h，然后在真空干燥箱中 100℃干燥，过筛即得混合均匀的 G－CNT－SiC_{nw}/WC 硬质刀具材料复合粉体。

6.3.2 梯度设计与烧结工艺

刀具材料梯度结构与组分设计如图 6-3 所示，和第 3 章中的梯度设计相似，本章刀具材料依然设计为对称梯度结构，同时提出层数和层厚比两个梯度结构设计参数，通过优化层数及层厚比，进一步提升刀具材料性能。刀具材料总层数为 $2n+1$（$n=1, 2, 3, 4, \cdots$），i 表示自表及里第 i 层。表层和芯层材料组分分别固定为 WC－1SiC_{nw}－0.2G－0.4CNT 和 WC－3SiC_{nw}－0.1G－0.2CNT，第 i 层材料组分为 WC－$[1+2(i-1)/n]$$SiC_{nw}$－$[0.2-0.1(i-1)/n]$G－$[0.4-0.2(i-1)/n]$CNT（采用质量分数）。以对称 5 层梯度结构为例，对于过渡层，$i=2$，因此，过渡层组分设计为 WC－$[1+2\times(2-1)/2]$$SiC_{nw}$－$[0.2-0.1\times(2-1)/2]$G－$[0.4-0.2\times(2-1)/2]$CNT，即 WC－2$SiC_{nw}$－0.15G－0.3CNT。

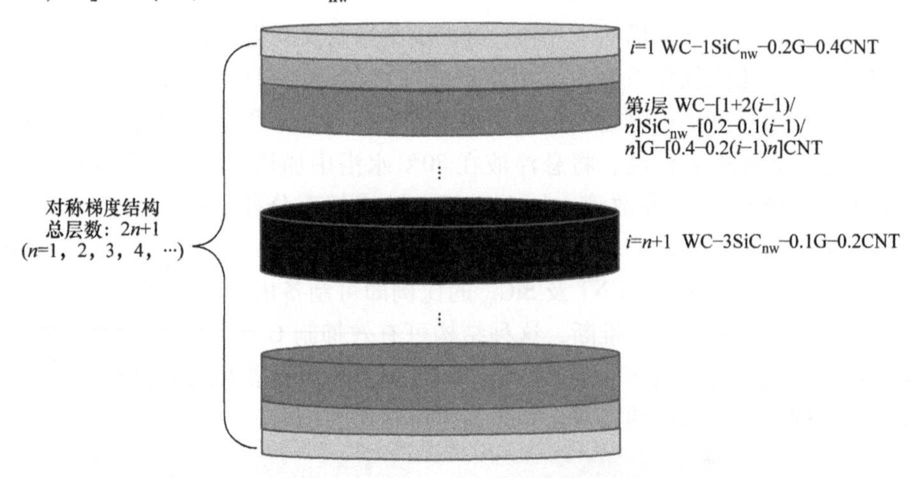

图 6-3 刀具材料梯度结构与组分设计

根据模具大小及梯度层厚度计算出各梯度层粉末重量，依次将表层混合粉料放入模具、铺平、压制，在表层混合料上放过渡层混合粉料铺平、压制，在过渡层压制混合料上放芯层混合粉料铺平、压制，在芯层压制混合料上放过渡层混合粉料铺平、压制，在过渡层压制混合料上放表层混合粉料铺平、压制，将对称梯度粉体压制成型，粉料与模具之间采用石墨纸防粘。本研究采用二步放电等离子烧结

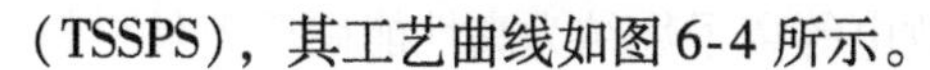
（TSSPS），其工艺曲线如图 6-4 所示。

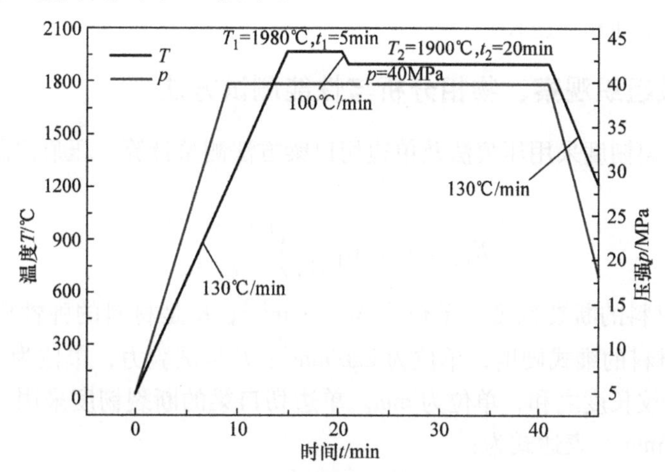

图 6-4　二步放电等离子烧结的工艺曲线

放电等离子烧结（SPS），又称“电火花烧结”或“脉冲通电加压烧结”，是近年来发展的一种新型粉末冶金活化烧结技术，集等离子活化与热压于一体，在试样中施加高直流脉冲电流，基于粉末间火花放电所产生的高温热效应与电场效应等，同时使用单轴加压在较短时间内完成烧结或烧结结合，实现材料超快速致密化。SPS 的主要特点是升温速率快、烧结时间短、工艺参数范围大且可控、节能环保等，尤其适用于纳米材料、梯度材料等新型材料的烧结。相对于传统烧结，SPS 的烧结过程中晶界扩散大幅度增强，在显著提高致密化速率的同时也引入潜在的晶粒增长。对于 SPS，存在一个特定临界温度，当烧结温度低于此温度时，可实现在抑制晶粒增长的前提下完成致密化，当烧结温度高于此温度时，晶粒则会发生快速增长，而降低材料性能。

二步烧结即为将材料坯体快速升温至较高温度不保温或保温较短时间，使颗粒之间形成连通骨架，然后快速降温至相对较低的温度，在此温度下长时间保温，利用晶界扩散排除气孔，实现抑制晶粒长大及致密化。二步烧结最先由 Chen 等[12]在《Nature（自然）》杂志上提出，用于制备纳米晶陶瓷，其理论依据是晶界扩散和晶界迁移之间存在动力空窗，工艺关键为第一步烧结需赋予材料 75% 以上相对密度，第二步烧结需保证晶界迁移受到抑制而晶界扩散处于活跃状态。

本研究在 Chen 等提出的二步烧结的基础上，提出“微液相 + 固相”二步烧结工艺，第一阶段在较高温度通过短时间微液相烧结，大幅度提高刀具材料致密度；第二阶段，在较低温度通过长时间固相烧结在抑制晶粒增长的基础上进一步提高硬质刀具材料致密化。进一步地，将放电等离子烧结与“微液相 + 固相”二步烧结相结合，提出二步放电等离子烧结策略。除了上述放电等离子烧结优点，放电脉冲可在 WC 颗粒间放电产生等离子体，活化 WC 颗粒表面，实现硬质相 WC 颗粒表面的氧化物清洁，进一步提高材料性能。二步放电等离子烧结为高性能硬质刀具材料的研制提供新原理和新途径。

6.3.3 显微组织观察、物相分析与性能测试方法

材料的断裂韧度采用压痕法及单边切口梁方法测量计算。压痕法测量断裂韧度的计算公式为

$$K_{\mathrm{IC}} = 0.016\left(\frac{E}{\mathrm{HV}}\right)^{1/2}\frac{F}{C^{3/2}} \tag{6-1}$$

式中，K_{IC}是材料的断裂韧度，单位为 $\mathrm{MPa\cdot m^{1/2}}$；$E$ 是材料的弹性模量，单位为 GPa；HV 是材料的维式硬度，单位为 $\mathrm{kgf/mm^2}$；F 是试验力，单位为 N；C 是四个尖角处四条裂纹长度之和，单位为 mm。单边切口梁的断裂韧度采用三点弯曲法测量，跨距为 16mm，表达式为：

$$K_{\mathrm{IC}} = \left(\frac{F_{\max}L10^{-6}}{h^{3/2}b}\right)f\left(\frac{a}{h}\right) \tag{6-2}$$

$$f\left(\frac{a}{h}\right) = \frac{3\left(\frac{a}{h}\right)^{\frac{1}{2}}\left\{1.99-\frac{a}{h}\left(1-\frac{a}{h}\right)\left[2.15-3.93\frac{a}{h}+2.7\left(\frac{a}{h}\right)^2\right]\right\}}{2\left(1+\frac{2a}{h}\right)\left(1-\frac{a}{h}\right)^{\frac{3}{2}}} \tag{6-3}$$

式中，K_{IC}是材料的断裂韧度，单位为 $\mathrm{MPa\cdot m^{1/2}}$；$F_{\max}$是材料断裂时测得的最大载荷，单位为 N；$L$ 是跨距，单位为 mm；b 是试样截面宽度，单位为 mm；h 是试样截面高度，单位为 mm；a 是切口深度，单位为 mm。

其余同 3.4.5。

6.4 刀具材料梯度结构优化

简单来说，梯度材料就是由两种及两种以上不同性能的材料混杂构成的一种复合材料，第 3 章提出了“自表及里按照热膨胀系数从小到大的顺序为材料铺层”的方法来实现梯度刀具材料表层残余压应力构筑，毫无疑问，梯度材料的性能一方面取决于其组成成分与物性参数的梯度变化规律，另一方面依赖于其梯度结构的宏观设计，本节以综合力学性能最优为目标，引入层数及层厚比两个参数来优化硬质刀具材料梯度结构。

6.4.1 层数优化

图 6-5 所示为层数对于 G－CNT－$\mathrm{SiC_{nw}}$/WC 梯度硬质刀具材料性能的影响，层厚比固定为 1。随着层数的增加，刀具材料的硬度、抗弯强度及断裂韧度均呈现先增大后减小的趋势，层数为 5 时，材料的综合力学性能最优，表层硬度为

24.1GPa，抗弯强度为 1283.6MPa，SENB 法的断裂韧度为 11.26MPa · $m^{1/2}$，压痕法的断裂韧度为 12.56MPa · $m^{1/2}$。两种方法测量获得的断裂韧度值非常接近，表明该材料具有较高可靠性。层数较少时，例如 3 层，相邻层间组分含量差异较大，层间界面相容性较差，会导致层界面处产生应力集中，对材料力学性能产生消极作用；层数较多时，例如 9 层，相邻层间热膨胀失配较小而导致表面残余压应力较低，此外随着层数的持续增加，制备难度大幅度提高，进而也就增加了引入制备缺陷的可能性，使得材料的性能变化趋于平缓甚至有所降低。

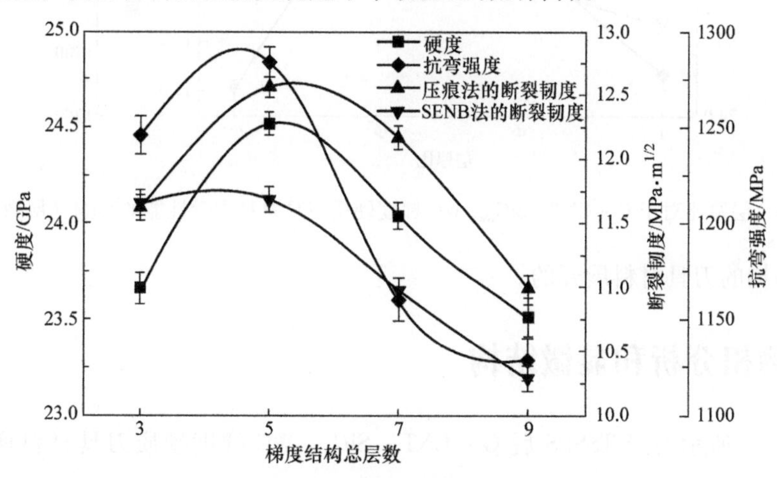

图 6-5　层数对于 G – CNT – SiC_{nw}/WC 梯度硬质刀具材料性能的影响（层厚比为 1）

6.4.2　层厚比优化

当梯度层数及各组分确定后，可通过调控相邻梯度层层厚比进一步提升梯度刀具材料力学性能。当试样厚度及层数为固定值时，层厚比将显著影响各梯度层的绝对厚度，是影响梯度材料力学性能的一个重要参数。图 6-6 所示为层厚比对于 G – CNT – SiC_{nw}/WC 梯度硬质刀具材料力学性能的影响（层数为 5）。层厚比分别设置为 1、黄金分割比 Φ（0.618）、Φ^2（0.382）及 Φ^3（0.236）。随着层厚比的指数性减小，材料综合力学性能呈现先升高后降低的趋势。层厚比为 Φ^2（0.382）时，刀具材料综合力学性能最优，表层硬度为 25.3GPa，抗弯强度为 1501.7MPa，SENB 法的断裂韧度为 12.71MPa · $m^{1/2}$，压痕法的断裂韧度为 13.69MPa · $m^{1/2}$，相对于层厚比为 1 的刀具材料力学性能分别增加了 5.0%、17.0%、12.9% 及 9.0%。理论上来讲，随着层厚比的不断减小，表面残余压应力越大，刀具材料综合力学性能越好。但不可忽视的是，随着层厚比的不断减小，分层铺粉难度持续加大，潜在铺粉缺陷增多，使得力学性能降低。

基于以上试验结果，G – CNT – SiC_{nw}/WC 梯度硬质刀具材料的最优梯度结构为：5 层对称梯度结构，层厚比为 Φ^2（0.382），本章后续分析讨论均是针对具有

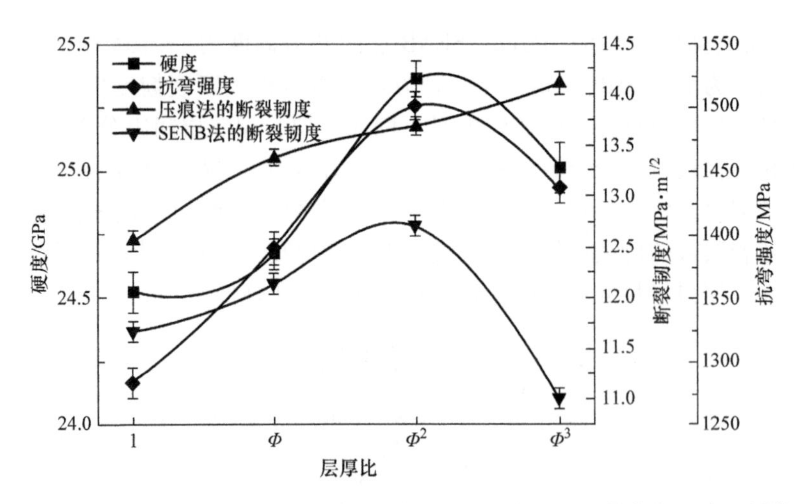

图 6-6　层厚比对于 G - CNT - SiC_{nw}/WC 梯度硬质刀具材料力学性能的影响（层数为 5）

该梯度结构的刀具材料展开的。

6.5　物相分析和显微结构

图 6-7a 所示为经 TSSPS 后 G - CNT - SiC_{nw}/WC 梯度硬质刀具材料梯度层的 SEM 图，很显然，材料为 5 层对称梯度结构，界面径直完整，成分过渡均匀，层与层之间形成了良好的冶金结合界面，界面结合较为紧密，表层、过渡层、芯层厚度分别为 0.21mm、0.54mm 及 1.39mm，实际层厚比近似等于初始设计层厚比 Φ^2 (0.382)，表明烧结过程中相邻梯度层具有较好的界面相容性。图 6-7b、d、e 所示分别为表层、过渡层及芯层的高倍数背散射 SEM 图，同时结合图 6-7c、f、g 所示的 EDS 分析，可以清楚地看出各梯度层均无明显的孔隙、裂纹、杂质或其他缺陷出现，强韧相在 WC 基体分布较为均匀，未发生明显团聚，亦可直观地观察到自表及里，各组分含量的梯度变化。SiC_{nw}长度较初始长度有所降低，部分退化为 SiC 颗粒。图 6-7h、i 所示的 EDS 线扫描图则进一步证实了自表及里 SiC_{nw}含量增多，WC 含量减少，和初始梯度设计相同。

图 6-8 所示为 G - CNT - SiC_{nw}/WC 刀具材料的 XRD 衍射图谱。由图可知，XRD 中所有衍射峰均为基体相 WC，未有其他物相的衍射峰出现。G 和 CNT 由于含量较少，其特征衍射峰未被 XRD 检测出。SiC 的（111）晶面特征衍射峰与 WC 的（100）晶面衍射峰重合，较难通过 XRD 辨认 SiC 的存在。因此，针对 G、CNT 及 SiC_{nw}的分析，本研究采用拉曼光谱进行表征。

G - CNT - SiC_{nw}/WC 刀具材料的拉曼光谱分析如图 6-9 所示，刀具材料呈现了碳纳米材料的三个特征峰：D 峰（$1352cm^{-1}$）、G 峰（$1583cm^{-1}$）及 2D 峰（$2718cm^{-1}$），说明经过整个制备过程（分散、球磨、干燥及烧结等），低维碳纳米

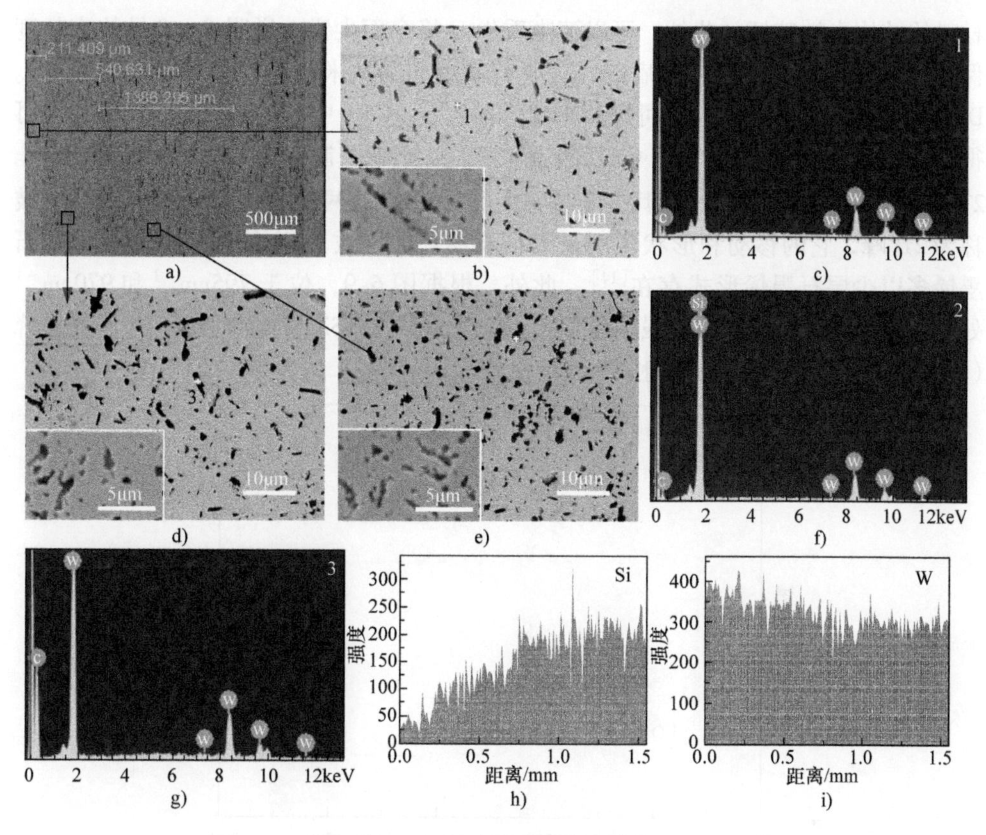

图 6-7　对称梯度结构形貌

a）梯度层 SEM 图　b）、d）、e）表层、过渡层及芯层的高倍数背散射 SEM 图　c）、f）、g）EDS 分析
h）、i）自表及里 Si 和 W 元素的 EDS 线扫描图

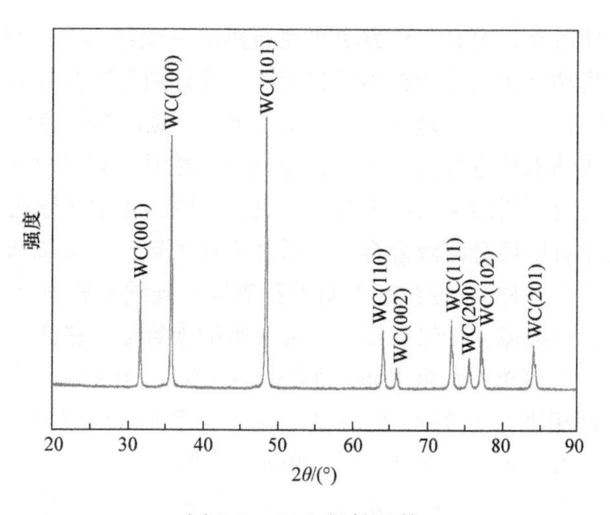

图 6-8　XRD 衍射图谱

材料的结构未被破坏。此外，可以清晰看出 G 峰窄而尖锐，说明 C = C 结构完整度保持较好，且 G 峰存在一个肩峰，表明石墨烯和碳纳米管间发生了结构组装[13]。D 峰与 G 峰强度的比值通常可以用来定性描述 G - CNT 中的缺陷密度，由图 6-9 可得 I_D/I_G = 0.39，说明 G - CNT 的晶化程度较高，制备过程引入缺陷较少。2718cm^{-1}处出现的特征峰因其拉曼位移大约为 D 峰的两倍，是 D 峰的二阶峰，被称为 2D 峰，它的移动和形状常用来表征石墨烯的层数。2D 峰宽且对称，说明石墨烯多以少层石墨烯形式存在[14]。此外，根据图 6-9，位于 795cm^{-1}和 970cm^{-1}处出现了 β - SiC 的两个较强本征特征峰，分别对应 SiC 的横向光学声子散射峰（TO 模）与纵向光学声子散射峰（LO 模）。

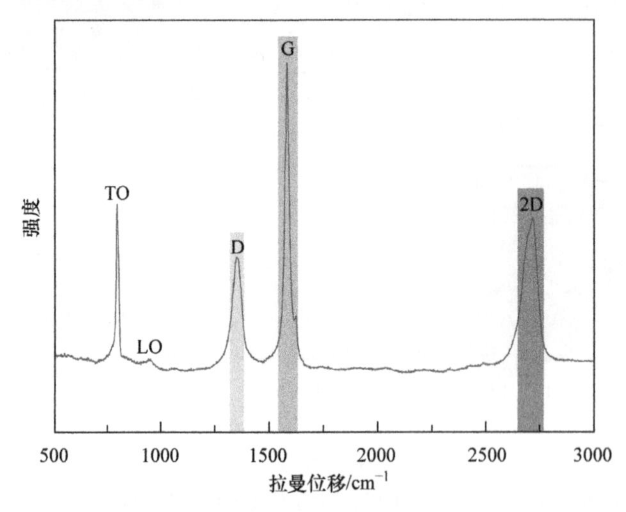

图 6-9　拉曼光谱分析

基于笔者前期研究，可有三种方法实现石墨烯 - 碳纳米管三维空间结构构筑：①溶液共混法，将功能化改性的石墨烯和碳纳米管分别分散在有机溶剂中，然后将两分散液混合，经机械搅拌、超声分散获得石墨烯 - 碳纳米管悬浮液；②化学接枝法，对石墨烯和碳纳米管进行化学修饰，分别引入羧基和羟基（或氨基）官能团，然后经缩合反应制得石墨烯 - 碳纳米管悬浮液；③原位化学还原法，将碳纳米管酸化处理，并与氧化石墨烯悬浮液混合，然后加入还原剂（例如巯基乙酸、氢碘酸、氨水、水合肼中至少一种），原位还原制得石墨烯 - 碳纳米管悬浮液。将石墨烯 - 碳纳米管悬浮液真空抽滤、干燥即得石墨烯 - 碳纳米管复合粉体。

本研究采用最为简单的溶液共混法制备 G - CNT 三维强韧相，图 6-10 对该方法制备的多维强韧相进行了 TEM 及 SEM 表征。由图 6-10a 可知，WC 晶粒无显著增长，粒径和初始 WC 粉末粒径 400nm 相当，为典型的密排六方晶图（见图 6-10a）。多维复合强韧相主要分布在晶界位置，通过钉扎晶界显著抑制基体 WC 晶粒增长，进而提高刀具材料强韧性。如图 6-10b 所示，基于空间位阻效应，

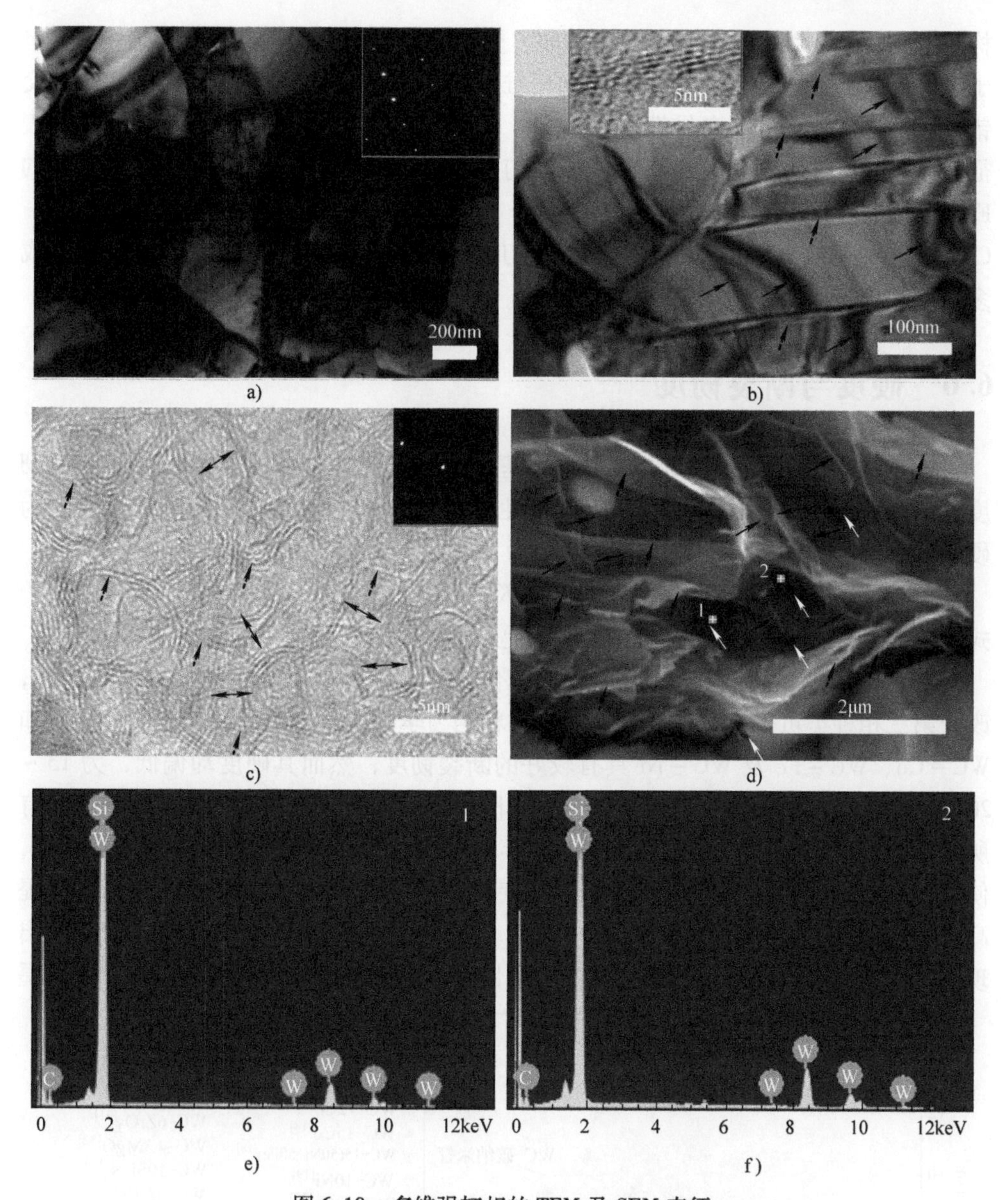

图6-10　多维强韧相的TEM及SEM表征

a）刀具材料的TEM形貌及电子衍射图　b）G－CNT三维结构的TEM表征及G的HRTEM

c）G－CNT的HRTEM表征及衍射斑点图　d）刀具材料断面的SEM表征　e）、f）EDS分析

注：黑色粗虚线箭头表示G，黑色细实线箭头表示CNT，白色实线箭头表示SiC_{nw}。

G为CNT提供了支撑的平台，有利于抑制CNT的团聚，CNT分布在G之间，有效减少了G的堆垛而增加了G－CNT的比表面积。G和CNT均由碳原子组成的六元环构成，但二者结构存在明显的差异，基于片－管间焓差异及本征配向性，通过片－片间及管－管间π－π键作用，G和CNT可自组装形成取向有序的三维空间结构，即实现 G－CNT 的 π－π 键自组装。图 6-10c 采用 HRTEM（高分辨率透射电子显微镜）进一步表征了 G－CNT 的三维空间结构，G 和 CNT 空间彼此搭接、交错排列，形成典型的各向异性层状结构。图 6-10d 所示为刀具材料断面的 SEM 表征。显而易见，多维强韧相分布较为均匀，无显著团聚出现。结合图 6-10e、f 的 EDS 分析，发现除了 CNT，亦有 SiC_{nw} 分布在 G 之间，形成一维－二维复合 G－CNT－SiC_{nw} 强韧相，显著提升强韧相与刀具材料基体的浸润性且在功能方面形成多维强韧化机制。

6.6　硬度与断裂韧度

硬质合金又被称为超硬金属，其最基本且最重要的力学性能为硬度和断裂韧度，是其他性能（例如抗弯强度和耐磨性等）的基础。例如，耐磨性可以表达为硬度和断裂韧度的函数，即

$$W = C/(K_{IC}^{3/4} H^{1/2})$$

式中，W 是磨损率；K_{IC} 是断裂韧度；H 是硬度；C 是与磨损条件有关的常量。

图 6-11 所示为不同掺杂相 WC 基复合刀具材料的硬度与断裂韧度。很显然，改变第二相种类可以有效调控 WC 复合材料的力学性能。金属黏结相硬质合金例如 WC－Co、WC－Fe 及 WC－Ni 具有较好的断裂韧度，然而其硬度却偏低，为 13～20Gpa。金属间化合物例如 FeAl 及 Ni_3Al 作为替 Co 黏结相，使得硬质合金硬度有所提高，然后却降低了其断裂韧度。近年来，研究表明陶瓷相作为替 Co 黏结相，使得硬质合金硬度显著提高，其断裂韧度较金属间化合物黏结相硬质合金有所提高，但依然低于传统金属黏结相硬质合金。新一代强韧相石墨烯、碳纳米管等的出现显著提升了陶瓷黏结相硬质合金的力学性能。在此基础上，本研究通过二维石墨

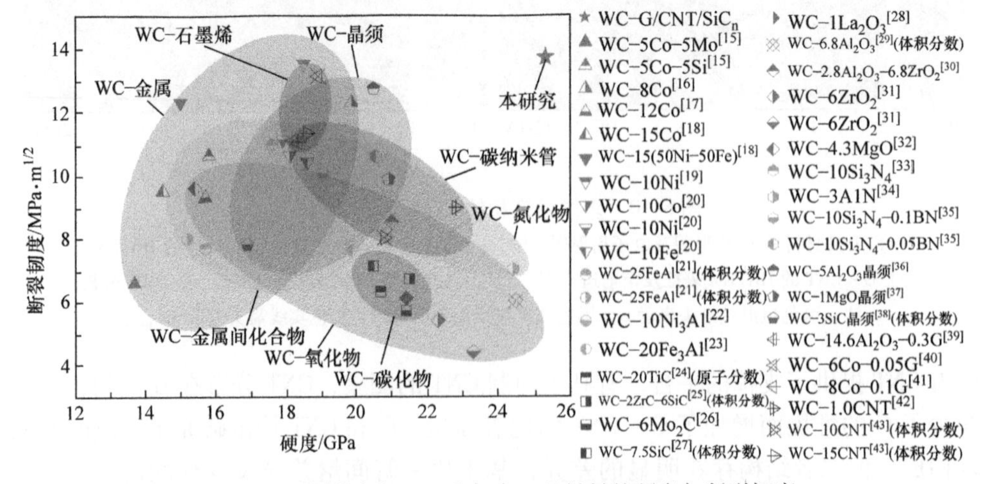

图 6-11　不同掺杂相 WC 基复合刀具材料的硬度与断裂韧度

烯与一维碳纳米管及碳化硅纳米线组装复合作为新型强韧相，进一步提升了陶瓷黏结相硬质合金性能，使得 G－CNT－SiC_{nw}/WC 梯度硬质刀具材料位于图 6-11 中的右上区域，综合力学性能优于金属黏结相、金属间化合物黏结相及陶瓷黏结相硬质合金，为双高硬质合金刀具材料研制提供了新途径。

6.7　强韧化机理

第3章已分析了由于热物理失配导致在降温过程中相邻层应变的不同，而引起材料各梯度层产生压/拉应力交错分布，尤其表面残余压应力对于材料力学性能具有重要影响。WC 的热膨胀系数为 3.84×10^{-6}/℃，SiC 的热膨胀系数为 4.3×10^{-6}/℃，G－CNT 的热膨胀系数为负值或非常小，因此，基于理论分析，利用刀具材料表面层与内部热膨胀系数不同，自表及里，SiC 含量增加，WC 和 G－CNT 含量减少，可使得刀具材料芯层热膨胀系数 > 过渡层热膨胀系数 > 表层热膨胀系数，经过烧结及之后的冷却阶段，刀具材料表层可产生残余压应力。图 6-12 所示为不同梯度层横截面维氏压痕裂纹的形貌。对于表层，沿梯度方向的裂纹扩展长度显著小于沿垂直于梯度方向的裂纹扩展长度，表明表层为残余压应力；对于芯层，沿梯度方向的裂纹扩展长度与沿垂直于梯度方向的裂纹扩展长度相当，表明芯层为残余拉应力。

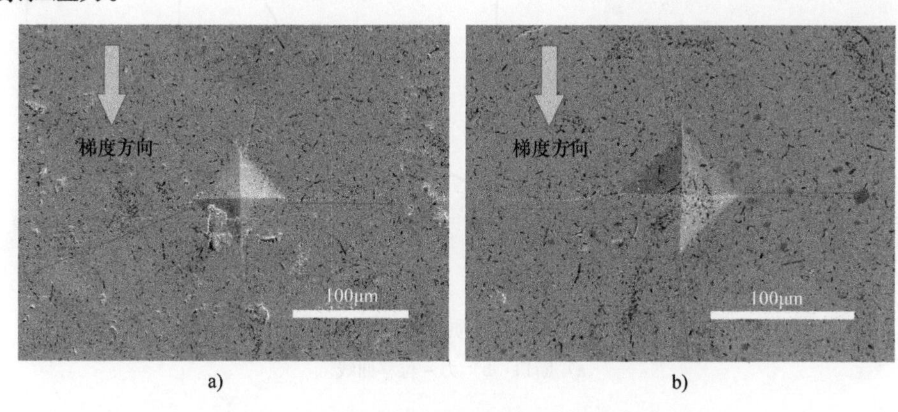

图 6-12　不同梯度层横截面维氏压痕裂纹的形貌

a）表层　b）芯层

图 6-13 所示为 G－CNT－SiC_{nw}/WC 梯度硬质刀具材料 SENB 断口及力－位移曲线。由 6-13a 可知，G－CNT－SiC_{nw}/WC 梯度硬质刀具材料的断口形貌明显不同于传统陶瓷材料的脆性断裂，裂纹扩展路径较为弯曲，大幅度延长了裂纹扩展路径。裂纹在梯度层界面处出现较大幅度偏转，在压应力层扩展距离显著延长，裂纹呈阶梯形扩展，说明层界面结合强度适中。如果界面结合过强，则梯度材料类似于脆性材料，表现为脆性断裂；如果界面结合太弱，则裂纹扩展消耗的能量较少，断

裂功较小。层间强韧化和层内强韧化协同作用，实现了断裂功较多耗散，打破了材料科学中强韧性相互掣肘的关系。图 6-13b 所示为 G－CNT－SiC_{nw}/WC 梯度硬质刀具材料单边切口梁测试的典型力－位移曲线。很显然，由于梯度结构的构建，裂纹扩展过程中出现较多裂纹偏转，和传统陶瓷脆性断裂明显不同，梯度刀具材料的断裂出现多次转折现象，呈现非线性断裂或者准塑性断裂[44]。此外，当裂纹穿透芯层时，载荷迅速下降，有趣的是，在载荷减小阶段，新的界面裂纹和穿层裂纹再次萌生和交替扩展，延迟了材料失效。断裂功是材料在断裂破坏过程中，由于裂纹的传播扩展而形成新的单位面积所需要的能量。断裂功可通过式（6-4）计算[45]

$$\gamma = \frac{1}{2A}\int P\mathrm{d}\delta \tag{6-4}$$

式中，γ 是断裂功；A 是断裂表面的投影面积；P 是载荷，δ 是位移。基于式（6-4），力－位移曲线下的面积即为材料失效所需要的断裂功，很显然，梯度刀具材料多次转折现象及卸载段的裂纹再萌生等大幅度提升了其断裂功，进而大幅度提升了刀具服役可靠性。

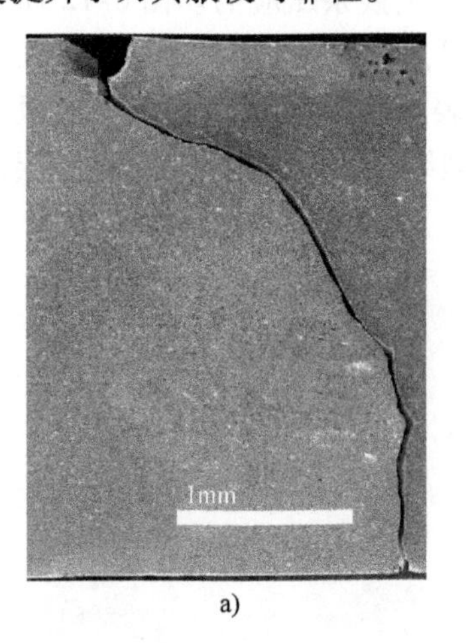

a)

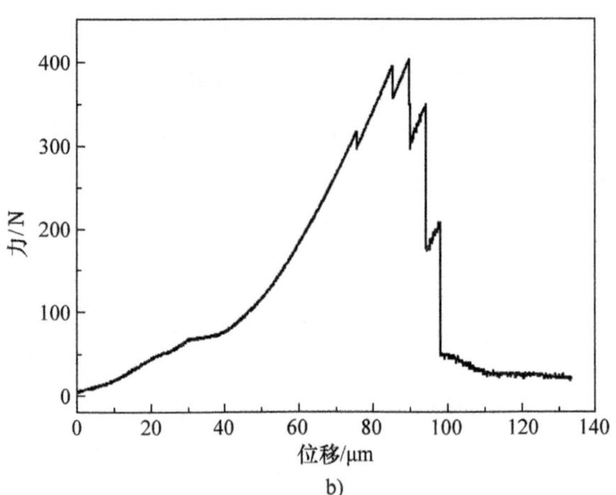

b)

图 6-13　G－CNT－SiC_{nw}/WC 梯度硬质刀具材料 SENB 断口及力－位移曲线

a）断口　b）力－位移曲线

类似于 3.7.2 节石墨烯强韧化，裂纹扩展遇到高弹性、高模量的 G－CNT－SiC_{nw}强韧相时，发生强韧相的拔出、脱黏、断裂或三维结构的破坏与重组，导致能量被耗散、裂纹扩展方向被迫发生改变或裂纹被阻断，形成材料断裂时新的能量吸收机制（见图 6-14），即为 G－CNT－SiC_{nw}多维协同强韧化。

图 6-15 所示为基于 TEM 及 SEM 表征的 G－CNT－SiC_{nw}/WC 硬质刀具材料强韧化机理。相对于单一强韧相，G－CNT－SiC_{nw}具有更大的比表面积，可与多个基体晶粒接触，形成更为复杂的强弱结合超混杂界面，诱导多种增韧机制。同时这种特殊结构在受力过程中可实现载荷的更大范围转移，实现优于传统强韧相的强韧化

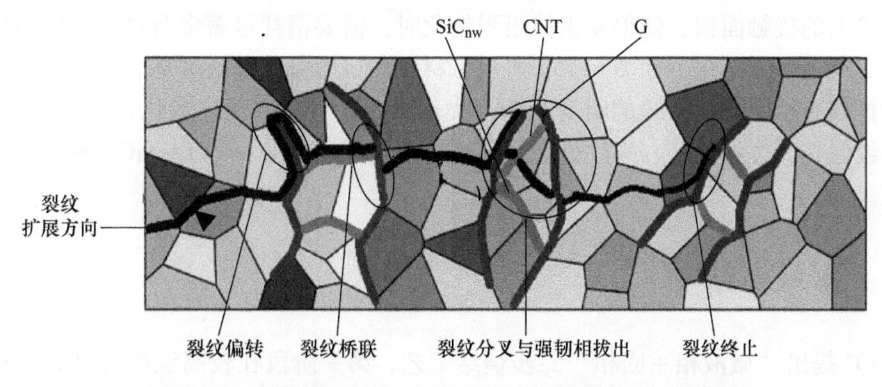

图 6-14　多维强韧相 G - CNT - SiC_{nw} 的强韧化机理示意图

效果。对比第 3 章中的单一强韧相，G - CNT - SiC_{nw} 多维强韧相具有更为优异的晶粒包裹或桥联晶粒作用（见图 6-15a），可显著提升材料晶界强韧性，进而提升材料宏观强韧性。如图 6-15b、c 所示，由于基体相与强韧相间存在热物理失配，导致在晶间及晶内均有位错产生，位错的出现促使纳裂纹产生，实现纳裂纹强韧化[46]。同时，由于 G - CNT - SiC_{nw} 多维复合强韧相的超大比表面积，使基与基体

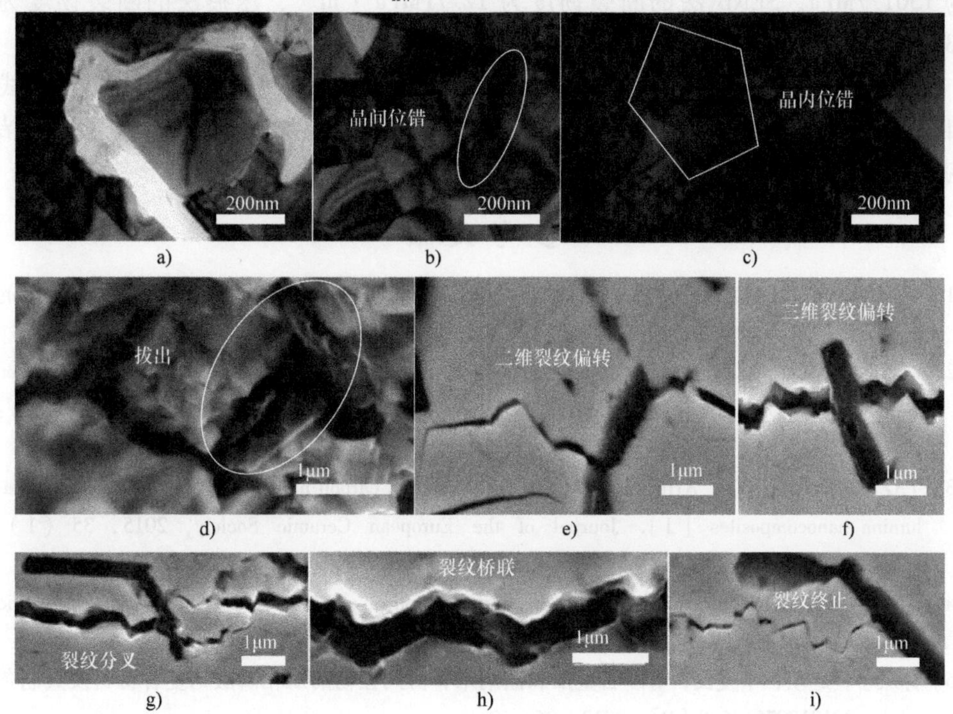

图 6-15　基于 TEM 及 SEM 表征的 G - CNT - SiC_{nw}/WC 硬质刀具材料强韧化机理

a）强韧相包裹 WC 晶粒　b）晶间位错　c）晶内位错　d）强韧相拔出　e）二维裂纹偏转　f）三维裂纹偏转　g）裂纹分叉　h）裂纹桥联　i）裂纹停止

具有较大的接触面积，使得发生拔出强韧化时，需要消耗显著多余单一强韧相的能量，实现拔出强韧化。如图6-15d 所示，材料断口形貌的凹凸不平表明强韧相对于裂纹扩展有稳定的、持续的阻碍行为。类似3.7.2 节石墨烯强韧化，二维/三维复合裂纹偏转、裂纹分叉、裂纹桥联与裂纹终止均适用于 G－CNT－SiC_{nw}多维复合强韧相。

6.8 本章小结

1）提出“微液相＋固相”二步烧结工艺，第一阶段在较高温度通过短时间微液相烧结，大幅度提升刀具材料致密度；第二阶段，在较低温度通过长时间固相烧结，在抑制晶粒增长的基础上进一步提升硬质刀具材料致密化。进一步地，将放电等离子烧结与“微液相＋固相”二步烧结相结合，提出二步放电等离子烧结策略，为高性能硬质刀具材料的研制提供新原理和新途径。

2）阐释了基于层数与层厚比的对称梯度结构优化，确定层数为5，层厚比为黄金分割比的二次方时，刀具材料力学性能最优，表层硬度为25.3GPa，抗弯强度为1501.7MPa，SENB 法的断裂韧度为 12.71MPa·$m^{1/2}$，压痕法的断裂韧度为13.69MPa·$m^{1/2}$。

3）提出将二维片状强韧相石墨烯和一维柱状强韧相碳纳米管、碳化硅纳米线自组装形成具有双相互联结构的石墨烯－碳纳米管－碳化硅纳米线三维空间拓扑结构，构筑多维复合强韧相，协同二维强韧化和一维强韧化机理，实现多维强韧化。

参考文献

[1] 秦卢梦，卞达，徐晓燕，等. 石墨烯/碳纳米管增强氧化铝陶瓷涂层的制备及摩擦学性能的研究［J］. 摩擦学学报，2017，37（6）：798－805.

[2] FAN X J，JIAO G Z，GAO L，et al. The preparation and drug delivery of a graphene－carbon nanotube－Fe_3O_4 nanoparticle hybrid［J］. Journal of Materials Chemistry B，2013，1（20）：2658－2664.

[3] YAZDANI B，XIA Y，AHMAD I，et al. Graphene and carbon nanotube（GNT）－reinforced alumina nanocomposites［J］. Journal of the European Ceramic Society，2015，35（1）：179－186.

[4] YAZDANI B. The fabrication and property investigation of graphene and carbon nanotubes hybrid reinforced Al_2O_3 nanocomposites［D］. Exeter：University of Exeter，2015.

[5] 孙康宁，赵琰，李爱民，等. 石墨烯和碳纳米管协同强韧的双相磷酸钙复合材料及其制备方法：201310075185.8［P］. 2013－06－12.

[6] RAHMAN O S A，SRIBALAJI M. Synergistic effect of hybrid carbon nanotube and graphene nanoplatelets reinforcement on processing，microstructure，interfacial stress and mechanical properties of Al_2O_3 nanocomposites［J］. Ceramics International，2018，44（2）：2109－2122.

[7] MUKHERJEE B, RAHMAN O S A, ISLAM A, et al. Plasma sprayed carbon nanotube and graphene nanoplatelets reinforced alumina hybrid composite coating with outstanding toughness [J]. Journal of Alloys Compounds, 2017, 727: 658 - 670.

[8] WANG S, ZHANG S P, WANG Y P, et al. Reduced graphene oxide/carbon nanotubes reinforced calcium phosphate cement [J]. Ceramics International, 2017, 43 (16): 13083 - 13088.

[9] KAUR R, KOTHIYAL N C. Positive synergistic effect of superplasticizer stabilized graphene oxide and functionalized carbon nanotubes as a 3 - D hybrid reinforcing phase on the mechanical properties and pore structure refinement of cement nanocomposites [J]. Construction and Building Materials, 2019, 222: 358 - 370.

[10] ZHOU C, LI F X, HU J, et al. Enhanced mechanical properties of cement paste by hybrid graphene oxide/carbon nanotubes [J]. Construction and Building Materials, 2017, 134: 336 - 345.

[11] QIN L M, BIAN D, ZHAO Y W, et al. Study on the preparation and mechanical properties of alumina ceramic coating reinforced by graphene and multi - walled carbon nanotube [J]. Russian Journal of Applied Chemistry, 2017, 90 (5): 811 - 817.

[12] CHEN I, WANG X H. Sintering dense nanocrystalline ceramics without final - stage grain growth [J]. Nature, 2000, 404 (6774): 168 - 171.

[13] ASADIAN E, SHAHROKHIAN S, ZAD A I, et al. Glassy carbon electrode modified with 3D graphene - carbon nanotube network for sensitive electrochemical determination of methotrexate [J]. Sensors and Actuat B: Chemical, 2017, 239: 617 - 627.

[14] SU D, CORTIE M, WANG G. Fabrication of N - doped graphene - carbon nanotube hybrids from Prussian blue for lithium - sulfur batteries [J]. Advanced Energy Materials, 2017, 7 (8): 1602014.

[15] GHASALI E, OROOJI Y, TAHAMTAN H, et al. The effects of metallic additives on the microstructure and mechanical properties of WC - Co cermets prepared by microwave sintering [J]. Ceramics International, 2020, 46 (18): 29199 - 29206.

[16] LIU K, WANG Z, YIN Z, et al. Effect of Co content on microstructure and mechanical properties of ultrafine grained WC - Co cemented carbide sintered by spark plasma sintering [J]. Ceramics International, 2018, 44 (15): 18711 - 18718.

[17] HUANG S G, LI L, VANMEENSEL K, et al. VC, Cr_3C_2 and NbC doped WC - Co cemented carbides prepared by pulsed electric current sintering [J]. International Journal of Refractory Metals and Hard Materials, 2007, 25 (5 - 6): 417 - 422.

[18] CHANG S H, CHEN S L. Characterization and properties of sintered WC - Co and WC - Ni - Fe hard metal alloys [J]. Journal of Alloys Compounds, 2014, 585: 407 - 413.

[19] KIM H C, SHON I J, YOON J K, et al. Rapid sintering of ultrafine WC - Ni cermets [J]. International Journal of Refractory Metals and Hard Materials, 2006, 24 (6): 427 - 431.

[20] SHON I J, JEONG I K, KO I Y, et al. Sintering behavior and mechanical properties of WC - 10Co, WC - 10Ni and WC - 10Fe hard materials produced by high - frequency induction heated sintering [J]. Ceramics International, 2009, 35 (1): 339 - 344.

[21] FURUSHIMA R, KATOU K, SHIMOJIMA K, et al. Control of WC grain sizes and mechanical properties in WC – FeAl composite fabricated from vacuum sintering technique [J]. International Journal of Refractory Metals and Hard Materials, 2015, 50: 16 – 22.

[22] LIANG L, LIU X, LI X Q, et al. Wear mechanisms of WC – $10Ni_3Al$ carbide tool in dry turning of Ti6Al4V [J]. International Journal of Refractory Metals and Hard Materials, 2015, 48: 272 – 285.

[23] HUANG S, VAN DER BISET O, VLEUGELS J. Pulsed electric current sintered Fe_3Al bonded WC composites [J]. International Journal of Refractory Metals and Hard Materials, 2009, 27 (6): 1019 – 1023.

[24] KIM H C, KIM D K, WOO K D, et al. Consolidation of binderless WC – TiC by high frequency induction heating sintering [J]. International Journal of Refractory Metals and Hard Materials, 2008, 26 (1): 48 – 54.

[25] NINO A, IZU Y, SEKINE T, et al. Effects of ZrC and SiC addition on the microstructures and mechanical properties of binderless WC [J]. International Journal of Refractory Metals and Hard Materials, 2017, 69: 259 – 265.

[26] KIM H C, PARK H K, JEONG I K, et al. Sintering of binderless WC – Mo_2C hard materials by rapid sintering process [J]. Ceramics International, 2008, 34 (6): 1419 – 1423.

[27] NINO A, NAKAIBAYASHI Y, SUGIYAMA S, et al. Microstructure and mechanical properties of WC – SiC composites [J]. Materials Transactions, 2011, 52 (8): 1641 – 1645.

[28] REN X, PENG Z, WANG C, et al. Influence of nano – sized La_2O_3 addition on the sintering behavior and mechanical properties of WC – La_2O_3 composites [J]. Ceramics International, 2015, 41 (10): 14811 – 14818.

[29] ZHENG D, LI X, AI X, et al. Bulk WC – Al_2O_3 composites prepared by spark plasma sintering [J]. International Journal of Refractory Metals and Hard Materials, 2012, 30 (1): 51 – 56.

[30] XIA X, LI X, LI J, et al. Microstructure and characterization of WC – 2. 8 wt% Al_2O_3 – 6. 8 wt% ZrO_2 composites produced by spark plasma sintering [J]. Ceramics International, 2016, 42 (12): 14182 – 14188.

[31] BASU B, VENKATESWARAN T, SARKAR D. Pressureless sintering and tribological properties of WC – ZrO_2 composites [J]. Journal of the European Ceramic Society, 2005, 25 (9): 1603 – 1610.

[32] OUYANG C, ZHU S, QU H. VC and Cr_3C_2 doped WC – MgO compacts prepared by hot – pressing sintering [J]. Materials & Design, 2012, 40: 550 – 555.

[33] ZHENG D, LI X, TANG Y, et al. WC – Si_3N_4 composites prepared by two – step spark plasma sintering [J]. International Journal of Refractory Metals and Hard Materials, 2015, 50: 133 – 139.

[34] REN X, PENG Z, PENG Y, et al. Ultrafine binderless WC – based cemented carbides with varied amounts of AlN nano – powder fabricated by spark plasma sintering [J]. International Journal of Refractory Metals and Hard Materials, 2013, 41: 308 – 314.

[35] CAO T, LI X, LI J, et al. Mechanical properties of WC – Si_3N_4 composites with ultrafine porous

boron nitride nanofiber additive [J]. Frontiers in Materials, 2021, 8: 141.

[36] DONG W, ZHU S, BAI T, et al. Influence of Al_2O_3 whisker concentration on mechanical properties of WC - Al_2O_3 whisker composite [J]. Ceramics International, 2015, 41 (10):, 13685 - 13691.

[37] FAN B, ZHU S, DING H, et al. Influence of MgO whisker addition on microstructures and mechanical properties of WC - MgO composite [J]. Materials Chemistry and Physics, 2019, 238: 121907.

[38] SUGIYAMA S, KUDO D, TAIMATSU H. Preparation of WC - SiC whisker composites by hot pressing and their mechanical properties [J]. Materials Transactions, 2008, 49 (7): 1644 - 1649.

[39] ZHANG X, ZHU S, SHI T, et al. Preparation, mechanical and tribological properties of WC - Al_2O_3 composite doped with graphene platelets [J]. Ceramics International, 2020, 46 (8): 10457 - 10468.

[40] SU W, LI S, SUN L. Effect of multilayer graphene as a reinforcement on mechanical properties of WC - 6Co cemented carbide [J]. Ceramics International, 2020, 46 (10): 15392 - 15399.

[41] LI M, SONG Z, GONG M, et al. WC + Co + graphene platelet composites with improved mechanical, tribological and thermal properties [J]. Ceramics International, 2021, 47 (21): 30852 - 30859.

[42] CAO T, LI X, LI J, et al. Effect of sintering temperature on phase constitution and mechanical properties of WC - 1.0 wt% carbon nanotube composites [J]. Ceramics International, 2018, 44 (1): 164 - 169.

[43] JANG J H, OH I H, LIM J W, et al. Fabrication and mechanical properties of binderless - WC and WC - CNT hard materials by pulsed current activated sintering method [J]. Journal of Ceramic Processing Research, 2017, 18 (7): 477 - 482.

[44] ZHANG X, ZHOU P, HU P, et al. Toughening of laminated ZrB_2 - SiC ceramics with residual surface compression [J]. Journal of the European Ceramic Society, 2011, 31 (13): 2415 - 2423.

[45] WEI C, ZHANG X, LI S. Laminated ZrB_2 - SiC/graphite ceramics with simultaneously improved flexural strength and fracture toughness [J]. Ceramics International, 2014, 40 (3): 5001 - 5006.

[46] AWAJI H, CHOI S M, YAGI E. Mechanisms of toughening and strengthening in ceramic - based nanocomposites [J]. Mechanics of Materials, 2002, 34 (7): 411 - 422.

第7章

多维强韧化超细晶高熵碳化物陶瓷刀具材料

7.1 引言

高熵材料是由多个组元以等比例或近等比例的方式相互固溶而形成，基于高熵效应、迟缓扩散效应、晶格畸变效应及“鸡尾酒”效应协同作用，高熵材料这种“超级固溶体”呈现出显著优于传统材料的结构稳定性及热－力－化学综合性能，在航空航天、复合材料、高速切削刀具等领域具有重大的学术研究价值和工业应用前景。高熵材料设计理念开创了全新的材料体系，已经从最初的高熵合金发展到了高熵钢、高熵聚合物、高熵金属间化合物、高熵陶瓷及高熵硬质合金等（见图7-1）。基于高性能化与多性能化优势，高熵材料为高性能刀具材料的研制提供了新思路和新途径。类似于传统陶瓷，高熵陶瓷可分为高熵氧化物陶瓷、高熵氮化物陶瓷、高熵硼化物陶瓷、高熵碳化物陶瓷等，尤其高熵碳化物（high－entropy carbide，HEC）在高温稳定性、力学与摩擦学性能等方面均显著优于WC，且具有广阔的组分－性能一体化调控空间，是一种极具潜力的新型硬质刀具材料。然而如传统陶瓷刀具一样，高熵碳化物硬质刀具（即高熵碳化物陶瓷刀具）固有的脆性限制了其广泛应用，如何实现高熵碳化物硬质刀具材料的高致密化和高强韧化已成为高熵陶瓷领域具有重要性和前沿性的重大课题。基于前面章节的分析讨论，本章在传统碳化物硬质刀具材料体系的基础上，应用高熵设计思想制备新型高熵碳化物硬质刀具材料，利用二步放电等离子烧结工艺实现高熵陶瓷的高致密化，重点研究二维石墨烯、一维碳纳米管、一维碳化硅纳米线及其复合多维强韧相作为高熵碳化物硬质刀具材料强韧相的可行性。

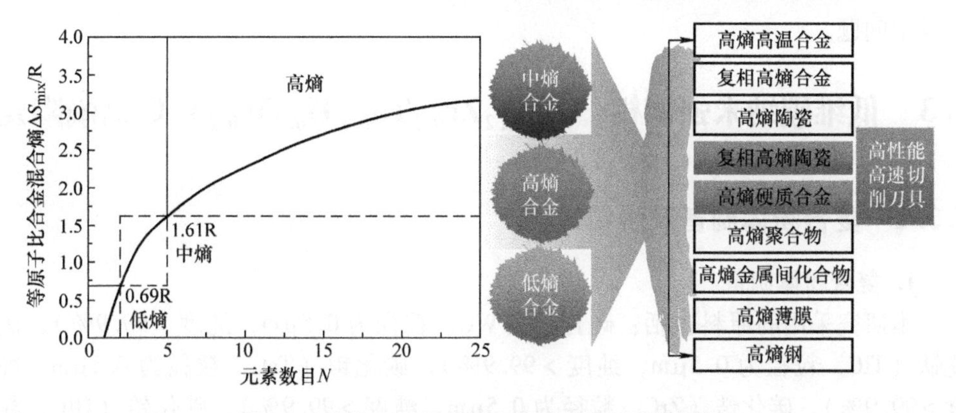

图7-1　高熵合金及其概念拓展的其他高熵材料

7.2　高熵碳化物陶瓷

1. 高熵碳化物陶瓷粉体制备工艺

高熵碳化物陶瓷粉体的制备方法包括机械合金化法、碳热还原法及前躯体热解法等。机械合金化法以金属碳化物或金属与碳单质为原料，经高能球磨实现各组元均匀扩散固溶，此工艺需优化球磨时间、转速、球料比、磨球形状及尺度等。如Sarker等[1]通过此工艺成功研制了（HfNbTaTiV）C高熵陶瓷粉体。碳热还原法以金属氧化物和石墨为原料，经高能球磨和高温煅烧获得高度固溶的高熵碳化物陶瓷粉体，此工艺需优化球磨工艺、煅烧温度与时间等。如王玉金、陈磊等[2]采用碳热还原法成功制备了（HfMoNbTaTiZr）C高熵陶瓷粉体。前躯体热解法是将金属氯化物与特定化学试剂混合，经聚合反应和高温热分解获得高熵碳化物陶瓷粉体，此工艺需优化前驱体含量及热处理温度等。如张国军等[3]和褚衍辉等[4]基于前驱体热解法分别制备了（HfNbTaTiZr）C及（HfNbTiZr）C纳米高熵陶瓷粉体。

2. 高熵碳化物陶瓷强韧化机理

高熵陶瓷强韧化的研究刚刚起步，目前仅有几篇文献报道。董绍明院士等[5]发现SiC涂覆三维编织碳纤维的添加使得（HfNbTaTiZr）C高熵陶瓷断裂韧度大幅度提升。孟军虎等[6]发现于相对纯高熵陶瓷，（MoNbTaW）C－Al_2O_3复合材料断裂韧度提高26.4%，抗弯强度提高36.6%，强韧化机理为裂纹偏转。郭伟明等[7]发现体积分数为20%的碳化硅晶须的添加导致（HfNbTaTiZr）C高熵陶瓷断裂韧度提高43%，强韧化机理为晶须拔出、脱黏和裂纹偏转。传统陶瓷材料的强韧化方法已经从传统的“增韧补强”发展到“纳米强韧化”以及梯度功能陶瓷、自增韧纳米复合陶瓷、低维碳纳米强韧化陶瓷等新概念陶瓷材料，而高熵陶瓷材料的强韧化则处于起步阶段，研究适用于高熵陶瓷的强韧化方法已成为高熵陶瓷研究的核心科学问题。

7.3 低维碳纳米强韧相/（$Hf_{0.2}Zr_{0.2}Ta_{0.2}Ti_{0.2}W_{0.2}$）C 高熵陶瓷

7.3.1 复合粉体制备及烧结工艺

1. 复合粉体制备

本研究采用的原料包括：碳化钨（WC，粒径为0.5μm，纯度>99.9%），碳化钛（TiC，粒径为0.5μm，纯度>99.9%），碳化钽（TaC，粒径为0.5μm，纯度>99.9%），碳化锆（ZrC，粒径为0.5μm，纯度>99.9%），碳化铪（HfC，粒径为0.5μm，纯度>99.9%），多层石墨烯（MLG，厚度为1~5nm，直径为1~5μm），碳纳米管（CNT，外径为4~6nm，长度为0.5~2μm，纯度>99.9%），碳化硅纳米线（SiC_{nw}，直径为100~200nm，长度为0.5~5μm，纯度>99.9%）。

基于前期研究及文献数据，本章重点研究四种高熵陶瓷材料，分别为HEC、HEC-0.15%MLG、HEC-1.5%SiC_{nw}及HEC-0.5%CNT。高熵陶瓷复合粉体的制备包括以下步骤：

1）称量等摩尔比的HfC、ZrC、TaC、TiC及WC粉体，采用多相悬浮液共混法，首先以无水乙醇或PEG为分散介质，分别配置五种碳化物粉末悬浮液，经过超声波及机械搅拌获得均匀分布的五种碳化物分散液。

2）在超声分散及机械搅拌的条件下，将五种分散液混合获得碳化物混合悬浮液，继续超声分散加机械搅拌，获得碳化物混合均匀的分散液。

3）将分散好的复合粉末悬浮液行星球磨24h，然后在真空干燥箱中100℃干燥，过筛即得混合均匀的高熵陶瓷粉体。

4）采用超声波和表面活性剂相结合的方法进行MLG、CNT及SiC_{nw}分散，采用无水乙醇作为分散介质，PVP为分散剂，配置悬浮液，调整悬浮液pH=9，将悬浮液在80℃水浴加热超声分散及机械搅拌1h，分别获得三种强韧相分散液。

5）采用超声波和表面活性剂相结合的方法将第三步获得的粉体分散，采用无水乙醇作为分散介质，PVP为分散剂，配置高熵陶瓷悬浮液，调整悬浮液pH=9，将悬浮液在80℃水浴加热超声分散及机械搅拌1h，获得高熵陶瓷分散液。

6）将三种强韧相分散液在强烈搅拌的状态下分别滴加到高熵陶瓷分散液继续超声分散及机械搅拌1h。

7）将分散好的复合粉末悬浮液行星球磨24h，然后在真空干燥箱中100℃干燥，过筛即得混合均匀的HEC-0.15%MLG、HEC-1.5%SiC_{nw}及HEC-0.5%CNT三种高熵陶瓷复合粉体。

2. 烧结工艺

所用石墨模具为高温、高强、高密的三高石墨质，具有耐高温能力，且其强度随温度升高而增加。根据模具的大小及厚度计算需称取粉末的质量，放入套筒内径为30mm的石墨模具（见图7-2），套筒厚度为5mm，在陶瓷粉体及石墨套筒之间加入厚度为0.03mm的石墨纸，以便于烧结后脱模。基于前面章节的分析讨论，本研究采用二步放电等离子烧结工艺进行高熵陶瓷基复合材料的制备。具体的工艺曲线如图7-3所示，首先以130℃/min将粉体加热至2050℃保温5min，然后以150℃/min降温至1900℃保温20min，以130℃/min降温至800℃后随炉冷却，压强保持为40MPa。

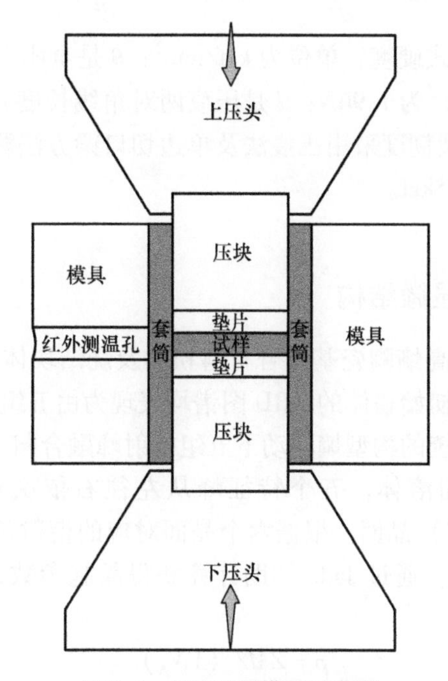

图7-2 SPS石墨模具示意图

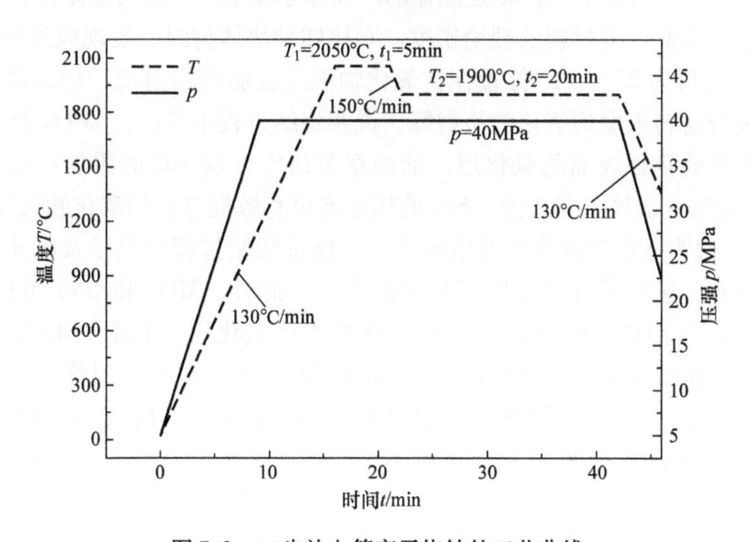

图7-3 二步放电等离子烧结的工艺曲线

3. 显微组织观察、物相分析与性能测试方法

材料的硬度（HV0.2）根据 GB 16534—2009《精细陶瓷室温硬度试验方法》，通过 MHVD－30AP 型自转塔维式硬度计测得，金刚石四棱体压头对面角为 136°，选择载荷为 0.2kgf，加载时间为 10s，保压时间为 15s。采用式（7-1）计算维式硬度

$$HV0.2 = 0.102\frac{2F\sin\left(\frac{\theta}{2}\right)}{d^2} = 0.102\frac{2F\sin\left(\frac{136^\circ}{2}\right)}{d^2} = 0.1891\frac{F}{d^2} \tag{7-1}$$

式中，HV0.2 是材料维式硬度，单位为 kgf/mm^2；θ 是金刚石压头顶部两相对面夹角为 136°；F 是试验力，为 1.96N；d 是压痕两对角线长度 d_1 和 d_2 的算术平均值，单位为 mm。材料的断裂韧度采用压痕法及单边切口梁方法测量计算。压痕法测量断裂韧度的载荷选择 2.5kgf。

其余同 6.3.3。

7.3.2 物相分析和显微结构

图 7-4 所示为四种高熵陶瓷基复合材料粉体及烧结块体 XRD 衍射图谱。显而易见，四种材料烧结前初始粉体的 XRD 图谱均表现为由五组独立的碳化物 XRD 衍射峰组成，烧结后在系统的构型熵驱动下五组衍射峰融合归一，形成单一相的岩盐晶体结构单相碳化物固溶体，五个特征峰从左往右依次对应（111）、（200）、（220）、（311）及（222）晶面。根据六个晶面对应的衍射角及布拉格公式可计算出各晶面对应晶面间距。通过 Jade 辅助计算获得晶胞参数，进而计算晶胞体积，带入

$$\rho = ZM/(VN_A)$$

式中，Z 是晶胞中的分子数；M 是晶体的广义摩尔质量；V 是晶胞体积；N_A 是阿伏伽德罗常数。由此可得材料的理论密度。对比四种块体材料，发现纯高熵陶瓷的衍射图谱在衍射角为 25°～35°位置存在氧化物强度较弱的衍射峰，添加第二相的高熵陶瓷基复合材料未发现氧化物衍射峰，说明烧结过程中 SiC_{nw}、MLG 及 CNT 的添加有助于消耗碳化物表面的氧化层。前面章节研究发现 SiC 的添加可以有效降低 WC 材料的致密化温度。基于此，SiC 的掺杂亦可有效促进高熵碳化物陶瓷致密化。MLG 及 CNT 具有超高的热导率及电导率，可促进烧结过程中热量及电流的快速传导和均匀分布，进而促进高熵陶瓷材料致密化。此外，MLG 和 CNT 可提供碳源，通过 $MO_x + (x+1)C = MC + xCO$ 消耗碳化物表面氧化层。如图 7-4d 所示，对于 HEC－MLG，在衍射角为 26.6°位置发现 MLG 的（002）晶面衍射峰。

基于碳纳米添加相含量比较少及 XRD 的局限性，本研究对 MLG、CNT 及 SiC_{nw} 进行拉曼表征（见图 7-5）。如图 7-5 所示，位于 $792.5cm^{-1}$ 和 $971.6cm^{-1}$ 处出现了 β－SiC 的两个较强本征特征峰，分别对应 SiC 的横向光学声子散射峰（TO

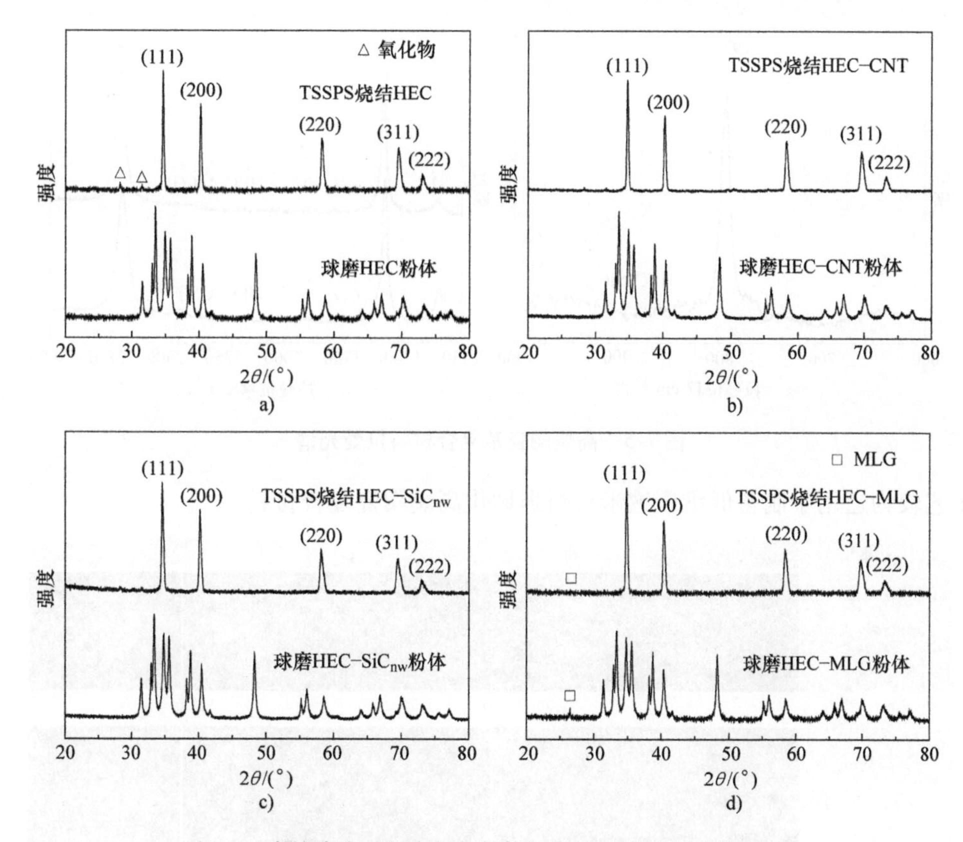

图7-4　高熵陶瓷基复合材料粉体及烧结块体XRD衍射图谱

模）与纵向光学声子散射峰（LO模），表明了烧结后SiC的存在。HEC－CNT及HEC－MLG复合材料呈现了碳纳米材料的三个特征峰：分别为D峰（$1346cm^{-1}$及$1350cm^{-1}$）、G峰（$1573cm^{-1}$及$1580cm^{-1}$）、2D峰（$2689cm^{-1}$及$2700cm^{-1}$），说明经过整个制备过程（分散、球磨、干燥及烧结等），石墨烯及碳纳米管结构未被破坏。D峰与G峰强度的I_D/I_G比值较低，表明二步放电等离子烧结过程对于碳纳米材料结构损伤较低。

图7-6所示为四种高熵陶瓷的抛光面SEM及其对应的EDS元素面分布。可以看到，四种材料均较为致密，无明显孔隙存在，五种金属元素分布随机且均较为均匀，未发现有明显的偏析。图7-6e为HEC－MLG点1的EDS点能谱分析，和元素面分布较为吻合，各金属元素原子分数近似相等，印证了XRD检测的单相岩盐结构。C的原子分数为55.49%，稍高于高熵碳化物陶瓷（$Hf_{0.2}Zr_{0.2}Ta_{0.2}Ti_{0.2}W_{0.2}$）C的正常碳含量，其原因是MLG的添加。图7-6f为HEC－MLG的EDS线扫描，进一步证实了各元素的均匀分布无偏析。此外根据图7-6b～d可知添加的第二相在HEC基体分布较为均匀，由图7-6c发现，SiC_{nw}保留了其棒状结构，这是显著优于传统热压烧结的，热压烧结往往SiC_{nw}退化为SiC颗粒，表明二步放电等离子烧结

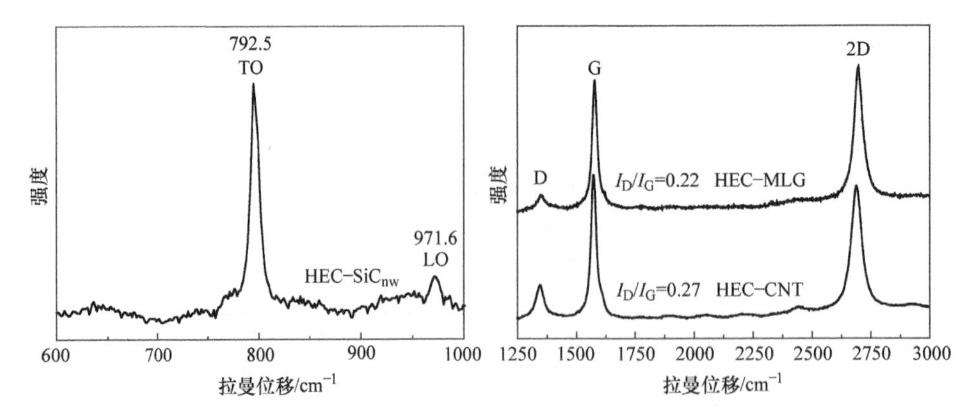

图 7-5　高熵陶瓷基复合材料拉曼光谱

工艺较为适用于制备低维碳纳米材料强韧化高熵陶瓷复合材料。

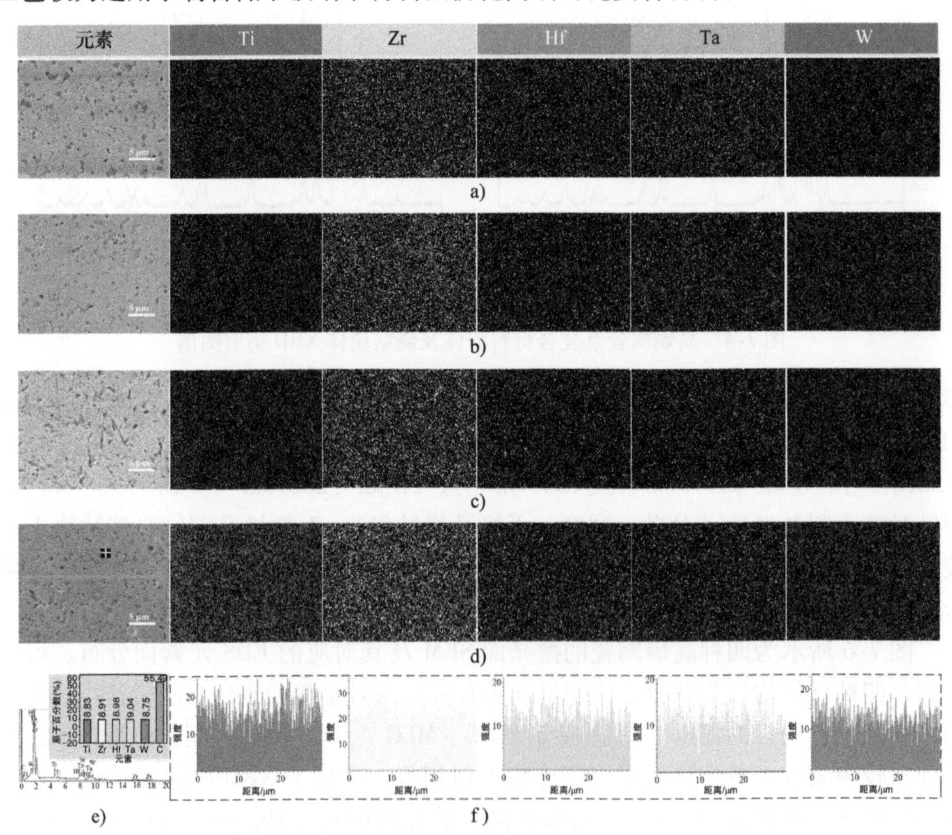

图 7-6　四种高熵陶瓷的抛光面 SEM 及其对应的 EDS 元素面分布

a) HEC　b) HEC－CNT　c) HEC－SiC_{nw}　d) HEC－MLG

e) HEC－MLG 点 1 的 EDS 点扫描　f) HEC－MLG 的 EDS 线扫描

图7-7所示为四种高熵陶瓷的断面SEM形貌，所有试样断面均无明显孔隙存在且无晶粒异常长大，组织较为致密均匀，说明TSSPS实现了在抑制高熵陶瓷晶粒增长的前提下完成材料致密化。低维碳纳米强韧相分布较为均匀，无显著团聚及结构损伤出现。如图7-7a，纯高熵陶瓷表现为沿晶断裂，而如图7-7b～d高熵陶瓷复合材料表现为穿晶－沿晶混合断裂，以穿晶断裂为主。图7-7e定量比较了四种高熵材料的相对密度及晶粒平均粒径，四种材料相对密度均在99%以上。此外，

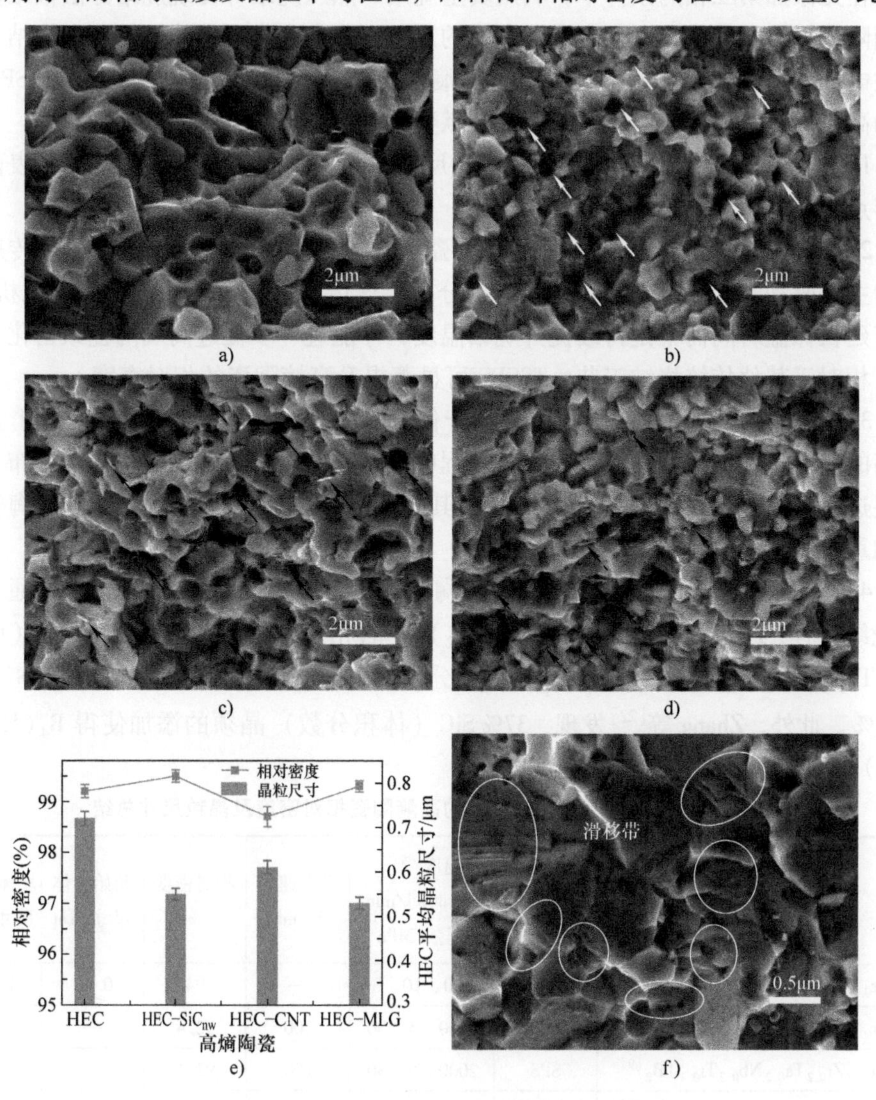

图7-7　四种高熵陶瓷的断面SEM形貌

a）HEC　b）HEC－SiC_{nw}　c）HEC－CNT　d）HEC－MLG　e）四种高熵陶瓷材料的相对密度及平均晶粒尺寸比较　f）HEC－MLG滑移带

注：粗实线箭头、细实线箭头、虚线箭头分别表示SiC_{nw}、CNT及MLG。

发现纯高熵陶瓷 HEC 粒径出现了些许增长，而 HEC 复合材料的粒径小于纯 HEC，说明第二相纳米材料的添加有助于抑制高熵陶瓷晶粒增长。更为有趣的是，如图 7-7f 所示，HEC – MLG 复合材料断口出现了滑移带形貌，这种塑性变形有助于通过颗粒重排、填充和孔隙闭合来提高致密化程度，进而显著提升材料力学性能。

表 7-1 总结了采用不同烧结方式获得的高熵陶瓷相对密度及晶粒尺寸。显而易见，在无添加第二相的条件下，利用真空烧结、热压烧结等传统烧结方法很难实现高熵陶瓷材料的完全致密化，高熵陶瓷的制备工艺大多集中在放电等离子烧结，创新放电等离子烧结工艺是实现高致密高熵陶瓷制备的关键。本研究采用 TSSPS 获得的高熵陶瓷的相对密度高于大部分文献数据。

1）本研究采用的原料粉体为亚微米尺度，具有显著优于粗晶粒粉体的表面能及熔点，有助于促进材料致密化。

2）本研究采用 TSSPS，对于高熵陶瓷，浓度梯度导致的原子间扩散是传质机理的主要驱动力，随着各原子趋于均匀分布，该传质过程明显减慢，基于此机制，只有延长保温时间而不是持续提升烧结温度，才能进一步促进高熵陶瓷致密化。因此，相对于其他传统烧结工艺，TSSPS 可显著提升高熵陶瓷的相对密度。

3）第二相碳纳米材料的添加有助于促进高熵陶瓷致密化。MLG 及 CNT 具有超高的热导率及电导率，可促进烧结过程中热量和电流的快速传导和均匀分布，进而促进高熵陶瓷材料致密化。MLG 基于其自润滑效应，可促进烧结过程中陶瓷颗粒的重排。

4）SiC 的掺杂则可以显著降低高熵陶瓷致密化的初始温度，见表 7-1，通过相同烧结过程，（$Hf_{0.2}Zr_{0.2}Ta_{0.2}Nb_{0.2}Ti_{0.2}$）C 的相对密度只为 83.5%，而（$Hf_{0.2}Zr_{0.2}Ta_{0.2}Nb_{0.2}Ti_{0.2}$）C – 20% SiC_p（体积分数）（SiC 颗粒）复合材料的相对密度为 93.4%。此外，Zhang 等[22]发现，37% SiC（体积分数）晶须的添加使得 B_4（$HfMo_2TaTi$）C 的相对密度从 92% 提高至 97%。

表 7-1　采用不同烧结方式获得的高熵陶瓷相对密度及晶粒尺寸总结

高熵陶瓷	烧结工艺	温度/℃、保温时间/min、压强/MPa	升温速率℃/min	相对密度（%）	初始粉体尺寸/μm	块体晶粒尺寸/μm
$(Zr_{0.2}Ta_{0.2}Ti_{0.2}Nb_{0.2}Hf_{0.2})B_2$[8]	SPS①	2000、10、30	—	94	0.28	1.95
$(Zr_{0.2}Ta_{0.2}Ti_{0.2}Nb_{0.2}Hf_{0.2})B_2$[9]	SPS	2000、5、30	100	92.4	—	—
$(Mo_{0.2}Zr_{0.2}Ta_{0.2}Nb_{0.2}Ti_{0.2})B_2$[9]	SPS	2000、5、30	100	92.1	—	—
$(Hf_{0.2}Mo_{0.2}Ta_{0.2}Nb_{0.2}Ti_{0.2})B_2$[9]	SPS	2000、5、30	100	92.2	—	—
$(Hf_{0.2}Mo_{0.2}Ta_{0.2}Nb_{0.2}Ti_{0.2})B_2$[10]	TSSPS②	1600、60、30 + 2000、10、30	150	95.0	0.54	—
$(Hf_{0.2}Mo_{0.2}Ta_{0.2}Nb_{0.2}Ti_{0.2})B_2$[11]	SPS	1950、20、20	—	92.5	—	—

（续）

高熵陶瓷	烧结工艺	温度/℃、保温时间/min、压强/MPa	升温速率℃/min	相对密度（%）	初始粉体尺寸/μm	块体晶粒尺寸/μm
$(Hf_{0.25}Ta_{0.25}Zr_{0.25}Nb_{0.25})C$[12,13]	TSSPS	1800、10、40 + 2300、7、16	100	99	2 - 6	12
$(Ti_{0.2}Zr_{0.2}Nb_{0.2}Ta_{0.2}W_{0.2})C$[14]	SPS	2000、5、50	—	95.7	—	—
$(Hf_{0.2}Zr_{0.2}Ta_{0.2}Nb_{0.2}Ti_{0.2})C$[15]	TSSPS	2000、0.5、30/ + 1800、15、30	—	92.7	0.08 - 2	0.578
$(Hf_{0.2}Zr_{0.2}Ta_{0.2}Nb_{0.2}Ti_{0.2})C$[16]	HP③	1800、30、30	8	95.3	<3	—
$(Hf_{0.2}Zr_{0.2}Ta_{0.2}Nb_{0.2}Ti_{0.2})C$[17]	HP	1900、60、32	15	99.3	0.1	1.2
$(Zr_{0.25}Nb_{0.25}Ti_{0.25}V_{0.25})C$[18]	HP	2100、30、30	8	95.1	<3	2 - 5
17% $(Ti_{0.40}Zr_{0.20}Nb_{0.20}Hf_{0.12}Ta_{0.07}W_{0.01})B_2$ + 83% $(Ti_{0.17}Zr_{0.17}Nb_{-0.17}Hf_{0.21}Ta_{0.24}W_{0.04})C$[19]	THSSPS④	1400、80、5 + 1600、80、5 + 2200、20、80	100 - 30	98.8	—	4.2 - 4.9
$(Hf_{0.2}Zr_{0.2}Ta_{0.2}Nb_{0.2}Ti_{0.2})C$[20]	SPS	1700、10、50	—	83.5	—	—
$(Hf_{0.2}Zr_{0.2}Ta_{0.2}Nb_{0.2}Ti_{0.2})C-20\%SiC_p$[20]（体积分数）	SPS	1700、10、50	—	93.4	—	—
$(Hf_{0.2}Zr_{0.2}Ta_{0.2}Nb_{0.2}Ti_{0.2})C$[21]	SPS	1650、10、30 + 2000、10、30 -	100	98.9	—	—
$(Hf_{0.2}Zr_{0.2}Ta_{0.2}Nb_{0.2}Ti_{0.2})C-20vol\%SiC_w$[21]	SPS	1650、10、30 + 2000、10、30	100	99.9	—	—
$B_4(HfMo_2TaTi)C$[22]	SPS	1800、10、60	200	92	—	—
$B_4(HfMo_2TaTi)C-37\%SiC_w$[22]（体积分数）	SPS	1800、10、60	200	97	—	—
$(Ta_{0.2}Nb_{0.2}Ti_{0.2}V_{0.2}W_{0.2})C$[23]	HIP⑤	1900、260、100bar Ar	8	97.9	—	—
$(Ti_{0.2}Zr_{0.2}Nb_{0.2}Ta_{0.2}Mo_{0.2})C$[24]	TSSPS	1850、60、30 + 2100、30、30	—	98.6	—	8.8
$(Hf_{0.2}Ta_{0.2}Ti_{0.2}Nb_{0.2}Zr_{0.2})C$[25]	SPS	2000、10、50	100	94.8	—	<2
$(Hf_{0.2}Ta_{0.2}Ti_{0.2}Nb_{0.2}Mo_{0.2})C$[25]	SPS	2000、10、50	100	93.8	—	<3
$(Nb_{0.25}Ta_{0.25}Zr_{0.25}W_{0.25})C$[26]	SPS	2200、10、30	—	97.3	1.1 ~ 1.35	9
$(Hf_{0.2}Zr_{0.2}Ta_{0.2}Ti_{0.2}W_{0.2})C$（本研究）	TSPSP	2050、5、40 + 1900、20、40	130 ~ 150	99.2	0.5	0.72

（续）

高熵陶瓷	烧结工艺	温度/℃、保温时间/min、压强/MPa	升温速率℃/min	相对密度（%）	初始粉体尺寸/μm	块体晶粒尺寸/μm
$(Hf_{0.2}Zr_{0.2}Ta_{0.2}Ti_{0.2}W_{0.2})C-SiC_{nw}$（本研究）	TSSPS	2050、5、40 + 1900、20、40	130 ~ 150	99.5	0.5	0.55
$(Hf_{0.2}Zr_{0.2}Ta_{0.2}Ti_{0.2}W_{0.2})C-CNT$（本研究）	TSSPS	2050、5、40 + 1900、20、40	130 ~ 150	98.7	0.5	0.61
$(Hf_{0.2}Zr_{0.2}Ta_{0.2}Ti_{0.2}W_{0.2})C-MLG$（本研究）	TSSPS	2050、5、40 + 1900、20、40	130 ~ 150	99.3	0.5	0.53

① 放电等离子烧结。
② 二步放电等离子烧结。
③ 热压烧结。
④ 三步放电等离子烧结。
⑤ 热等静压烧结。

7.3.3 力学性能

图 7-8 比较了四种高熵陶瓷材料力学性能。SiC_{nw}和 MLG 的掺杂对于高熵陶瓷的硬度影响不显著，CNT 的添加使得高熵陶瓷的硬度有一定程度地降低。由表 7-2 可知，本研究所得高熵陶瓷的硬度优于大部分文献数据，其原因是本研究制备的高熵陶瓷具有高致密度且晶粒尺寸较小。此外，基于固溶强化、霍尔 - 帕奇效应及高熵内部价电子效应，本研究制备的高熵碳化物陶瓷硬度高于五种传统二元碳化物陶

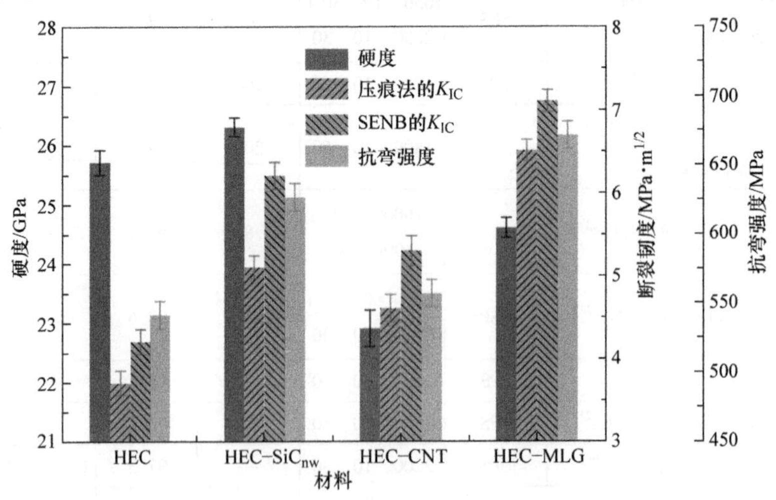

图 7-8　四种高熵陶瓷的材料力学性能比较

瓷，同时说明混合法则不适用于高熵碳化物陶瓷。纯高熵陶瓷抗弯强度为541.2MPa，碳纳米材料的添加均不同程度提高了HEC抗弯强度，HEC－MLG呈现最优抗弯强度为671.3MPa。断裂韧度呈现和抗弯强度一样的变化趋势，HEC－MLG具有最优断裂韧度为7.1MPa·$m^{1/2}$。图7-9比较了多种高熵陶瓷材料的强度和断裂韧度，可见对于高熵陶瓷，强度和断裂韧度依然是鱼与熊掌不可兼得的倒置关系。传统陶瓷材料的强韧化方法同样适于高熵陶瓷，本研究所得的石墨烯强韧化高熵陶瓷与碳化硅纳米线强韧化高熵陶瓷位于图7-9的右上方，具有较为优异的强度－断裂韧度组合。

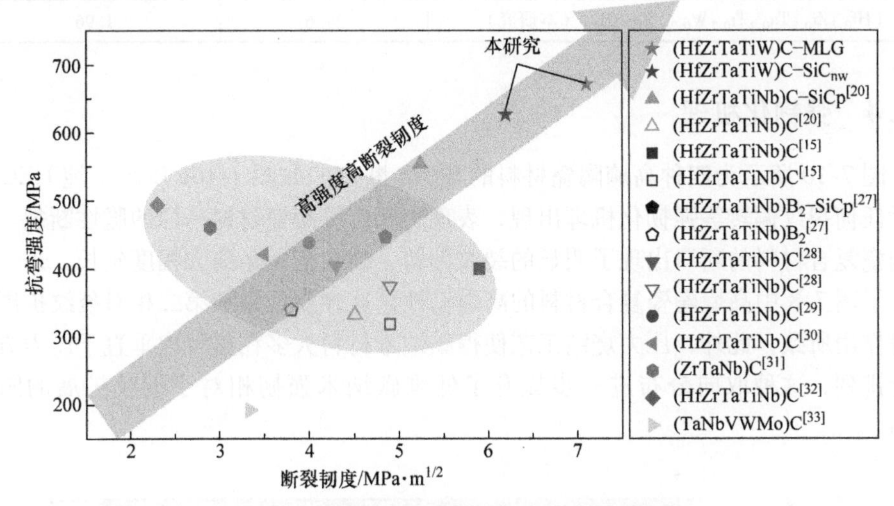

图7-9　多种高熵陶瓷材料的强度和断裂韧度

表7-2　本研究及文献报道的高熵陶瓷材料的硬度总结

高熵陶瓷	硬度/GPa	测量载荷/N
$(Hf_{0.2}Zr_{0.2}Ta_{0.2}Nb_{0.2}Ti_{0.2})C$[16]	21.6	1.96
$(Hf_{0.2}Zr_{0.2}Ta_{0.2}Nb_{0.2}Ti_{0.2})C$[34]	15	9.8
$(V_{0.2}Nb_{0.2}Ta_{0.2}Mo_{0.2}W_{0.2})C$[33]	23.8	4.9
$(Ti_{0.2}Zr_{0.2}Hf_{0.2}Nb_{0.2}Ta_{0.2})C$[20]	21.9	9.8
$(Hf_{0.2}Zr_{0.2}Ta_{0.2}Nb_{0.2}Ti_{0.2})C$[15]	16.2	9.8
$(Hf_{0.2}Zr_{0.2}Ta_{0.2}Nb_{0.2}Ti_{0.2})C$[15]	17.1	9.8
$(Nb_{0.25}Ta_{0.25}Mo_{0.25}W_{0.25})C$[35]	21.9	4.9
$(Zr_{0.2}Ta_{0.2}Ti_{0.2}Nb_{0.2}Hf_{0.2})B_2$[8]	16.4	1.96
$(Zr_{0.2}Ta_{0.2}Ti_{0.2}Nb_{0.2}Hf_{0.2})B_2$[36]	20.5	1.96
$(Hf_{0.2}Zr_{0.2}Ti_{0.2}Ta_{0.2}Mo_{0.2})B_2$[36]	24.9	1.96
$(Zr_{0.2}Ta_{0.2}Ti_{0.2}Nb_{0.2}Hf_{0.2})B_2$[37]	22.4	1.96
$(Zr_{0.2}Ta_{0.2}Ti_{0.2}Nb_{0.2}Hf_{0.2})B_2$[9]	17.5	1.96

（续）

高熵陶瓷	硬度/GPa	测量载荷/N
$(Hf_{0.2}Mo_{0.2}Ta_{0.2}Nb_{0.2}Ti_{0.2})B_2$[9]	22.5	1.96
$(Hf_{0.2}Mo_{0.2}Zr_{0.2}Ta_{0.2}Ti_{0.2})B_2$[9]	19.1	1.96
$(Ta_{0.2}Mo_{0.2}Zr_{0.2}Nb_{0.2}Ti_{0.2})B_2$[9]	23.7	1.96
$(Hf_{0.2}Zr_{0.2}Ta_{0.2}Ti_{0.2}W_{0.2})C$（本研究）	25.7	1.96
$(Hf_{0.2}Zr_{0.2}Ta_{0.2}Ti_{0.2}W_{0.2})C-SiC_{nw}$（本研究）	26.3	1.96
$(Hf_{0.2}Zr_{0.2}Ta_{0.2}Ti_{0.2}W_{0.2})C-CNT$（本研究）	22.9	1.96
$(Hf_{0.2}Zr_{0.2}Ta_{0.2}Ti_{0.2}W_{0.2})C-MLG$（本研究）	24.6	1.96

7.3.4 强韧化机理

图 7-10 所示为四种高熵陶瓷材料的 SENB 断口。如图 7-10a 所示，纯 HEC 断口无任何裂纹偏转等强韧化机理出现，表现为和传统陶瓷材料一样的脆性断裂。高熵陶瓷复合材料的断口出现了明显的裂纹偏转，裂纹扩展距离大幅度延长，进一步印证了图 7-8 中高熵陶瓷复合材料的高强韧性。这主要是添加第二相对裂纹扩展的阻碍作用所致，此外，压力烧结工艺使得碳纳米材料大多在材料内垂直于压力方向平行排列，这种取向分布进一步提升了低维碳纳米强韧相对于裂纹扩展的阻碍作用。

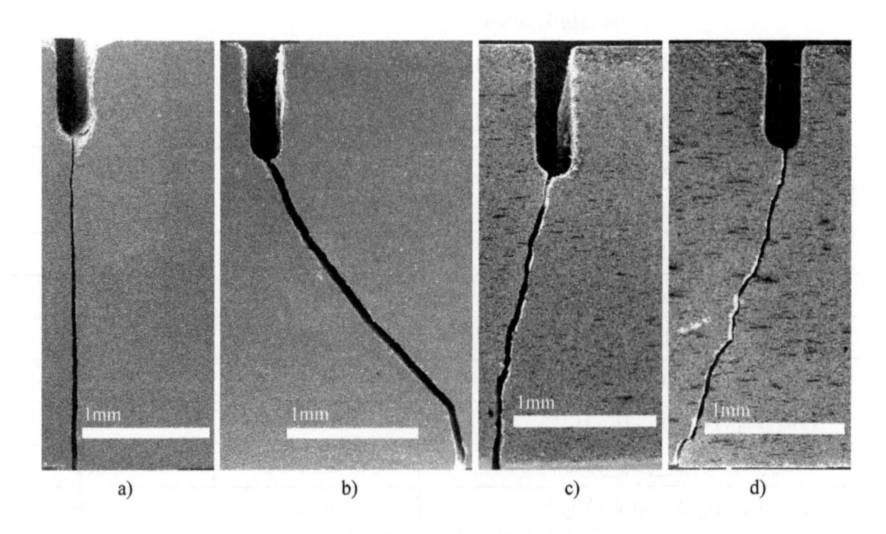

图 7-10　四种高熵陶瓷材料的 SENB 断口

a）HEC　b）$HEC-SiC_{nw}$　c）HEC－CNT　d）HEC－MLG

图 7-11 所示为基于断裂路径和断口微观形貌分析总结的 $HEC-SiC_{nw}$ 高熵陶瓷复合材料的强韧化机理。结合 EDS 能谱分析，很显然，SiC_{nw} 在高熵陶瓷基体分布

较为均匀，无明显团聚出现。烧结过程中 SiC_{nw}保留了完好的高长径比棒状形貌，对于充分实现其强韧化功效具有重要作用。

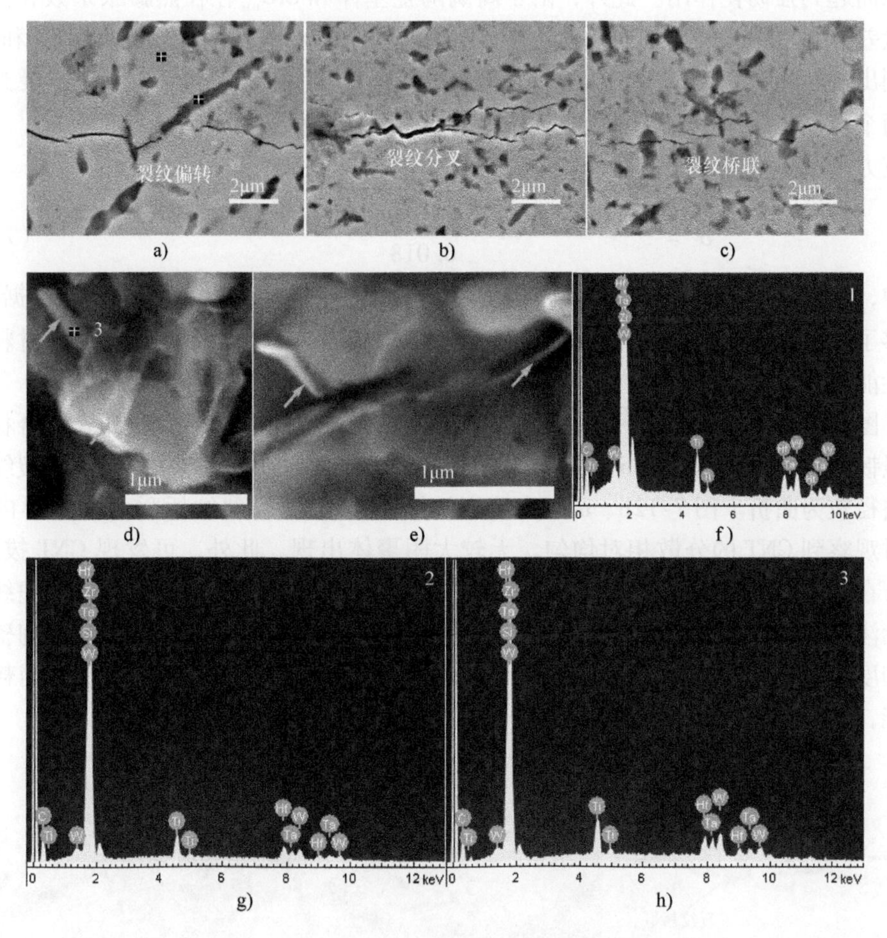

图7-11　HEC－SiC_{nw}高熵陶瓷复合材料的强韧化机理

a）裂纹偏转　b）裂纹分叉　c）裂纹桥联　d）、e）SiC_{nw}拔出　f）、g）、h）EDS点分析

如图7-11a所示，裂纹扩展遇到 SiC_{nw}，被迫沿纳米线发生不同角度的偏转，延长裂纹扩展路径，裂纹尖端应力强度减少，实现强韧化。如图7-11b所示，裂纹扩展遇到小尺度 SiC_{nw}，主裂纹发生分叉，显著增加了裂纹扩展过程的表面能，使得裂纹快速扩展受阻而提高材料强韧性。图7-11c所示为裂纹桥联强韧化，裂纹扩展遇到 SiC_{nw}未发生穿晶断裂，而是出现互锁现象，纳米线的两端连接裂纹的两端，形成摩擦桥，促进裂纹闭合，这种由纳米线和基体共同强韧的过程称为纳米线桥联一次强韧；由于纳米线与裂纹面不互相垂直，在被桥联的裂纹尖端与参加桥联的纳米线根部发生后续解离，进一步储蓄弹性能，称为纳米线桥联二次强韧。纳米线桥

联也是高温强韧化的重要实现机制之一。当裂纹扩展驱动力高于 SiC_{nw} 与基体界面上的摩擦阻力时，造成 SiC_{nw} 与基体分离开裂，SiC_{nw} 从基体拔出，界面摩擦消耗断裂能而起到强韧化作用。此外，由于高熵陶瓷基体和 SiC_{nw} 存在热膨胀系数和弹性模量差异，可引入残余应力强韧化。对于无应力状态 SiC，其两个特征峰 TO 和 LO 分别出现在 $789.2cm^{-1}$ 和 $970.1cm^{-1}$ 位置，由图 7-11 可知，HEC – SiC_{nw} 拉曼光谱的两个特征峰相对于无应力状态 SiC 均发生了蓝移，例如 TO 蓝移了 $3.3cm^{-1}$。残余应力可根据峰位移动计算，具体公式为[38]

$$\sigma = \frac{3.11 - \sqrt{9.6721 - 0.036(W_{TO} - W_{TO0})}}{0.018} \tag{7-2}$$

式中，W_{TO} 和 W_{TO0} 分别对应 SiC 在应力状态和无应力状态的 TO 峰位置。根据 TO 蓝移了 $3.3cm^{-1}$，计算可得 SiC_{nw} 表面为残余压应力为 1060MPa，对于提升材料力学性能尤其是断裂韧度具有重要作用。

图 7-12 所示为基于断裂路径及断口形貌观察的 HEC – CNT 高熵陶瓷复合材料的强韧化机理。由图 7-12a 可知，随着高频率裂纹偏转和裂纹桥联的发生，裂纹扩展路径较为曲折。图 7-12b、c 更为清晰地展示了 CNT 的裂纹桥联（椭圆形内），同时观察到 CNT 的分散相对均匀，无较大团聚体出现。此外，可发现 CNT 拔出，分布在晶间位置的 CNT（实线箭头标注）拔出长度大于晶内位置的 CNT（虚线箭头标注）拔出长度。CNT 通过对高熵陶瓷基体载荷的有效转移实现了高熵陶瓷断裂韧度的显著提升。此外，CNT 亦可在受力时发生坍塌形成剪切应力带而消耗断裂能，起到强韧化作用。

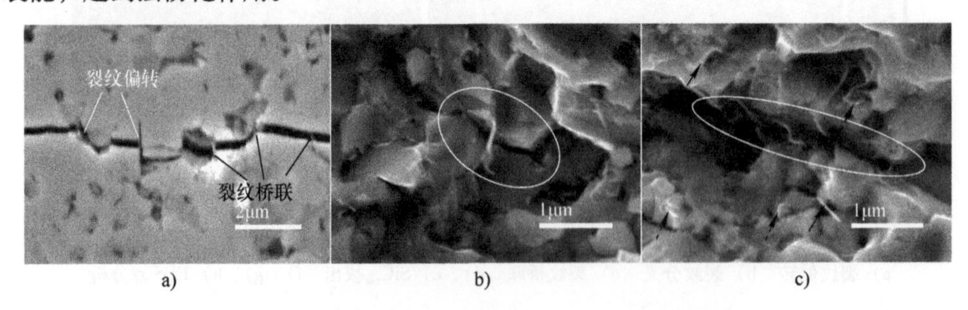

图 7-12 HEC – CNT 高熵陶瓷复合材料的强韧化机理

a）基于断裂路径分析 b）、c）基于断口形貌观察

图 7-13 所示为基于断裂路径及断口形貌观察的 HEC – MLG 高熵陶瓷复合材料的强韧化机理。强韧化机理包括石墨烯弯曲、拔出及包裹基体晶粒、裂纹桥联、二维/三维复合裂纹偏转，以及石墨烯网与墙等，相关详细的石墨烯强韧化机理分析可参照本书第 3 章中的多级强韧化 – 石墨烯强韧化。

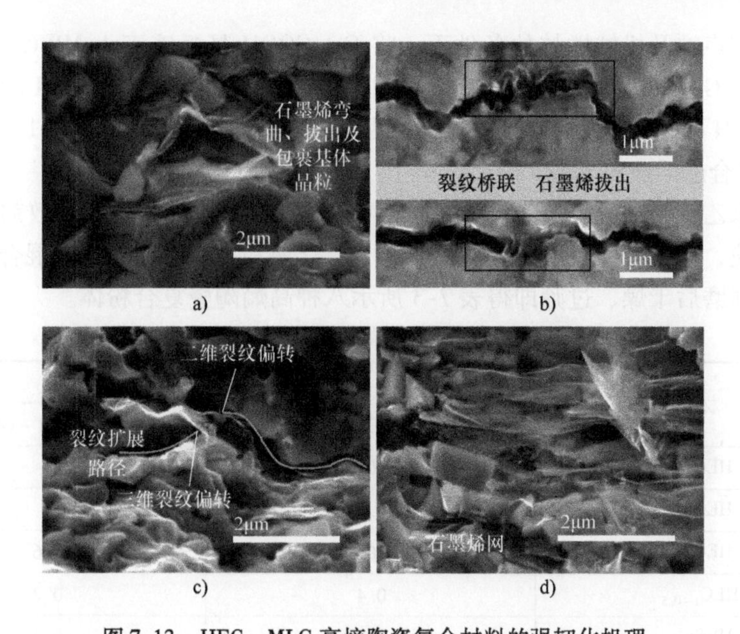

图7-13　HEC-MLG高熵陶瓷复合材料的强韧化机理

a）MLG弯曲、拔出及包裹基体晶粒　b）裂纹桥联　c）二维/三维复合裂纹偏转　d）石墨烯网与墙

7.4　石墨烯-碳纳米管/($(Hf_{0.2}Zr_{0.2}Ta_{0.2}Ti_{0.2}Nb_{0.2})C$)高熵陶瓷

7.4.1　复合粉体制备及烧结工艺

1. 复合粉体制备

本研究采用的原料包括：碳化铌（NbC，粒径为0.5μm，纯度>99.9%），碳化钛（TiC，粒径为0.5μm，纯度>99.9%），碳化钽（TaC，粒径为0.5μm，纯度>99.9%），碳化锆（ZrC，粒径为0.5μm，纯度>99.9%），碳化铪（HfC，粒径为0.5μm，纯度>99.9%），羧基化石墨烯（G-COOH，厚度为0.8~1.2nm，直径为0.5~2μm），羟基化碳纳米管（MWCNT-OH，外径为4~6nm，长度为0.5~2μm）。

采用干磨和湿磨相结合制备高熵陶瓷粉体，称量等摩尔比的HfC、ZrC、TaC、TiC及NbC粉体，采用碳化钨球磨罐及碳化钨磨球真空干磨3h（每磨10min停5min）；再采用无水乙醇为分散介质真空湿磨24h；然后在真空干燥箱中110℃干燥，过筛即得高熵陶瓷粉体。

采用超声波和表面活性剂相结合的方法进行G-CNT复合强韧相的制备。采用NMP为分散介质，PVP为分散剂，分别制备G-COOH悬浮液和MWCNT-OH悬浮液；在超声波及机械搅拌的条件下，将 G－COOH 悬浮液滴入 MWCNT－OH 悬浮液，获得 G－CNT 复合悬浮液。通过调整 G－COOH 及 MWCT－OH 的比例，制备 G－COOH 与 MWCNT－OH 的质量比为 1∶0.5，1∶1，1∶2，1∶5，1∶10 的五种 G－CNT 复合悬浮液。

以无水乙醇为分散介质，PEG＋PVP（质量比为 1∶1）为复合分散剂制备高熵陶瓷分散液，采用悬浮液混合法将 G－CNT 悬浮液和高熵陶瓷悬浮液混合，超声分散、高能球磨后干燥、过筛即得表 7-3 所示八种高熵陶瓷复合粉体。

表 7-3　八种高熵陶瓷复合粉体

材料	组分（质量分数,%）	
	G－COOH	MWCNT－OH
HEC_{0-0}	0	0
HEC_{1-0}	0.6	0
HEC_{0-1}	0	0.6
$HEC_{1-0.5}$	0.4	0.2
HEC_{1-1}	0.3	0.3
HEC_{1-2}	0.2	0.4
HEC_{1-5}	0.1	0.5
HEC_{1-10}	0.055	0.55

2. 烧结工艺

采用二步放电等离子烧结工艺，一阶段温度为 2100℃，保温 4min，二阶段温度为 1950℃，保温 30min。

7.4.2　物相分析和显微结构

图 7-14 所示为四种高熵陶瓷烧结块体的 XRD 衍射图谱。显而易见，四种材料均形成了单一相的岩盐晶体结构单相碳化物固溶体，五个特征峰从左往右依次对应（111）、（200）、（220）、（311）及（222）晶面。对比四种材料发现，HEC_{0-0} 及 HEC_{0-1} 的衍射图谱在 30°～35°之间存在氧化物的强度较弱衍射峰。

基于碳纳米添加相含量比较少及 XRD 的局限性，本研究对石墨烯及碳纳米管进行了拉曼光谱表征，如图 7-15 所示。

图 7-15 中三种试样均呈现了碳纳米材料的三个特征峰，即 D 峰（$1352cm^{-1}$、$1355cm^{-1}$、$1356cm^{-1}$）、G 峰（$1586cm^{-1}$、$1586cm^{-1}$、$1588cm^{-1}$）及 2D 峰（$2695cm^{-1}$、$2701cm^{-1}$、$2704cm^{-1}$），说明经过整个制备过程（分散、球磨、干燥及烧结等），碳纳米材料的结构未被破坏。2D 峰呈现对称结构，说明碳纳米材料未发生石墨化而严重团聚。D 峰与 G 峰的 I_D/I_G 比值较低，表明二步放电等离子烧结过程对于碳纳米材料结构的损伤较低。对于 HEC_{1-2}，I_{2D}/I_G 比值较高，为 0.98，

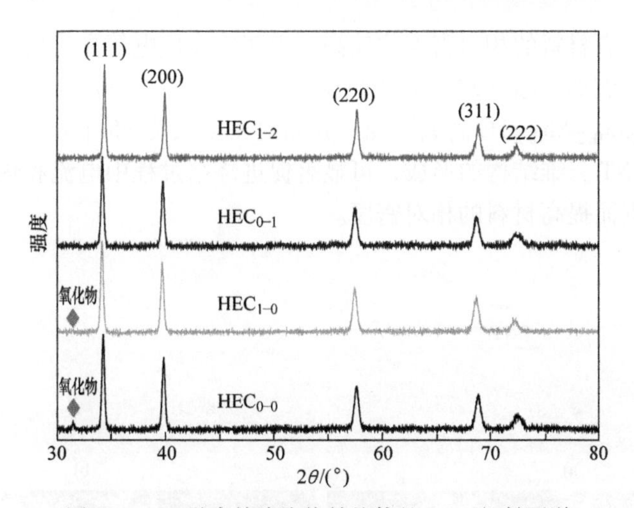

图7-14　四种高熵陶瓷烧结块体的XRD衍射图谱

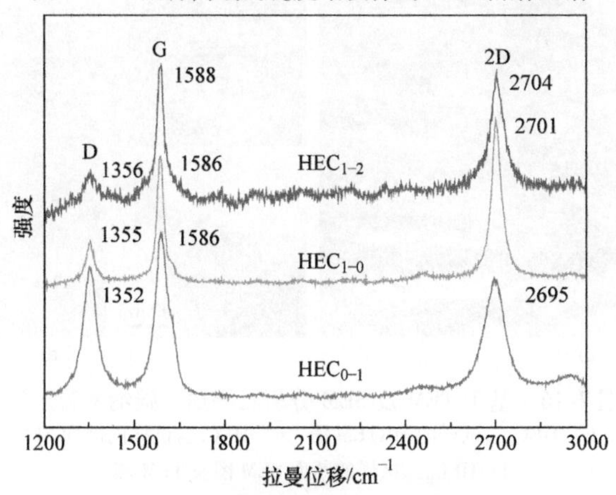

图7-15　高熵陶瓷基复合材料的拉曼光谱

说明G－CNT结构中的石墨烯为少层石墨烯。和HEC_{0-1}及HEC_{1-0}相比，HEC_{1-2}的拉曼光谱向高峰位移动，说明二维石墨烯与一维碳纳米管作用形成了三维空间结构[39,40]。

图7-16a、b采用HRTEM进一步表征了G－CNT三维空间结构的形成，可以看出，G－CNT与高熵陶瓷基体界面清晰干净，无界面相产生，石墨烯以少层石墨烯形式存在，其层数多在8层以下；碳纳米管以双壁碳纳米管形式存在，其外径小于5nm。图7-16c所示为HEC_{1-2}试样的断面SEM图，显而易见，G－CNT在高熵陶瓷基体中分布较为均匀，无明显团聚出现。CNT分布在G之间，基于空间位阻效应，G为CNT提供了支撑的平台，有利于抑制CNT的团聚；CNT分布在G之间，有效减少G的堆垛而增加G－CNT比表面积。图7-16d所示为HEC_{0-0}试样的断面SEM图，材料断面未有气孔存在，呈现高致密度，同时结合TEM图，发现在烧结过程中高熵陶瓷未发生晶粒显著增长。图7-17所示为八种高熵陶瓷材料的相

对密度比较，所有材料的相对密度均较高，表明二步放电等离子烧结工艺较为适于制备高熵陶瓷。例如文献［34］采用热压烧结工艺，在2100℃保温30min，成功制备了（$Ti_{0.2}V_{0.2}Zr_{0.2}Nb_{0.2}$）C 高熵陶瓷，其相对密度仅为95.1%。此外，碳纳米材料尤其是 G－CNT 三维结构的形成，可显著促进烧结过程中电流和热量的快速传导和均匀分布，进而提高材料的相对密度。

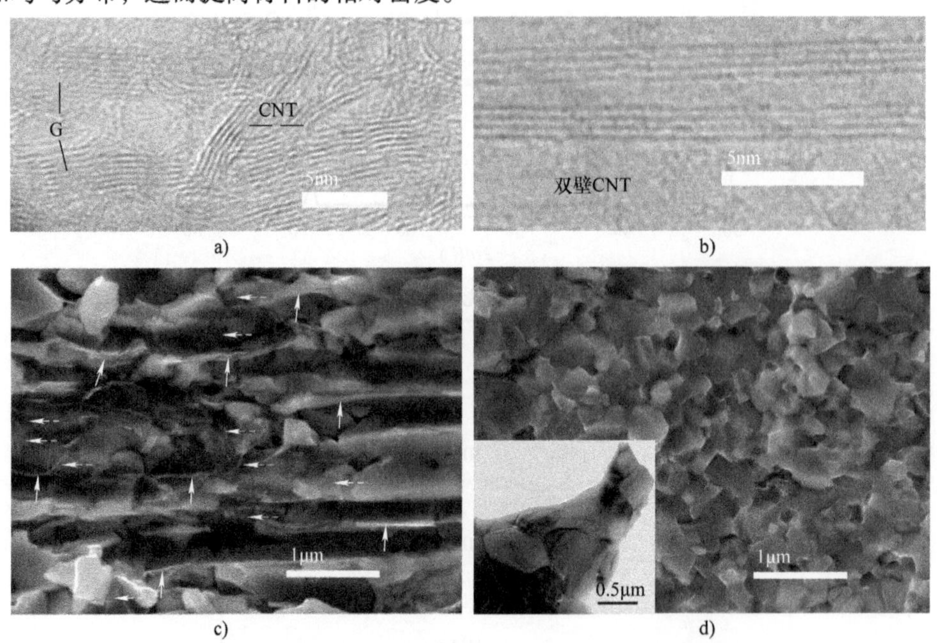

图7-16　基于 TEM 及 SEM 分析石墨烯－碳纳米管形貌

a)、b) HEC_{1-2}试样的 HRTEM 图　c) HEC_{1-2}试样的断面 SEM 图

d) HEC_{0-0}试样的断面 SEM 图及 TEM 图

注：图中实线箭头表示石墨烯，虚线箭头表示碳纳米管。

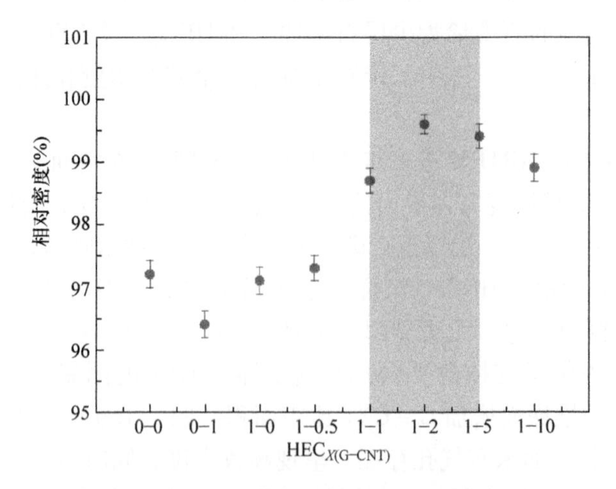

图7-17　八种高熵陶瓷材料的相对密度比较

图7-18a所示为HEC_{1-2}试样的抛光面SEM及其对应的EDS元素面分布，可以看到材料均较为致密无明显孔隙存在，五种金属元素在微米尺度分布随机且均较为均匀，未发现有明显的偏析。为了进一步观察元素纳米尺度的分布，采用STEM对HEC_{1-2}进行分析和表征，如图7-18b所示。显而易见，五种元素在纳米尺度分布亦较为均匀，未有明显聚集出现。

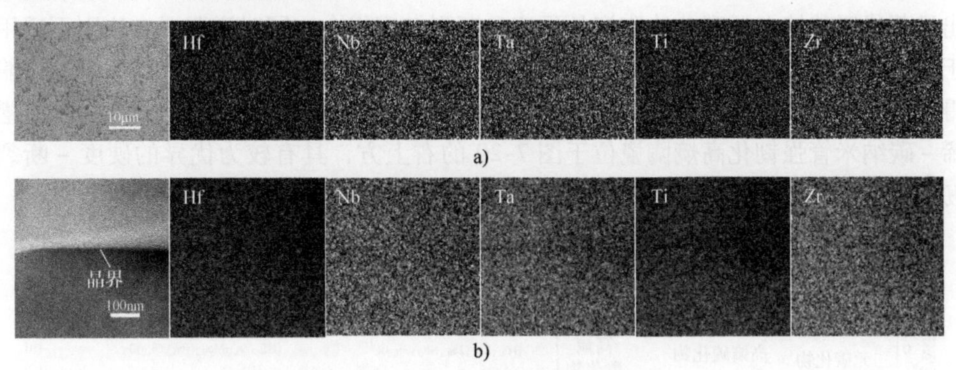

图7-18　HEC_{1-2}试样元素面分布图

a）SEM－EDS图　b）STEM－EDS图

7.4.3　力学性能及强韧化机理

图7-19比较了八种高熵陶瓷材料的力学性能。碳纳米材料的引入均不同程度提高了高熵陶瓷的抗弯强度及断裂韧度。石墨烯和碳纳米管复合掺杂强韧化效果优于单独采用石墨烯或单独采用碳纳米管。对于材料硬度，HEC_{1-2}的硬度和纯高熵陶瓷相当，其他碳纳米材料掺杂高熵陶瓷的硬度稍低于纯高熵陶瓷。通过调控石墨

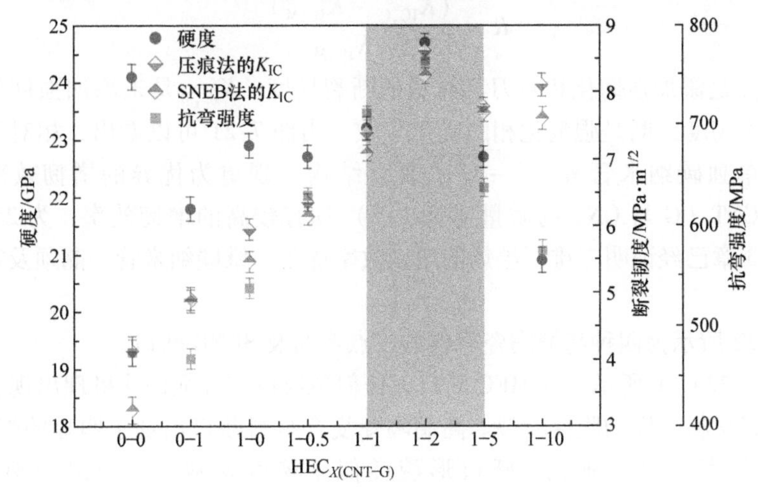

图7-19　八种高熵陶瓷材料的力学性能比较

烯和碳纳米管含量适配（如 HEC_{1-2}），形成三维热传导机制，可同时发挥优异的晶粒细化和促进致密化作用，实现碳纳米材料的掺杂不会降低反而会提高材料硬度，为解决单独添加碳纳米管导致陶瓷材料硬度大幅度降低的问题提供了新策略。

图 7-20 比较了多种高熵陶瓷材料及传统二元碳化物的硬度和断裂韧度。由该图可发现，基于固溶强化、霍尔－帕奇效应及高熵内部价电子效应，高熵陶瓷呈现出显著优于传统二元碳化物陶瓷的硬度和断裂韧度组合，同时说明混合法则不适用于高熵碳化物陶瓷。此外，对于高熵陶瓷，硬度和断裂韧度依然是鱼与熊掌不可兼得的倒置关系，传统陶瓷材料的强韧化方法同样适于高熵陶瓷，本研究所得的石墨烯－碳纳米管强韧化高熵陶瓷位于图 7-20 的右上方，具有较为优异的硬度－断裂韧度组合。

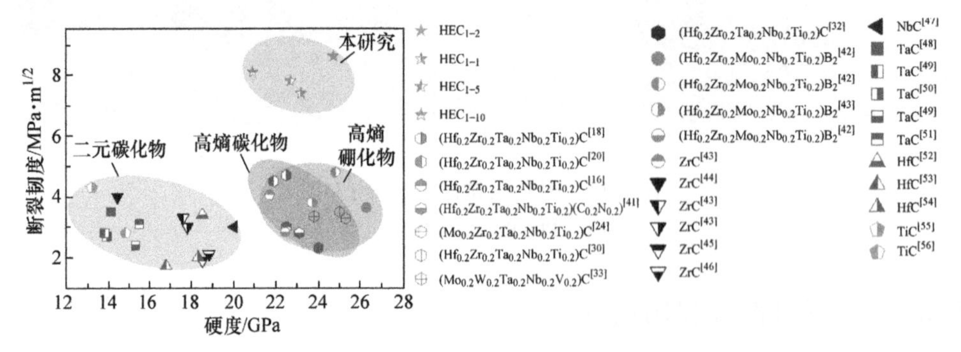

图 7-20　多种高熵陶瓷材料及传统二元碳化物的硬度和断裂韧度

图 7-21 比较了 G－CNT 复合强韧化相与 G、CNT 强韧化相的增韧效率。增韧效率 R 通过式（7-3）计算

$$R = \frac{(K_{IC,C} - K_{IC,M})}{W_f K_{IC,M}} \tag{7-3}$$

式中，$K_{IC,C}$是添加强韧化相后刀具材料的断裂韧度；$K_{IC,M}$是未添加强韧化相刀具材料的断裂韧度；W_f是强韧化相的质量分数。由图 7-21 可以看出，相对于单独石墨烯或者单独碳纳米管等，G－CNT 复合结构呈现更为优异的增韧效率，例如 0.6% G－CNT（G 与 CNT 的质量比为 1∶2）具有较高的增韧效率，为 257.99%。在本书第 3 章已经证明二维石墨烯的增韧效率优于一维碳纳米管、晶须及零维纳米颗粒等。

图 7-22 所示为四种高熵陶瓷材料的三点弯曲及 SENB 断口。

如图 7-22a、b 所示，纯 HEC 断口无任何裂纹偏转等强韧化机理出现，表现为和传统陶瓷材料一样的脆性断裂。高熵陶瓷复合材料断口出现了明显的裂纹偏转，裂纹扩展距离大幅度延长，断口形貌类似于梯度材料，表现出伪塑性断裂。图 7-23所示为 HEC_{0-0}及 HEC_{1-2}试样的 SENB 断口对应的力－位移曲线。很显然，由于石墨烯－碳纳米管三维结构的构建，裂纹扩展过程中出现较多裂纹偏转，和传

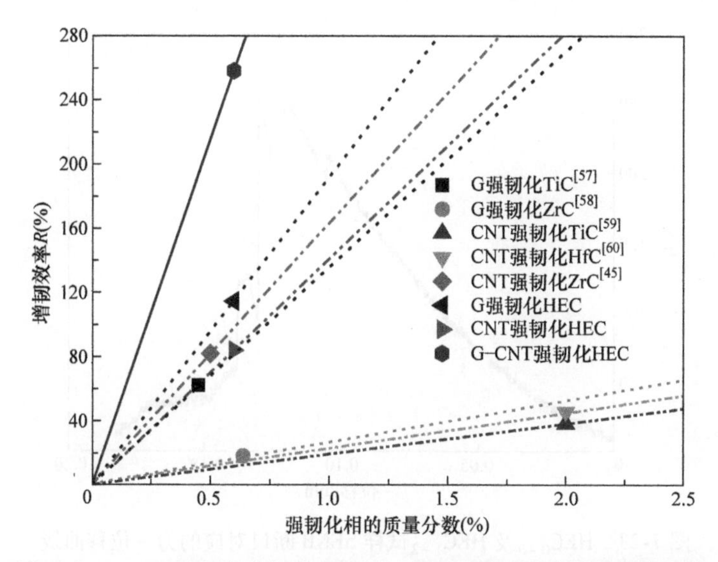

图7-21　G-CNT复合强韧化相与G、CNT强韧化相的增韧效率比较

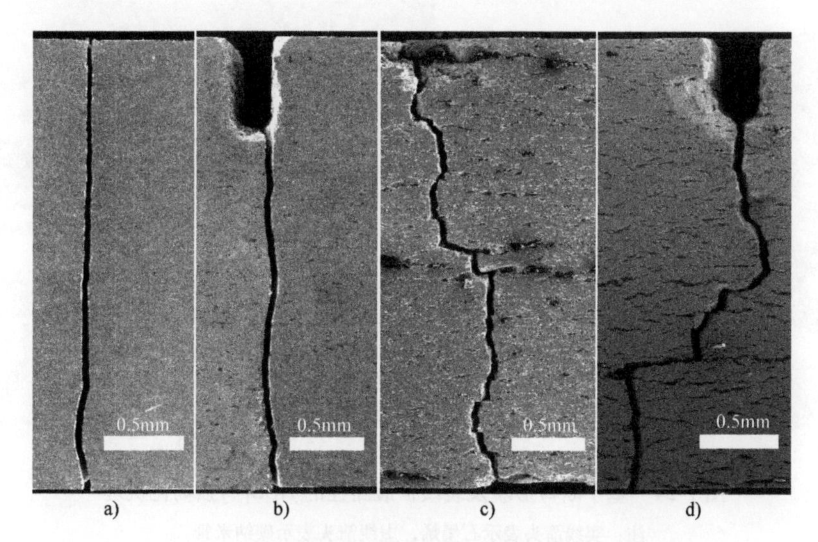

图7-22　四种高熵陶瓷材料的三点弯曲及SENB断口

a)、b）HEC_{0-0}　c)、d）HEC_{1-2}

统陶瓷脆性断裂明显不同，HEC_{1-2}的断裂出现多次转折现象，呈现非线性断裂或者准塑性断裂。此外，在载荷减小阶段，新的裂纹再次萌生和交替扩展，延迟了材料失效。很显然，HEC_{1-2}材料多次转折现象及卸载段的裂纹再萌生等大幅度提升了其断裂功，进而大幅度提升了刀具服役可靠性。图7-24所示为基于断口形貌及裂纹扩展路径的HEC_{1-2}强韧化机理。其主要强韧化机理包括G-CNT拔出，微裂纹及裂纹偏转、桥联、分叉等，相关机理的详细讨论参考第3章及第6章。

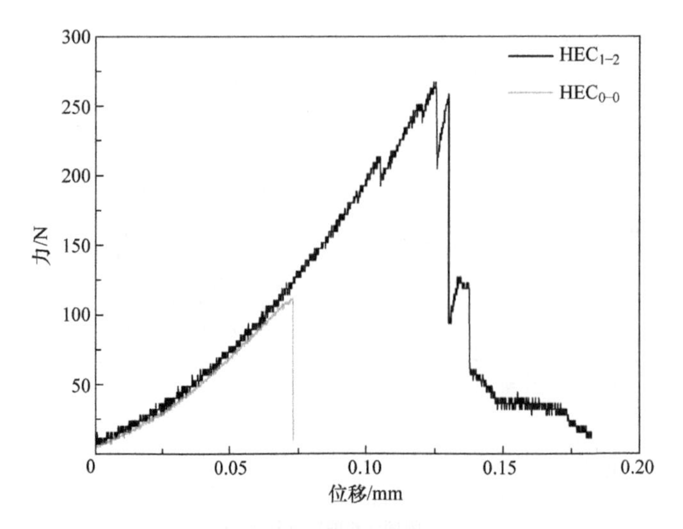

图 7-23　HEC_{0-0}及 HEC_{1-2}试样 SENB 断口对应的力 - 位移曲线

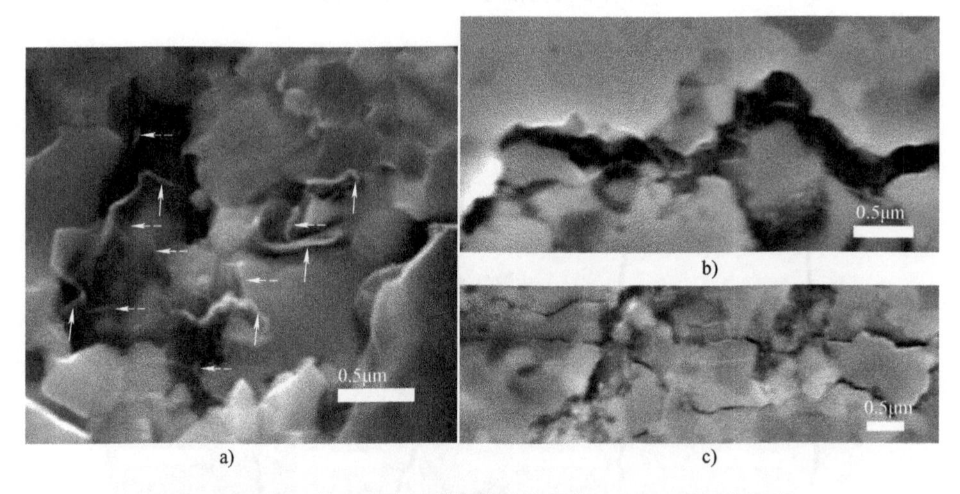

图 7-24　基于断口形貌及裂纹扩展路径的 HEC_{1-2}强韧化机理

注：实线箭头表示石墨烯，虚线箭头表示碳纳米管。

7.4.4　摩擦学性能及减摩抗磨机理

图 7-25 所示为不同强韧化相对于高熵陶瓷材料的摩擦系数及磨损率的影响。显而易见，碳纳米材料的掺杂均可不同程度降低高熵陶瓷材料的摩擦系数。相对于 HEC_{0-0}、HEC_{0-1}及 HEC_{1-0}，HEC_{1-2}的摩擦系数分别降低了 61.0%、46.7% 及 23.8%。高熵陶瓷及其复合材料的磨损率均在 10^{-7}数量级，显著低于传统陶瓷材料，HEC_{1-2}呈现最低磨损率，为 $2.6\times10^{-7}mm^3\cdot N^{-1}\cdot m^{-1}$。

图 7-26 比较了本研究制备的高熵陶瓷复合材料与文献报道的其他润滑材料的

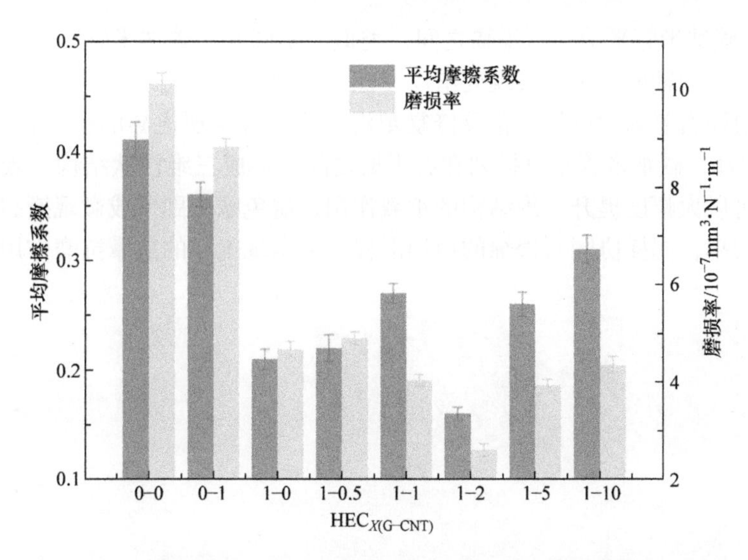

图 7-25 不同强韧化相对于高熵陶瓷材料的摩擦系数及磨损率的影响

摩擦磨损性能。基于石墨烯 - 碳纳米管三维结构，本研究制备的高熵陶瓷复合材料的摩擦系数及磨损率均低于文献报道的高熵陶瓷及高熵陶瓷涂层。此外，石墨烯 - 碳纳米管的减摩润滑效果优于石墨烯、碳纳米管、碳纤维、金属、CaF_2及 MoS_2等。

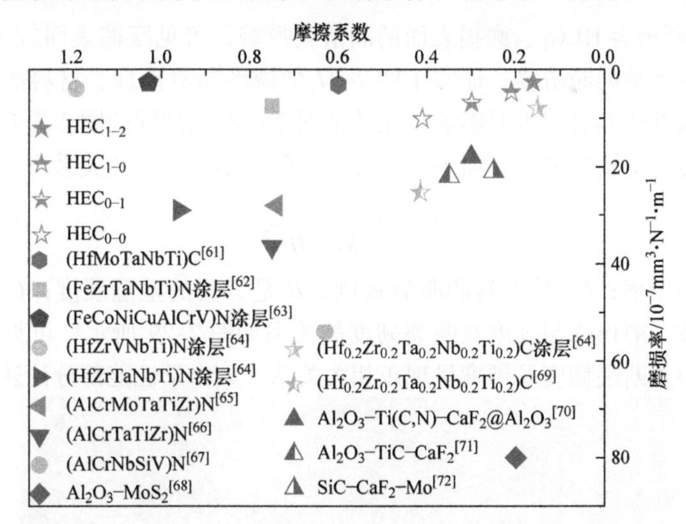

图 7-26 本研究制备的高熵陶瓷复合材料与文献报道的其他润滑材料的摩擦磨损性能比较

图 7-27 所示为石墨烯 - 碳纳米管不同组装结构的减摩润滑机理。基于石墨烯的纳米层厚，摩擦过程中，在摩擦应力、温度等作用下，极易被拖覆到摩擦副表面形成润滑膜。石墨烯具有二维层片结构，层间范德瓦尔斯力具有超低的层间剪切阻力，摩擦过程中极易发生剪切滑移，实现减摩润滑。同时，随着剪切滑移石墨烯数量的增多，可对磨损表面出现的划痕和犁沟进行修复，实现自修复磨损表面。对于

图 7-27a，碳纳米管平铺在石墨烯之间，类似一幅画卷，碳纳米管充当微轴承、纳轴承角色起到画轴的作用，实现变滑动摩擦为滚动摩擦，同时可修剪摩擦表面的凸起缺陷，协同石墨烯的剪切滑移及修复犁沟缺陷，可实现优异的长效自润滑效应。对于图 7-27b，碳纳米管垂直排列在石墨烯之间，形成三维柱状结构，碳纳米管的有效支撑可以大幅度提升三维结构的承载作用，避免摩擦副形成微观撕裂而显著降低材料磨损率，同样协同石墨烯的剪切滑移，可实现优异的减摩抗磨作用。

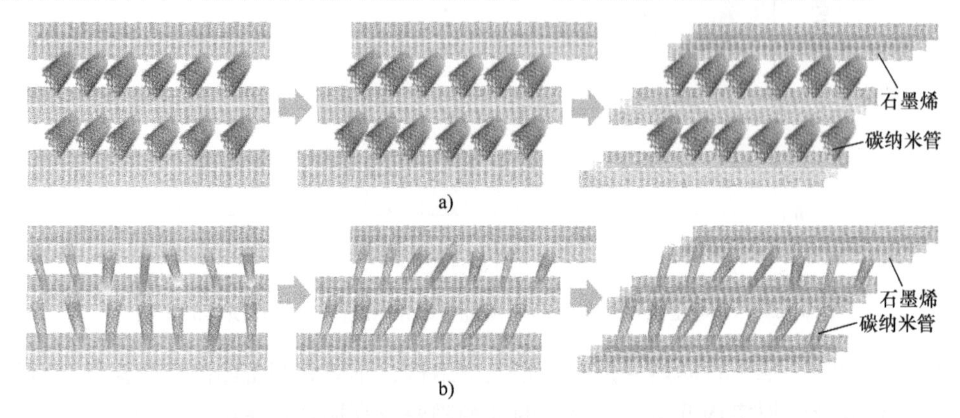

图 7-27　石墨烯 – 碳纳米管不同组装结构的减摩润滑机理

图 7-28 所示为 HEC_{1-2}磨损表面的润滑膜形貌，可见摩擦表面较为光滑平整，覆盖一层较为完整的润滑膜，证实了图 7-27 的减摩润滑机理。材料的力学性能对于其摩擦磨损性能亦具有重要影响，尤其是硬度和断裂韧度的同步提升可显著提升材料的耐磨性。陶瓷材料的磨损率与其硬度及断裂韧度之间的关系可以表示为

$$W = C\frac{1}{K_{IC}^{3/4}H^{1/2}} \tag{7-4}$$

式中，W 是磨损率；K_{IC}是刀具的断裂韧度；H 是刀具的室温硬度；C 是与磨损条件相关的常数。磨损率与硬度及断裂韧度的关系如图 7-29 所示，可见高熵陶瓷材料的耐磨性与其断裂韧度及硬度呈现正相关关系。如力学性能部分论述，石墨烯 –

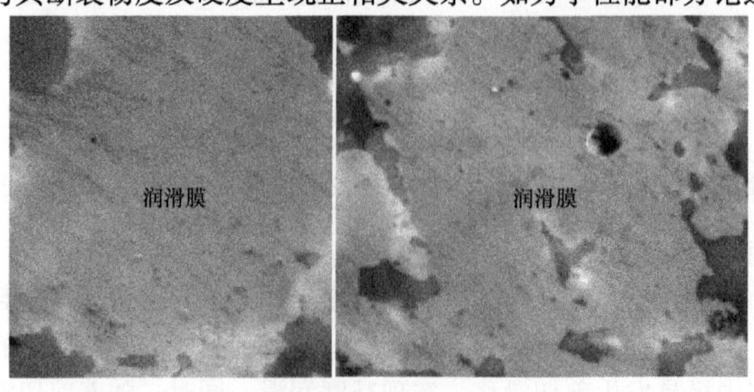

图 7-28　HEC_{1-2}磨损表面的润滑膜形貌

碳纳米管三维结构的引入使得 HEC_{1-2}材料的硬度和断裂韧度同时得到提升，进而可大幅度提升其耐磨性。

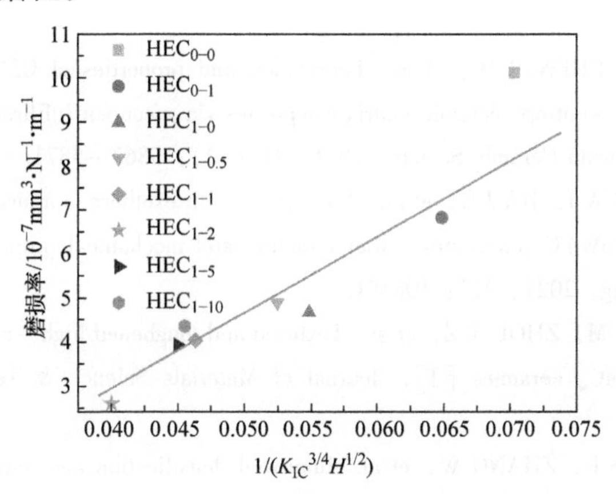

图7-29 磨损率与硬度及断裂韧度的关系

7.5 本章小结

1）采用二步放电等离子烧结方法，成功研制了高致密、高强韧、高熵硬质刀具材料，为高性能刀具材料的研制提供了新思路和新途径。

2）低维碳纳米材料适于高熵陶瓷的强韧化，且二维石墨烯对于高熵陶瓷的强韧化效果优于一维碳化硅纳米线和碳纳米管，0.15%石墨烯的添加使得（HfTaTiWZr)C 高熵陶瓷的断裂韧度提升69.6%，抗弯强度提升25.1%。强韧化机理为石墨烯自增韧、石墨烯包裹基体晶粒、石墨烯网、石墨烯拔出、二维/三维复合裂纹偏转与裂纹桥联等。

3）相对于单独石墨烯或单独碳纳米管，石墨烯－碳纳米管三维结构具有更为优异的强韧化及减摩抗磨效果。通过调控石墨烯与碳纳米管适配，可实现高熵陶瓷材料力学性能及摩擦磨损性能的协同提升。当石墨烯与碳纳米管的质量比为1∶2时，高熵陶瓷（HfTaTiNbZr)C 具有最优的力学及摩擦学性能。

参考文献

[1] SARKER P，HARRINGTON T，TOHER C，et al. High－entropy high－hardness metal carbides discovered by entropy descriptors [J]. Nature Communications，2018，9（1）：1－10.

[2] ZHANG W，CHEN L，XU C G，et al. Grain growth kinetics and densification mechanism of (TiZrHfVNbTa)C high－entropy ceramic under pressureless sintering [J]. Journal of Materials Science & Technology，2022，110：57－64.

[3] LI F，LU Y，WANG X G，et al. Liquid precursor－derived high－entropy carbide nanopowders [J]. Ceramics International，2019，45（17）：22437－22441.

[4] DU B, LIU H H, CHU Y H. Fabrication and characterization of polymer – derived high – entropy carbide ceramic powders [J]. Journal of the American Ceramic Society, 2020, 103 (8): 4063 – 4068.

[5] CAI F Y, NI D, CHEN B W, et al. Fabrication and properties of Cf/($Ti_{0.2}Zr_{0.2}Hf_{0.2}Nb_{0.2}Ta_{0.2}$)C – SiC high – entropy ceramic matrix composites via precursor infiltration and pyrolysis [J]. Journal of the European Ceramic Society, 2021, 41 (12): 5863 – 5871.

[6] LIU D Q, ZHANG A J, JIA J G, et al. A novel in – situ exothermic assisted sintering high entropy Al_2O_3/(NbTaMoW)C composites: Microstructure and mechanical properties [J]. Composites Part B: Engineering, 2021, 212: 108681.

[7] LUO S C, GUO W M, ZHOU Y Z, et al. Textured and toughened high – entropy ($Ti_{0.2}Zr_{0.2}Hf_{0.2}Nb_{0.2}Ta_{0.2}$) C – SiC_w ceramics [J]. Journal of Materials Science & Technology, 2021, 94: 99 – 103.

[8] ZHANG Y, SUN S K, ZHANG W, et al. Improved densification and hardness of high – entropy diboride ceramics from fine powders synthesized via borothermal reduction process [J]. Ceramics International, 2020, 46 (9): 14299 – 14303.

[9] GILD J, ZHANG Y, HARRINGTON T, et al. High – entropy metal diborides: a new class of high – entropy materials and a new type of ultrahigh temperature ceramics [J]. Scientific Reports, 2016, 6 (1): 1 – 10.

[10] ZHANG Y, GUO W M, JIANG Z B, et al. Dense high – entropy boride ceramics with ultra – high hardness [J]. Scripta Materialia, 2019, 164: 135 – 139.

[11] TALLARITA G, LICHERI R, GARRONI S, et al. Novel processing route for the fabrication of bulk high – entropy metal diborides [J]. Scripta Materialia, 2019, 158: 100 – 104.

[12] CASTLE E, CSANÁDI T, GRASSO S, et al. Processing and properties of high – entropy ultra – high temperature carbides [J]. Scientific Reports, 2018, 8 (1): 1 – 12.

[13] DUSZA J, ŠVEC P, GIRMAN V, et al. Microstructure of (Hf – Ta – Zr – Nb)C high – entropy carbide at micro and nano/atomic level [J]. Journal of the European Ceramic Society, 2018, 38 (12): 4303 – 4307.

[14] WEI X F, LIU J X, LI F, et al. High entropy carbide ceramics from different starting materials [J]. Journal of the European Ceramic Society, 2019, 39 (10): 2989 – 2994.

[15] WANG F, ZHANG X, YAN X, et al. The effect of submicron grain size on thermal stability and mechanical properties of high – entropy carbide ceramics [J]. Journal of the American Ceramic Society, 2020, 103 (8): 4463 – 4472.

[16] YE B, WEN T, HUANG K, et al. First – principles study, fabrication, and characterization of ($Hf_{0.2}Zr_{0.2}Ta_{0.2}Nb_{0.2}Ti_{0.2}$)C high – entropy ceramic [J]. Journal of the American Ceramic Society, 2019, 102 (7): 4344 – 4352.

[17] FENG L, FAHRENHOLTZ W G, HILMAS G E. Low – temperature sintering of single – phase, high – entropy carbide ceramics [J]. Journal of the American Ceramic Society, 2019, 102 (12): 7217 – 7224.

[18] YE B, WEN T, NGUYEN M C, et al. First – principles study, fabrication and characterization

of ($Zr_{0.25}Nb_{0.25}Ti_{0.25}V_{0.25}$) C high - entropy ceramics [J]. Acta Materialia, 2019, 170: 15 - 23.

[19] QIN M, GILD J, HU C, et al. Dual - phase high - entropy ultra - high temperature ceramics. [J]. Journal of the European Ceramic Society, 2020, 40 (15): 5037 - 5050.

[20] LU K, LIU J X, WEI X F, et al. Microstructures and mechanical properties of high - entropy ($Ti_{0.2}Zr_{0.2}Hf_{0.2}Nb_{0.2}Ta_{0.2}$) C ceramics with the addition of SiC secondary phase [J]. Journal of the European Ceramic Society, 2020, 40 (5): 1839 - 1847.

[21] LUO S C, GUO W M, ZHOU Y Z, et al. Textured and toughened high - entropy ($Ti_{0.2}Zr_{0.2}Hf_{0.2}Nb_{0.2}Ta_{0.2}$) C - SiC_w ceramics [J]. Journal of Materials Science & Technology, 2021, 94: 99 - 103.

[22] ZHANG H, AKHTAR F. Effect of SiC on Microstructure, phase evolution, and mechanical properties of spark - plasma - sintered high - entropy ceramic composite [J]. Ceramics, 2020, 3 (3): 359 - 371.

[23] PÖTSCHKE J, DAHAL M, HERRMANN M, et al. Preparation of high - entropy carbides by different sintering techniques [J]. Journal of Materials Science, 2021, 56 (19): 11237 - 11247.

[24] WANG K, CHEN L, XU C, et al. Microstructure and mechanical properties of (TiZrNbTaMo) C high - entropy ceramic [J]. Journal of Materials Science & Technology, 2020, 39: 99 - 105.

[25] MOSKOVSKIKH D O, VOROTILO S, SEDEGOV A S, et al. High - entropy (HfTaTiNbZr) C and (HfTaTiNbMo) C carbides fabricated through reactive high - energy ball milling and spark plasma sintering [J]. Ceramics International, 2020, 46 (11): 19008 - 19014.

[26] LI Z, WANG Z, WU Z, et al. Phase, microstructure and related mechanical properties of a series of (NbTaZr) C - based high entropy ceramics [J]. Ceramics International, 2021, 47 (10): 14341 - 14347.

[27] LIU J X, SHEN X Q, WU Y, et al. Mechanical properties of hot - pressed high - entropy diboride - based ceramics [J]. Journal of Advanced Ceramics, 2020, 9 (4): 503 - 510.

[28] YU D, YIN J, ZHANG B, et al. Pressureless sintering and properties of ($Hf_{0.2}Zr_{0.2}Ta_{0.2}Nb_{0.2}Ti_{0.2}$) C high - entropy ceramics: The effect of pyrolytic carbon [J]. Journal of the European Ceramic Society, 2021, 41 (6): 3823 - 3831.

[29] ISTOMIN P, ISTOMINA E, NADUTKIN A, et al. Preparation of (Ti, Zr, Hf, Nb, Ta) C high - entropy carbide ceramics through carbosilicothermic reduction of oxides [J]. Journal of the European Ceramic Society, 2021, 41 (14): 6934 - 6942.

[30] FENG L, CHEN W T, FAHRENHOLTZ W G, et al. Strength of single - phase high - entropy carbide ceramics up to 2300°C [J]. Journal of the American Ceramic Society, 2021, 104 (1): 419 - 427.

[31] DEMIRSKYI D, BORODIANSKA H, SUZUKI T S, et al. High - temperature flexural strength performance of ternary high - entropy carbide consolidated via spark plasma sintering of TaC, ZrC and NbC [J]. Scripta Materialia, 2019, 164: 12 - 6.

[32] SUN K, YANG Z, MU R, et al. Densification and joining of a (HfTaZrNbTi) C high - entropy ceramic by hot pressing [J]. Journal of the European Ceramic Society, 2021, 41 (6):

3196 – 3206.

[33] LIU D, ZHANG A, JIA J, et al. Phase evolution and properties of (VNbTaMoW) C high entropy carbide prepared by reaction synthesis [J]. Journal of the European Ceramic Society, 2020, 40 (8): 2746 – 2751.

[34] YAN X, CONSTANTIN L, LU Y, et al. ($Hf_{0.2}Zr_{0.2}Ta_{0.2}Nb_{0.2}Ti_{0.2}$) C high – entropy ceramics with low thermal conductivity [J]. Journal of the American Ceramic Society, 2018, 101 (10): 4486 – 4491.

[35] LIU D, ZHANG A, JIA J, et al. Reaction synthesis and characterization of a new class high entropy carbide (NbTaMoW) C [J]. Materials Science and Engineering A, 2021, 804: 140520.

[36] GILD J, WRIGHT A, QUIAMBAO – TOMKO K, et al. Thermal conductivity and hardness of three single – phase high – entropy metal diborides fabricated by borocarbothermal reduction and spark plasma sintering [J]. Ceramics International, 2020, 46 (6): 6906 – 6913.

[37] GU J, ZOU J, SUN S K, et al. Dense and pure high – entropy metal diboride ceramics sintered from self – synthesized powders via boro/carbothermal reduction approach [J]. Science China – Materials, 2019, 62 (12): 1898 – 1909.

[38] WATTS J, HILMAS G, FAHRENHOLTZ W G, et al. Stress measurements in ZrB_2 – SiC composites using Raman spectroscopy and neutron diffraction [J]. Journal of the European Ceramic Society, 2010, 30 (11): 2165 – 2171.

[39] DAS S, SEELABOYINA R, VERMA V P, et al. Synthesis and characterization of self – organized multilayered graphene – carbon nanotube hybrid films [J]. Journal of Materials Chemistry, 2011, 21 (20): 7289 – 7295.

[40] TIAN L, MEZIANI M J, LU F, et al. Graphene oxides for homogeneous dispersion of carbon nanotubes [J]. ACS Applied Materials & Interfaces, 2010, 2 (11): 3217 – 3222.

[41] WEN T, YE B, NGUYEN M C, et al. Thermophysical and mechanical properties of novel high – entropy metal nitride – carbides [J]. Journal of the American Ceramic Society, 2020, 103 (11): 6475 – 6489.

[42] ZHANG Y, JIANG Z, SUN S, et al. Microstructure and mechanical properties of high – entropy borides derived from boro/carbothermal reduction [J]. Journal of the European Ceramic Society, 2019, 39 (13): 3920 – 3924.

[43] LIU J, SHEN X, WU Y, et al. Mechanical properties of hot – pressed high – entropy diboride – based ceramics [J]. Journal of Advanced Ceramics, 2020, 9 (4): 503 – 510.

[44] WANG X, GUO W, KAN Y, et al. Densification behavior and properties of hot – pressed ZrC ceramics with Zr and graphite additives [J]. Journal of the European Ceramic Society, 2011, 31 (6): 1103 – 1111.

[45] ACICBE R B, GOLLER G. Densification behavior and mechanical properties of spark plasma – sintered ZrC – TiC and ZrC – TiC – CNT composites [J]. Journal of Materials Science, 2013, 48 (6): 2388 – 2393.

[46] SCITI D, GUICCIARDI S, NYGREN M. Spark plasma sintering and mechanical behaviour of ZrC – based composites [J]. Scripta Materialia, 2008, 59: 638 – 641.

[47] SANTOS C, MAEDA L D, CAIRO C A A, et al. Mechanical properties of hot - pressed ZrO_2 - NbC ceramic composites [J]. International Journal of Refractory Metals and Hard Materials, 2008, 26 (1): 14 - 18.

[48] ZHANG X, HILMAS G E, FAHRENHOLTZ W G. Densification and mechanical properties of TaC - based ceramics [J]. Materials Science and Engineering A, 2009, 501: 37 - 43.

[49] REZAEI F, KAKROUDI M G, SHAHEDIFAR V, et al. Densification, microstructure and mechanical properties of hot pressed tantalum carbide [J]. Ceramics International, 2017, 43 (3): 3489 - 3494.

[50] CEDILLOS - BARRAZA O, GRASSO S, NASIRI N A, et al. Sintering behaviour, solid solution formation and characterisation of tac, hfc and tac - hfc fabricated by spark plasma sintering [J]. Journal of the European Ceramic Society, 2016, 36: 1539 - 1548.

[51] NISAR A, ARIHARAN S, BALANI K. Synergistic reinforcement of carbon nanotubes and silicon carbide for toughening tantalum carbide based ultrahigh temperature ceramic [J]. Journal of Materials Research, 2016, 31 (6): 682 - 692.

[52] ZHANG C, GUPTA A, SEAL S, et al. Solid solution synthesis of tantalum carbide - hafnium carbide by spark plasma sintering [J]. Journal of the American Ceramic Society, 2017, 100 (5): 1853 - 1862.

[53] LIU J, HUANG X, ZHANG G. Pressureless sintering of hafnium carbide - silicon carbide ceramics [J]. Journal of the American Ceramic Society, 2013, 96 (6): 1751 - 1756.

[54] SCITI D, GUICCIARDI S, NYGREN M. Densification and mechanical behavior of HfC and HfB_2 fabricated by spark plasma sintering [J]. Journal of the American Ceramic Society, 2008, 91 (5): 1433 - 1440.

[55] WANG L, JIANG W, CHEN L. Rapidly sintering nanosized SiC particle reinforced TiC composites by the spark plasma sintering (SPS) technique [J]. Journal of Materials Science, 2004, 39 (14): 4515 - 4519.

[56] LIU L, WANG B, LI X, et al. Liquid phase assisted high pressure sintering of dense TiC nanoceramics [J]. Ceramics International, 2018, 44 (15): 17972 - 17977.

[57] SUN J, ZHAO J, HUANG Z, et al. Preparation and properties of multilayer graphene reinforced binderless TiC nanocomposite cemented carbide through two - step sintering [J]. Materials & Design, 2020, 188: 108495.

[58] CHENG Y, HU P, ZHOU S, et al. Using macroporous graphene networks to toughen ZrC - SiC ceramic [J]. Journal of the European Ceramic Society, 2018, 38 (11): 3752 - 3758.

[59] SRIBALAJI M, MUKHERJEE B, ISLAM A, et al. Microstructural and mechanical behavior of spark plasma sintered titanium carbide with hybrid reinforcement of tungsten carbide and carbon nanotubes [J]. Materials Science and Engineering A, 2017, 702: 10 - 21.

[60] MUKHERJEE B, RAHMAN O A, SRIBALAJI M, et al. Synergistic effect of carbon nanotube as sintering aid and toughening agent in spark plasma sintered molybdenum disilicide - hafnium carbide composite [J]. Materials Science and Engineering A, 2016, 678: 299 - 307.

[61] SUN Q, TAN H, ZHU S, et al. Single - phase (Hf - Mo - Nb - Ta - Ti) C high - entropy ce-

ramic: A potential high temperature anti - wear material [J]. Tribology International, 2021, 157: 106883.

[62] BACHANI S K, WANG C J, LOU B S, et al. Fabrication of TiZrNbTaFeN high - entropy alloys coatings by HiPIMS: Effect of nitrogen flow rate on the microstructural development, mechanical and tribological performance, electrical properties and corrosion characteristics [J]. Journal of Alloys and Compounds, 2021, 873: 159605.

[63] POGREBNJAK A D, YAKUSHCHENKO I V, ABADIAS G, et al. The effect of the deposition parameters of nitrides of high - entropy alloys (TiZrHfVNb) N on their structure, composition, mechanical and tribological properties [J]. Journal of Superhard Materials, 2013, 35 (6): 356 - 368.

[64] BRAIC V, VLADESCU A, BALACEANU M, et al. Nanostructured multi - element (TiZrNbHfTa) N and (TiZrNbHfTa) C hard coatings [J]. Surface & Coating Technology, 2012, 211: 117 - 121.

[65] CHENG K H, LAI C H, LIN S J, et al. Structural and mechanical properties of multi - element (AlCrMoTaTiZr) Nx coatings by reactive magnetron sputtering [J]. Thin Solid Films, 2011, 519 (10): 3185 - 3190.

[66] LAI C H, CHENG K H, LIN S J, et al. Mechanical and tribological properties of multi - element (AlCrTaTiZr) N coatings [J]. Surface & Coating Technology, 2008, 202: 3732 - 3738.

[67] LIN Y C, HSU S Y, SONG R W, et al. Improving the hardness of high entropy nitride ($Cr_{0.35}Al_{0.25}Nb_{0.12}Si_{0.08}V_{0.20}$) N coatings via tuning substrate temperature and bias for anti - wear applications [J]. Surface & Coating Technology, 2020, 403: 126417.

[68] SU Y, SONG J, ZHANG Y, et al. Influence of fiber diameters on fracture and tribological properties of Al_2O_3/MoS_2 fibrous monolithic ceramic [J]. Tribology International, 2019; 138: 32 - 39.

[69] DUSZA J, CSANÁDI T, MEDVED' D, et al. Nanoindentation and tribology of a (Hf - Ta - Zr - Nb - Ti) C high - entropy carbide [J]. Journal of the European Ceramic Society, 2021, 41 (11): 5417 - 5426.

[70] CHEN Z, GUO N, JI L, et al. Influence of CaF_2@ Al_2O_3 on the friction and wear properties of Al_2O_3/Ti (C, N) /CaF_2@ Al_2O_3 self - lubricating ceramic tool [J]. Materials Chemistry and Physics 2019, 223: 306 - 310.

[71] WU G, XU C, XIAO G, et al. Structure design of $Al_2O_3/TiC/CaF_2$ multicomponent gradient self - lubricating ceramic composite and its tribological behaviors [J]. Ceramics International, 2018, 44 (5): 5550 - 5563.

[72] LI F, ZHU S, CHENG J, et al. Tribological properties of Mo and CaF_2 added SiC matrix composites at elevated temperatures [J]. Tribology International, 2017, 111: 46 - 51.